大学数学(文科类)

(上册)

宋叔尼　杨中兵　王　艳
孙艳蕊　邵新慧　郑维英　编

科学出版社
北　京

内 容 简 介

本书是高等院校文科(包括经管类)各专业的数学教材，分上、下两册. 上册含一元函数的微积分和线性代数部分，内容包括初等函数、极限与连续、变化率与导数、积分、线性代数初步、矩阵与线性方程组、矩阵的特征值与特征向量、二次型. 下册含多元函数的微积分、常微分方程和概率统计部分，内容包括多元函数的微分、二重积分、无穷级数、常微分方程、随机事件的概率、随机变量及其概率分布、数理统计初步. 各章均配有适当、适量的习题供读者学习巩固.

本书既可作为高等院校文科(包括经管类)各专业大学数学课程的教材，也可作为相关专业的教学参考书和自学用书.

图书在版编目(CIP)数据

大学数学(文科类)(上册)/宋叔尼，杨中兵，王艳等编. —北京：科学出版社，2012

ISBN 978-7-03-033757-3

Ⅰ. ①大… Ⅱ. ①宋… ②杨… ③王… Ⅲ. ①高等数学-高等学校-教材 Ⅳ. ①O13

中国版本图书馆 CIP 数据核字(2012) 第 038768 号

责任编辑：张中兴 唐保军 / 责任校对：邹慧卿
责任印制：赵 博 / 封面设计：北京蓝正广告设计有限公司

科学出版社 出版
北京东黄城根北街 16 号
邮政编码：100717
http://www.sciencep.com

北京富资园科技发展有限公司印刷
科学出版社发行 各地新华书店经销
*
2012 年 3 月第 一 版 开本：720 × 1000 1/16
2024 年 7 月第十一次印刷 印张：13 1/4
字数：270 000

定价：49.00 元

(如有印装质量问题，我社负责调换)

Preface 前言

当代科学技术的发展, 不仅使自然科学和工程技术离不开数学, 也使人文社会科学的许多领域发展到不懂数学的人望尘莫及的阶段. 越来越多的人已经认识到, 新时代的人文社会科学工作者也应当掌握相应的数学思想方法和现代数学知识, 用来指导、帮助自己的工作.

数学课程不仅仅是重要的基础课和工具课, 它所传授的也不只是数学知识, 更是一种思维模式、一种文化底蕴, 它所要培养的是具有数学素养的、富有创造力的人才.

文科 (包括经管类) 各专业开设数学课程的目的是使学生对基本的数学方法、数学思想及其在现代社会中的应用有较好的认识, 具有一定的解决实际问题的能力, 同时建立起合理的适应未来发展需要的知识结构, 增强对自然科学知识的了解.

针对文科 (包括经管类) 学生的实际需要、知识结构和思维特点, 本书在内容选取和结构设计上做了充分考虑. 全书以微积分、线性代数、概率统计为主要内容, 打破了原来单一的微积分知识的内容模式. “微积分”、“线性代数”、“概率统计” 是连续、离散和随机三种不同的思维模式. 文科 (包括经管类) 数学的教学过程中不可能这三门课程都开设, 但这三种思维的训练和培养却是必不可少的. 因此, 我们将这三门课程的内容经过认真选取和组合, 形成一个有利于文科 (包括经管类) 学生数学素质的培养的完整内容体系.

书中在不打破原有知识系统的前提下, 每章都有一节实际生活中的数学模型或该章数学知识的应用, 讲解一些源于生活的应用案例, 体现出运用数学知识进行数学建模的过程. 通过这些案例的学习, 使学生切身感到数学无处不在, 感受到数学的强大威力, 进一步增强文科 (包括经管类) 学生学习数学的兴趣, 加深他们对数学思想的把握及应用意识.

本书在编写的过程中获得了东北大学教材建设计划立项项目 (“大学文科数学教材建设”) 及东北大学教务处的支持, 获得了科学出版社高等教育出版中心数理分社的大力支持, 在此表示感谢. 在本书几个学期的试用过程中, 王洪曾老师提出了许多宝贵的意见, 在此表示衷心的感谢. 同时, 向审稿人、科学出版社所有参与本书出版的工作人员, 特别是张中兴编辑致以衷心的感谢.

欢迎读者对书中错误和不足之处提出宝贵意见.

编　者

2012 年 1 月

Contents

目　录

前言

连续思想篇(一)——一元函数微积分学

第 1 章　初等函数 ……3
1.1　函数的概念和性质 ……3
1.1.1　问题的提出 ……3
1.1.2　实数集 ……3
1.1.3　函数的概念 ……4
1.1.4　函数的性质 ……7
1.2　初等函数 ……8
1.2.1　基本初等函数 ……8
1.2.2　复合函数 ……10
1.2.3　初等函数的定义 ……10
1.3　建立函数关系 —— 数学模型 ……10
数学重要历史人物 —— 笛卡儿 ……13
习题 1 ……14
第 2 章　极限与连续 ……17
2.1　极限的概念与无穷小 ……17
2.1.1　数列的极限 ……17
2.1.2　函数的极限 ……18
2.1.3　极限的性质 ……20
2.1.4　无穷大与无穷小 ……20
2.2　极限的运算 ……21
2.2.1　极限的运算法则 ……21
2.2.2　复合函数的极限运算法则 ……22
2.2.3　极限存在准则 ……23
2.2.4　重要极限 ……23

2.2.5 无穷小的比较 …… 24
2.3 函数的连续性 …… 26
2.3.1 函数的连续性 …… 26
2.3.2 函数的间断点 …… 27
2.3.3 初等函数的连续性 …… 27
2.3.4 闭区间上连续函数的性质 …… 28
数学重要历史人物 —— 柯西 …… 30
习题 2 …… 32
第 3 章 变化率与导数 …… 35
3.1 导数的概念 …… 35
3.1.1 实际问题 …… 35
3.1.2 导数 …… 36
3.1.3 导数的几何意义 …… 38
3.1.4 可导与连续的关系 …… 39
3.2 导数的计算 …… 39
3.2.1 函数的和、差、积、商的求导法则 …… 40
3.2.2 复合函数的求导法则 …… 40
3.2.3 基本导数公式和求导法则 …… 41
3.2.4 高阶导数 …… 42
3.3 微分中值定理 …… 44
3.4 导数的应用 …… 47
3.4.1 函数的单调性 …… 47
3.4.2 函数的极值 …… 48
3.5 函数变化率的数学模型 …… 49
3.6 洛必达法则 …… 52
3.7 微分与近似计算 …… 54
3.7.1 微分的定义 …… 54
3.7.2 基本微分公式与微分运算法则 …… 56
3.7.3 微分在近似计算中的应用 …… 57
数学重要历史人物 —— 费马 …… 58
习题 3 …… 60
第 4 章 积分 …… 63
4.1 不定积分 …… 63
4.1.1 原函数与不定积分的概念 …… 63
4.1.2 基本积分表 …… 64

4.1.3 不定积分的性质 …… 65
4.2 不定积分计算 …… 66
4.2.1 换元积分法 …… 66
4.2.2 分部积分法 …… 68
4.3 定积分的引出及概念 …… 69
4.3.1 引例 …… 69
4.3.2 定积分的定义 …… 70
4.3.3 定积分的几何意义 …… 71
4.3.4 定积分的性质 …… 72
4.4 定积分计算 …… 72
4.4.1 积分上限函数 …… 72
4.4.2 微积分基本公式 …… 74
4.4.3 定积分的换元积分法 …… 75
4.4.4 定积分的分部积分法 …… 76
4.5 定积分应用 …… 77
4.5.1 微元法 …… 77
4.5.2 平面图形的面积 …… 77
4.5.3 体积 …… 79
4.5.4 投资回收期的计算 …… 80
数学重要历史人物 —— 莱布尼茨 …… 81
习题 4 …… 83

离散思想篇

第 5 章 线性代数初步 …… 91
5.1 线性方程组与矩阵 …… 91
5.2 消元法与矩阵初等变换 …… 93
5.3 行列式的概念与计算 …… 96
5.3.1 二、三阶行列式 …… 96
5.3.2 一般阶行列式的定义 …… 98
5.3.3 行列式的性质 …… 100
5.3.4 行列式的计算 …… 105
5.3.5 克拉默法则 …… 107
5.4 线性代数模型 …… 108
5.4.1 食谱营养模型 …… 108
5.4.2 差分方程 …… 109

数学重要历史人物 —— 高斯 …… 111
习题 5 …… 113
第 6 章　矩阵与线性方程组 …… 116
6.1　矩阵的基本运算 …… 116
6.1.1　矩阵加法与数量乘法 …… 116
6.1.2　矩阵乘法 …… 117
6.1.3　矩阵的转置 …… 119
6.2　矩阵的逆 …… 120
6.2.1　矩阵逆的概念 …… 120
6.2.2　由伴随矩阵求矩阵的逆 …… 121
6.2.3　由初等矩阵求矩阵的逆 …… 121
6.3　矩阵的秩 …… 123
6.3.1　行阶梯形矩阵 …… 123
6.3.2　矩阵的秩的定义 …… 128
6.4　n 维向量及其线性相关性 …… 128
6.4.1　n 维向量及其线性运算 …… 128
6.4.2　向量组线性相关性 …… 129
6.5　向量组的秩及最大线性无关组 …… 132
6.5.1　向量组的等价 …… 132
6.5.2　向量组的秩 …… 133
6.5.3　向量组的秩与矩阵的秩的关系 …… 134
6.6　线性方程组的解 …… 135
6.6.1　解线性方程组 …… 135
6.6.2　存在与唯一性问题 …… 137
6.6.3　齐次线性方程组 …… 138
6.6.4　非齐次线性方程组 …… 142
6.7　应用举例 …… 144
6.7.1　列昂季耶夫投入产出模型 …… 144
6.7.2　交通流量问题 …… 146
数学重要历史人物 —— 伯努利 …… 148
习题 6 …… 149
第 7 章　矩阵的特征值与特征向量 …… 153
7.1　向量的内积与正交向量组 …… 153
7.1.1　向量的内积 …… 153
7.1.2　正交向量组与施密特正交化方法 …… 155

7.1.3　正交矩阵 ······ 156
7.2　矩阵的特征值与特征向量 ······ 157
7.2.1　特征值与特征向量的概念和求法 ······ 157
7.2.2　特征值和特征向量的性质 ······ 158
7.3　相似矩阵与方阵的对角化 ······ 159
7.3.1　相似矩阵及其性质 ······ 159
7.3.2　矩阵与对角矩阵相似的条件 ······ 160
7.4　实对称矩阵的对角化 ······ 161
7.4.1　实对称矩阵的特征值与特征向量的性质 ······ 161
7.4.2　实对称矩阵的对角化 ······ 162
7.5　特征值与特征向量的应用 ······ 163
数学重要历史人物 —— 埃尔米特 ······ 165
习题 7 ······ 166
第 8 章　二次型 ······ 169
8.1　二次型及其标准形 ······ 169
8.1.1　二次型及其矩阵表示 ······ 169
8.1.2　二次型的标准形 ······ 171
8.2　化二次型为标准形 ······ 171
8.2.1　正交变换法 ······ 172
8.2.2　配方法 ······ 173
8.3　正定二次型 ······ 176
8.4　正交变换化标准型的几何应用 ······ 178
数学重要历史人物 —— 阿基米德 ······ 182
习题 8 ······ 184
参考文献 ······ 186
附录　积分表 ······ 187
习题答案 ······ 191

连续思想篇(一)

——一元函数微积分学

Chapter 1 第1章 初等函数

函数是描述现实世界中变量之间的依赖关系的数学概念, 它是微积分学主要的研究对象. 本章介绍几个常见函数及其性质, 并举例介绍如何建立数学模型, 为学习微积分打好基础.

1.1 函数的概念和性质

1.1.1 问题的提出

先观察周围的一些日常现象.

例 1.1 股票交易中的涨跌停板

上海及深圳证券交易所为了抑制股票市场中的过度投机, 规定了一只股票在一个交易日内的涨、跌幅均不得超过 10%的限制, 分别称其为 "涨停板" 和 "跌停板". 假若某只股票第一个交易日涨停, 而第二个交易日又跌停, 试问此时这只股票的价格比上涨前高了还是低了?

例 1.2 2001 年 1 月 1 日起, 我国的电信资费进行了一次结构性的调整, 其中某地区固定电话的市话费由原来的每 3 分钟 (不足 3 分钟以 3 分钟计) 0.18 元调整为前 3 分钟 0.22 元, 以后每 1 分钟 (不足 1 分钟以 1 分钟计) 0.11 元, 那么, 与调整前相比, 市话费是降了还是升了? 升、降的幅度是多少?

上述两例都需要建立量与量之间的相互关系, 这就是所说的函数, 同时还要指出这些量的取值范围.

1.1.2 实数集

正整数 1, 2, 3, $\cdots$ 是人类最早认识的数, 所有正整数的集合称为正整数集 (用 $\mathbf{N}$ 表示). 任意两个正整数作加法和乘法运算, 仍然是正整数. 但有些作减法和除法后就不再是正整数, 如 -2, $\frac{1}{2}$, 从而定义了整数集 (用 $\mathbf{Z}$ 表示) 和有理数集 (用 $\mathbf{Q}$ 表示), $Q=\left\{x|x=\frac{p}{q},p,q\in\mathbf{Z},q\neq 0\right\}$. 在有理数集里我们可以进行加、减、乘、除四则运算.

有理数的出现, 人们认为有理数充满了整个数轴. 但随着人类对数的认识的不断深入, 发现在求半径为 1 的正方形的对角线的长度时, 无法用有理数来表示, 于是定义了无理数. 有理数和无理数统称为实数, 全体实数构成的集合称为实数集 $\mathbf{R}$, 实数充满整个数轴.

数轴上点的集合, 经常用区间来表示. 设实数 a 和 b, 取 $a < b$. 数集

$$\{x|a < x < b\}$$

称为开区间, 记作 (a, b), 即

$$(a,b) = \{x|a < x < b\}.$$

数集

$$\{x|a \leqslant x \leqslant b\}$$

称为闭区间, 记作 $[a, b]$, 即

$$[a,b] = \{x|a \leqslant x \leqslant b\}.$$

以上区间都称为有限区间, 区间长度为 $b-a$. 从数轴上看, 这些有限区间是长度为有限的线段. 此外还有所谓无穷区间. 引进记号 $+\infty$ (读作正无穷大) 和 $-\infty$ (读作负无穷大), 例如

$$[a,+\infty) = \{x|a \leqslant x\},$$

$$(-\infty,b) = \{x|x < b\}.$$

全体实数的集合 $\mathbf{R}$ 也可记作 $(-\infty, +\infty)$, 它也是无穷区间.

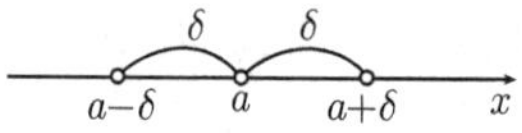

图 1.1

设 δ 是任一正数, 则开区间 $(a-\delta, a+\delta)$ 称为点 a 的 δ 邻域, 记作

$$U(a,\delta) = \{x||x-a| < \delta\},$$

如图 1.1 所示. 集合

$$\{x|0 < |x-a| < \delta\}$$

称为点 a 的去心 δ 邻域, 记作 $\overset{\circ}{U}(a,\delta)$, 即

$$\overset{\circ}{U}(a,\delta) = \{x|0 < |x-a| < \delta\}.$$

1.1.3 函数的概念

先看下列例子.

例 1.3 设质点自由落体下落的距离为 s, 所用的时间为 t, 则有

$$s = \frac{1}{2}gt^2,$$

其中, g 是重力加速度. s 随着 t 的变化而变化, 给定 t 的一个值, 在实数范围内都有唯一的 s 与它对应, 这就是一种函数关系.

例 1.4 设正方形的边长为 x, 面积为 A, 则

$$A = x^2,$$

当边长 x 给定一个值时, 有唯一的面积值与之对应. 这也是函数关系.

定义 1.1 设 D 是实数集 $\mathbf{R}$ 的一个非空子集, f 是一个对应规则, 如果对于每一个 $x \in D$, 按照 f 都有唯一的实数 y 与之对应, 则称 y 是 x 的函数, 记作

$$y = f(x), x \in D,$$

其中, x 称为自变量, y 称为因变量.

自变量 x 的取值集合 D 称为函数的定义域, 记作 D_f. 全体函数值的集合

$$R_f = \{y | y = f(x), x \in D_f\}$$

称为函数的值域.

在平面直角坐标系中, 平面点集 $\{(x, y) | y = f(x), x \in D_f\}$ 称为函数 $y = f(x)$ 的图像, 它表示平面上的一条曲线 (图 1.2).

下面举几个函数的例子.

例 1.5 求函数 $y = \sqrt{1 - x^2}$ 的定义域, 值域, 并画出其图像.

解 定义域, 由 $1 - x^2 \geqslant 0$ 知 $D = [-1, 1]$. 值域为 $R_f = \{y | 0 \leqslant y \leqslant 1\}$. 图像为半圆 (图 1.3).

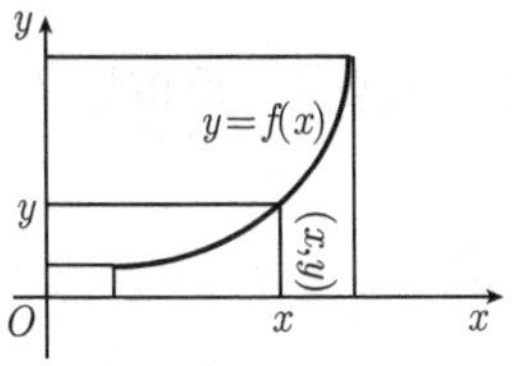

图 1.2

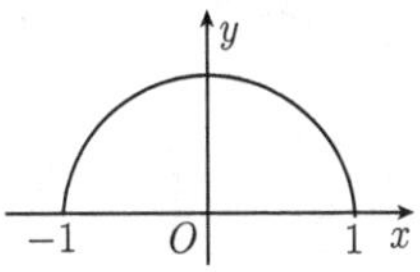

图 1.3

例 1.6 绝对值函数

$$y = |x| = \begin{cases} x, & x > 0, \\ 0, & x = 0, \\ -x, & x < 0. \end{cases}$$

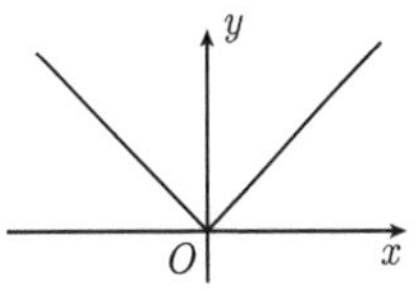

图 1.4

定义域 $D = (-\infty, +\infty)$, 值域 $R_f = [0, +\infty)$, 图像如图 1.4 所示.

例 1.7 符号函数

$$y=\operatorname{sgn}x=\begin{cases}1, & x>0,\\ 0, & x=0,\\ -1, & x<0.\end{cases}$$

定义域 $D=(-\infty,\ +\infty)$, 值域 $R_f=\{-1,\ 0,\ 1\}$, 图像如图 1.5 所示.

例 1.8 取整函数

$$y=[x],$$

表示不超过 x 的最大整数. 如 $[1.25]=1$, $[-3.5]=-4$, $[-1]=-1$. 图像如图 1.6 所示.

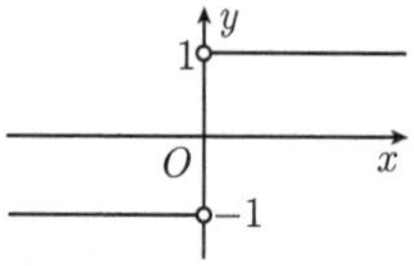

图 1.5

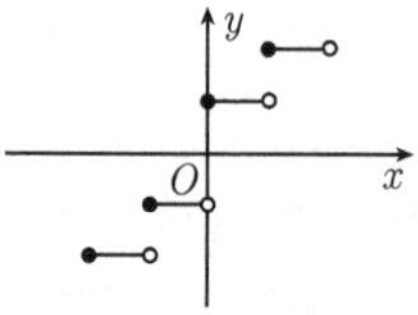

图 1.6

从例 1.6 到例 1.8 看到, 有时一个函数要用几个式子来表示. 这种在自变量的不同变化范围中, 对应关系用几个不同式子表示的函数, 称为分段函数.

再来建立例 1.1 的函数关系.

设 x 表示涨停前的价格, 则涨停的价格为

$$y=x+0.1x=1.1x,$$

第二天跌停的价格为 z, 则

$$z=y-0.1y=0.9y=0.9\times 1.1x=0.99x<x,$$

所以价格更低了.

例 1.2 是一个分段函数：设 $y(t)$, $Y(t)$ 分别表示调整前、后市话费与通话时间 t 之间的函数关系, 则

$$\boldsymbol{y}(t)=\begin{cases}0.18, & 0<\boldsymbol{t}\leqslant 3,\\ 0.18\times\dfrac{\boldsymbol{t}}{3}, & \boldsymbol{t}>3,\dfrac{\boldsymbol{t}}{3}\in\mathbf{N},\\ 0.18\left(\left[\dfrac{\boldsymbol{t}}{3}\right]+1\right), & \boldsymbol{t}>3,\dfrac{\boldsymbol{t}}{3}\notin\mathbf{N},\end{cases}$$

$$\boldsymbol{Y}(\boldsymbol{t})=\begin{cases}0.22, & 0<\boldsymbol{t}\leqslant 3,\\ 0.22+0.11(\boldsymbol{t}-3), & \boldsymbol{t}>3,\boldsymbol{t}\in\mathbf{N},\\ 0.22+0.11\left([\boldsymbol{t}-3]+1\right), & \boldsymbol{t}>3,\boldsymbol{t}\notin\mathbf{N}.\end{cases}$$

不难看出, 只有当通话时间 $t\in(3,4]$ 时, 调整后的市话费才稍微有所降低, 其余时段均有较大提高.

1.1.4 函数的性质

1. 单调性

设函数 $f(x)$ 在区间 I 上有定义, 如果对于 I 上的任意两点 x_1 及 x_2, 当 $x_1 < x_2$ 时, 恒有

$$f(x_1) < f(x_2),$$

则称函数 $f(x)$ 在区间 I 上是**严格单调增加的**; 当 $x_1 < x_2$ 时, 恒有

$$f(x_1) > f(x_2),$$

则称函数 $f(x)$ 在区间 I 上是**严格单调减少的**.

严格单调增加函数和严格单调减少函数统称为**单调函数**.

严格单调增加函数的图像是沿 x 轴正向上升的, 如图 1.7 所示; 严格单调减少函数的图像是沿 x 轴正向下降的, 如图 1.8 所示.

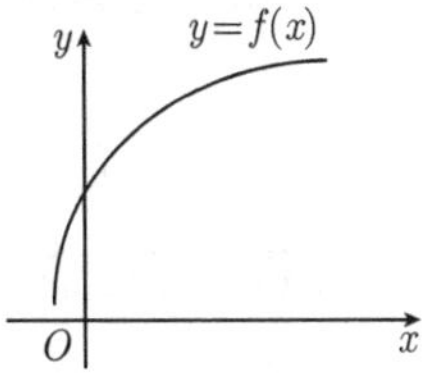

图 1.7

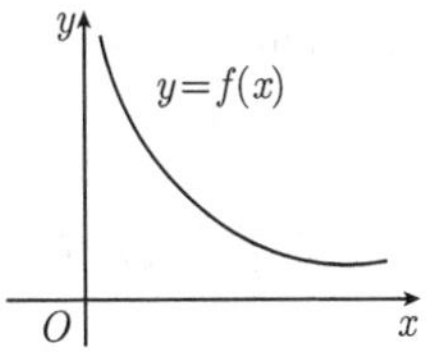

图 1.8

2. 奇偶性

设函数 $f(x)$ 的定义域 D 关于原点对称. 如果对于任意 $x \in D$, 都有

$$f(-x) = f(x),$$

则称函数 $f(x)$ 为**偶函数**; 如果对于任意 $x \in D$, 都有

$$f(-x) = -f(x),$$

则称函数 $f(x)$ 为**奇函数**;

偶函数的图像关于 y 轴对称, 如图 1.9 所示; 奇函数的图像关于原点对称, 如图 1.10 所示.

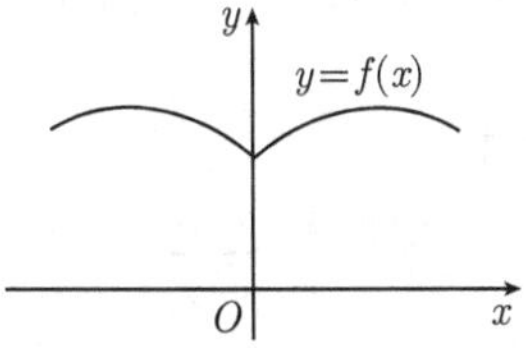

图 1.9

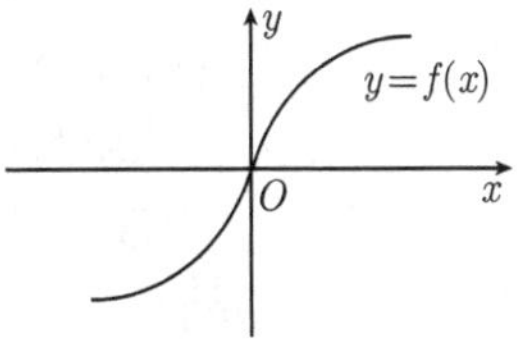

图 1.10

3. 有界性

设函数 $f(x)$ 的定义域为 D. 如果存在数 M_1, 使得对任一 $x \in D$ 都有

$$f(x) \leqslant M_1,$$

则称函数 $f(x)$ 在 D 上**有上界**, M_1 称为函数 $f(x)$ 在 D 上的一个上界. 如果存在数 M_2, 使得对任一 $x \in D$ 都有

$$f(x) \geqslant M_2,$$

则称函数 $f(x)$ 在 D 上**有下界**, M_2 称为函数 $f(x)$ 在 D 上的一个下界. 如果存在正数 M, 使得对任一 $x \in D$ 都有

$$|f(x)| \leqslant M,$$

则称函数 $f(x)$ 在 D 上**有界**. 如果这样的 M 不存在, 就称函数 $f(x)$ 在 D 上无界.

例如, $y = \sin x$ 在 $(-\infty, +\infty)$ 上有界; $y = \mathrm{e}^x$ 在 $(-\infty, +\infty)$ 上无界, 如定义域取有限区间, 则它也是有界的.

4. 周期性

设函数 $f(x)$ 的定义域为 D. 如果存在一个正数 T, 使得对于任意 $x \in D$ 有 $(x \pm T) \in D$, 且

$$f(T + x) = f(x)$$

恒成立, 则称 $f(x)$ 为**周期函数**, T 称为 $f(x)$ 的**周期**, 通常说周期函数的周期是指最小正周期.

例如, 函数 $\sin x$, $\cos x$ 都是以 2π 为周期的周期函数; 函数 $\tan x$ 是以 π 为周期的周期函数.

1.2 初等函数

1.2.1 基本初等函数

初等数学对下面 6 类函数的定义域、值域及函数的性态进行了讨论:

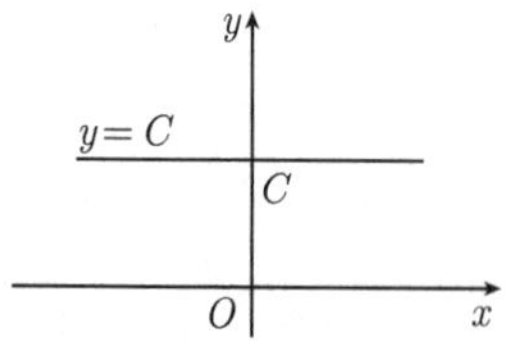

图 1.11

(1) 常数函数: $y = C$(C 是常数).

定义域为 $(-\infty, +\infty)$, 图像是过 $(0, C)$, 平行于 x 轴的一条直线. 如图 1.11 所示.

(2) 幂函数: $y = x^a (a \in \mathbf{R})$.

幂函数定义域与 a 有关, 图像都通过点 (1, 1), 如图 1.12 所示.

(3) 指数函数: $y = a^x (a > 0$, 且 $a \neq 1)$.

指数函数的定义域为 $(-\infty, +\infty)$, 值域为 $(0, +\infty)$, 图像过定点 $(0, 1)$. 当 $a>1$ 时, $y=a^x$ 是严格单调递增的; 当 $0<a<1$ 时, $y=a^x$ 是严格单调递减的, 如图 1.13 所示.

(4) 对数函数: $y=\log_a x(a>0$, 且 $a\neq 1)$.

对数函数的定义域为 $(0, +\infty)$, 值域为 $(-\infty, +\infty)$, 图像过定点 $(1, 0)$. 当 $a>1$ 时, $y=\log_a x$ 是单调递增的; 当 $0<a<1$ 时, $y=\log_a x$ 是单调递减的, 如图 1.14 所示. 当 $a=\mathrm{e}$ 时, 称为自然对数, 记作 $y=\ln x$.

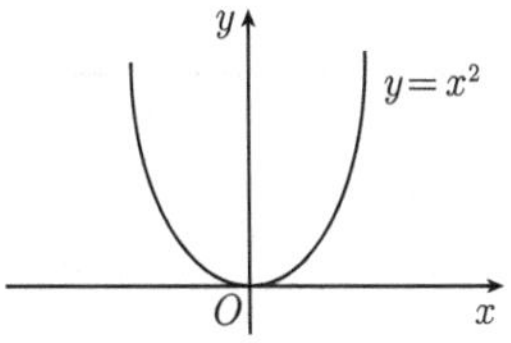

图 1.12

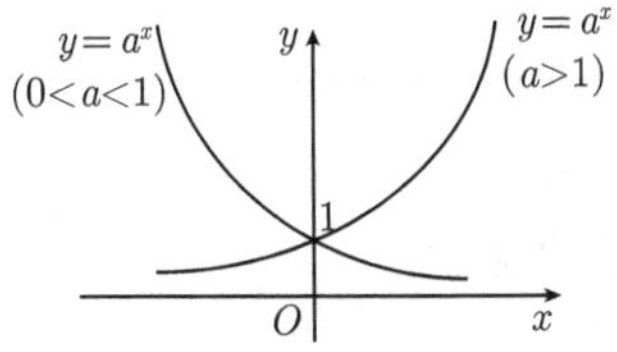

图 1.13

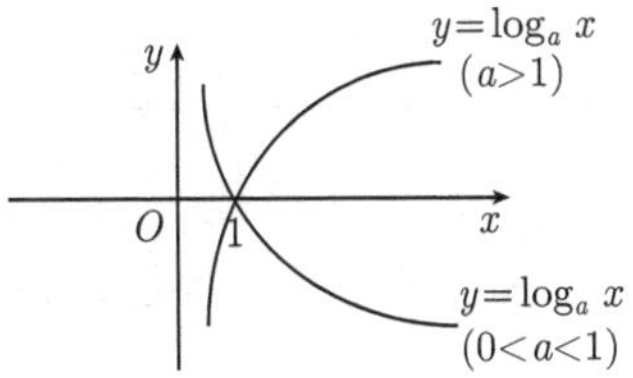

图 1.14

(5) 三角函数: $y=\sin x$, $y=\cos x$, $y=\tan x$, $y=\cot x$, $y=\sec x$, $y=\csc x$.

三角函数图像和性质如表 1.1 所示.

表 1.1 三角函数的图像和性质

函数图像	函数性质
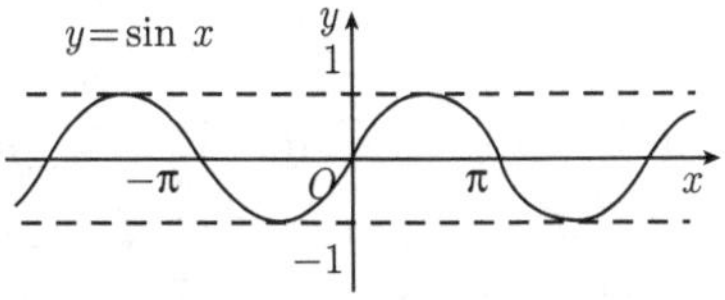	(1) 定义域为 $(-\infty, +\infty)$; (2) 奇函数, 图形关于原点对称; (3) 最小正周期为 2π; (4) $\lvert\sin x\rvert\leqslant 1$; (5) 增区间 $\left[2k\pi-\dfrac{\pi}{2}, 2k\pi+\dfrac{\pi}{2}\right]$, $k\in\mathbf{Z}$ 减区间 $\left[2k\pi+\dfrac{\pi}{2}, 2k\pi+\dfrac{3\pi}{2}\right]$, $k\in\mathbf{Z}$
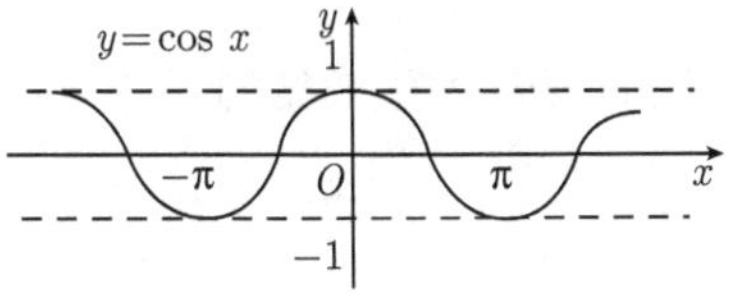	(1) 定义域为 $(-\infty, +\infty)$; (2) 偶函数, 图形关于 y 轴对称; (3) 最小正周期为 2π; (4) $\lvert\cos x\rvert\leqslant 1$; (5) 增区间 $[2k\pi+\pi, 2k\pi+2\pi]$, $k\in\mathbf{Z}$ 减区间 $[2k\pi, 2k\pi+\pi]$, $k\in\mathbf{Z}$
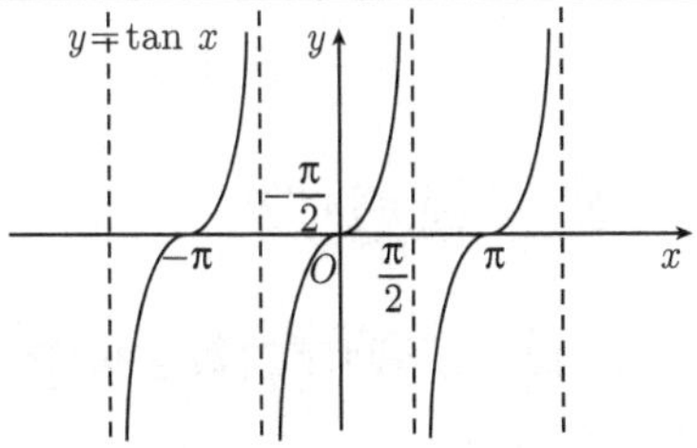	(1) 定义域为 $x\neq k\pi+\dfrac{\pi}{2}$, $k\in\mathbf{Z}$ 的一切实数; (2) 奇函数, 图形关于原点对称; (3) 最小正周期为 π; (4) 在 $\left(k\pi-\dfrac{\pi}{2}, k\pi+\dfrac{\pi}{2}\right)$, $k\in\mathbf{Z}$ 内严格单调递增

续表

函数图像	函数性质
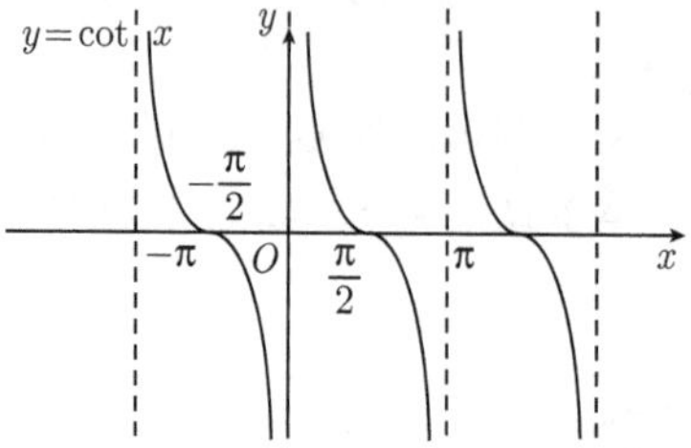	(1) 定义域为 $x \neq k\pi$, $k \in \mathbf{Z}$ 的一切实数; (2) 奇函数, 图形关于原点对称; (3) 最小正周期为 π; (4) 在 $(k\pi, k\pi+\pi)$, $k \in \mathbf{Z}$ 内严格单调递减

(6) 反三角函数: $y=\arcsin x$, $y=\arccos x$, $y=\arctan x$, $y=\operatorname{arccot} x$.

以上这 6 类函数统称为基本初等函数.

1.2.2 复合函数

设函数 $y=f(u)$ 的定义域为 D_1, 函数 $u=g(x)$ 在 D 上有定义, 且 $D_g \subset D_1$, 则由下式确定的函数

$$y=f[g(x)],\ x \in D$$

称为由函数 $y=f(u)$ 和函数 $u=g(x)$ 构成的**复合函数**, 它的定义域为 D, 变量 u 称为中间变量.

函数 g 与函数 f 能构成复合函数的条件是: 函数 g 在 D 上的值域 D_g 必须含在 f 的定义域内, 即 $D_g \subset D_f$. 否则, 不能构成复合函数. 两个及多个函数能够构成复合函数的过程称为**函数的复合运算**.

例如, 函数 $y=\arcsin(x^2-1)$ 可以看成是函数 $y=f(u)=\arcsin u$ 和 $u=g(x)=x^2-1$ 复合而成的函数. $y=f(u)$ 的定义域为 $U_0=\{u \mid |u| \leqslant 1\}$, $u=g(x)$ 的定义域为 $D=\{x \mid -\infty<x<+\infty\}$, 复合函数 $y=\arcsin(x^2-1)$ 的定义域为 $\{x \mid -\sqrt{2} \leqslant x \leqslant \sqrt{2}\}$.

1.2.3 初等函数的定义

由基本初等函数经过有限次的四则运算和有限次的复合运算得到的可用一个式子表示的函数称为**初等函数**. 例如

$$y=ax^2+bx+c, \quad y=\sin\frac{1}{x}, \quad y=\mathrm{e}^{-x^2}$$

等都是初等函数.

1.3 建立函数关系 —— 数学模型

函数的研究关键是建立函数关系, 而建立函数关系就是实际问题的数学模型, 建立函数关系也常常称为建立其数学模型. 本节再举几个实例.

例 1.9 铁路线上 AB 段的长度为 100km, 工厂 C 距 A 处为 20km, AC 垂直于 AB (图 1.15), 如果在 AB 段上选定一点 D 向工厂修筑一条公路, 已知铁路与公路每公里货运费之比是 3:5, 为了使货物从 B 运到工厂 C 的运费最少, 试建立费用函数关系模型, 以便确定 D 点的位置.

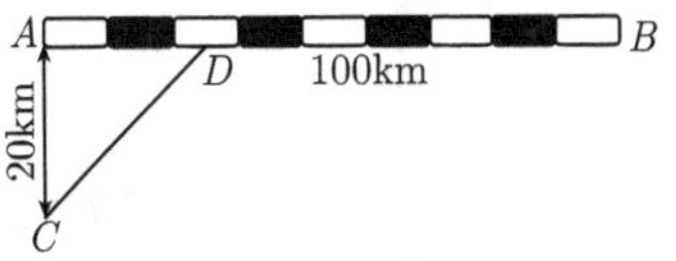

图 1.15

解 设 $AD = x$(km), 则

$$BD = 100 - x, \quad CD = \sqrt{20^2 + x^2},$$

由已知条件, 从 B 到 C 的总运费为

$$y = 5k\sqrt{400 + x^2} + 3k(100 - x), \quad x \in [0, 100].$$

例 1.10 要造一个底面为圆面, 容积为 100m^3 的圆柱形蓄水池, 设水池底面和四壁每平方米的造价为 k 元, 试建立蓄水池的造价 y 与底面半径 r 的函数关系.

解 圆柱体水池的高为

$$h = \frac{100}{\pi r^2},$$

则

$$\begin{aligned} y &= k(\pi r^2 + 2\pi r h) \\ &= k\left(\pi r^2 + \frac{200}{r}\right), \quad r \in (0, +\infty). \end{aligned}$$

例 1.11 某工厂生产某型号车床, 年产量为 a 台, 分若干批进行生产, 每批生产准备费为 b 元. 设产品均匀投入市场, 且上一批用完后立即生产下一批, 即平均库存量为批量的一半. 设每年每台库存费为 c 元. 试建立一年中库存费与生产准备费之和与批量的函数关系.

解 设批量为 x, 库存费与生产准备费之和为 y.

每年生产的批数为 $\dfrac{a}{x}$, 则生产准备费为 $b \cdot \dfrac{a}{x}$. 因库存量为 $\dfrac{x}{2}$, 故库存费为 $c \cdot \dfrac{x}{2}$. 从而

$$y = b \cdot \frac{a}{x} + c \cdot \frac{x}{2} = \frac{ab}{x} + \frac{cx}{2} \quad (x \text{ 取 } a \text{ 的正整数因子}).$$

显然, 生产批量大, 则库存费高; 生产批量少则批数增多, 因而生产准备费高.

例 1.12 某运输公司规定货物的运价: 在距离 a(单位: km) 内单价为 k (单位: 元/km); 超过 a 的部分的单价为 $0.8k$. 试建立运价 y 和里程 s 之间的函数关系.

解 由题意知, 当 $0 < s \leqslant a$ 时, $y = ks$; 当 $s > a$ 时,

$$y = ak + 0.8k(s - a) = 0.2ka + 0.8ks.$$

于是有

$$y=\begin{cases} ks & 0<s\leqslant a, \\ 0.2ka+0.8ks, & s>a. \end{cases}$$

例 1.13 一工厂生产某种产品 2000 吨, 每吨定价为 150 元. 当销售量不超过 1200 吨时, 按原价出售; 当销售量超过 1200 吨时, 超出部分需打 9 折出售; 当销售量超过 1600 吨时, 超出部分需打 8 折出售, 试建立销售总收益与总销售量的函数关系.

解 设总收益为 R 元, 总销售量为 Q 吨, 则

当 $0<Q\leqslant 1200$ 时, $R=150Q$;

当 $1200<Q\leqslant 1600$ 时,

$$R=150\times 1200+0.9(Q-1200)\times 150=135Q+18000;$$

当 $1600<Q\leqslant 2000$ 时,

$$R=150\times 1200+0.9\times 150\times 400+0.8(Q-1600)\times 150=120Q+42000.$$

于是

$$R=\begin{cases} 150Q, & 0<Q\leqslant 1200, \\ 135Q+18000, & 1200<Q\leqslant 1600, \\ 120Q+42000, & 1600<Q\leqslant 2000. \end{cases}$$

例 1.14 某通信公司的广告提出, "为配合客户不同的需求, 对于计时通话与自动数字传呼服务, 我们设有如表 1.2 所示优惠计划, 供客户选择". 试确定两种服务所需付出的费用的函数关系, 以便确定选择何种服务.

表 1.2

项目 \ 计划	A	B
每月基本服务费	98	168
免费通话时间	首 60	首 500
以后每分钟收费	0.38	0.38
留言信箱服务	30	30

解 设通话时间为 t (min), 所需付出的费用为 C (元). 若超过免费通话的时限, 则

$$C_{\mathrm{A}}=0.38(t-60)+98 \quad (t>60),$$
$$C_{\mathrm{B}}=0.38(t-500)+168 \quad (t>500).$$

两种计划的费用函数为

$$C_{\mathrm{A}}=\begin{cases}98, & 0\leqslant t\leqslant 60,\\ 0.38(t-60)+98, & t>60;\end{cases}$$

$$C_{\mathrm{B}}=\begin{cases}168, & 0\leqslant t\leqslant 500,\\ 0.38(t-500)+168, & t>500.\end{cases}$$

数学重要历史人物 —— 笛卡儿

一、人物简介

勒奈·笛卡儿 (Rene Descartes 1596~1650), 1596 年 3 月 31 日生于法国都兰城, 1650 年 2 月 11 日卒于瑞典斯德哥尔摩. 笛卡儿是伟大的哲学家、物理学家、数学家、生理学家, 是解析几何学的创始人. 笛卡儿是欧洲近代资产阶级哲学的奠基人之一, 黑格尔称他为 "现代哲学之父". 他自成体系, 融唯物主义与唯心主义于一炉, 在哲学史上产生了深远的影响. 同时, 他又是一位勇于探索的科学家, 他所建立的解析几何在数学史上具有划时代的意义. 笛卡儿堪称 17 世纪的欧洲哲学界和科学界最有影响的巨匠之一, 被誉为 "近代科学的始祖". 他的哲学与数学思想对历史的影响是深远的. 人们在他的墓碑上刻下了这样一句话: "笛卡儿, 欧洲文艺复兴以来, 第一个为人类争取并保证理性权利的人."

二、生平事迹

笛卡儿 1612 年到普瓦捷大学攻读法学, 四年后获博士学位. 1616 年笛卡儿结束学业后, 便背离家庭的职业传统, 开始探索人生之路. 他投笔从戎, 想借机游历欧洲, 开阔眼界.

长期的军旅生活使笛卡儿感到疲惫, 他于 1621 年回国, 时值法国内乱, 于是他去荷兰、瑞士、意大利等地旅行. 1625 年返回巴黎. 1628 年, 从巴黎移居荷兰, 笛卡儿对哲学、数学、天文学、物理学、化学和生理学等领域进行了深入的研究, 并通过数学家梅森神父与欧洲主要学者保持密切联系. 他的主要著作几乎都是在荷兰完成的. 先后发表了许多在数学和哲学上有重大影响的论著.

笛卡儿的主要数学成果集中在他的 "几何学" 中. 当时, 代数还是一门新兴科学, 几何学的思维还在数学家的头脑中占有统治地位. 笛卡儿的思想核心是: 把几何学的问题归结成代数形式的问题, 用代数学的方法进行计算、证明, 从而达到最终解决几何问题的目的. 依照这种思想, 他创立了我们现在所称的 "解析几何学". 1637 年, 笛卡儿发表了《几何学》, 创立了平面直角坐标系. 他用平面上的一点到两条固定直线的距离来确定点的位置, 用坐标来描述空间上的点. 他进而又创立了解析几何学, 表明了几何问题不仅可以归结成为代数形式, 而且可以通过代数变换来发现几何性质, 证明几何性质. 解析几何的出现, 改变了自古希腊以来代数和几何分离的趋向, 把相互对立着的"数"与"形"统一了起来, 使几何圆形与代数方程相结合. 笛卡儿的这一天才创见, 更为微积分的创立奠定了基础, 从而开拓了变量数学的广阔领域. 最为可贵的是, 笛卡儿用运动的观点, 把曲线看成点的运动的轨迹, 不仅建立了点与实数的对应关系, 而且把形 (包括点、线、面) 和"数"两个对立的对象统一起来, 建立了曲线和方程的对应关系. 这种对应关系的建立, 不仅标志着函数概念的萌芽, 而且标志着变数进入了数学, 使数学在思想方法上发生了伟大的转折 —— 由常量数学进入变量数学的时期. 正如恩格斯所说:"数学中的转折点是笛卡儿的变数. 有了变数, 运动进入了数学, 有了变数, 辨证法进入了数学, 有了变数, 微分和积分也就立刻成为必要了. 笛卡儿的这些成就, 为后来牛顿、莱布尼茨创立微积分, 为一大批数学家的新发现开辟了道路.

三、历史贡献

笛卡儿在哲学上是二元论者, 并把上帝看作造物主. 但笛卡儿在自然科学范围内却是一位机械论者, 这在当时是有进步意义的.

笛卡儿的方法论对于后来物理学的发展有重要的影响. 他在古代演绎方法的基础上创立了一种以数学为基础的演绎法: 以唯理论为根据, 从自明的直观公理出发, 运用数学的逻辑演绎, 推出结论. 这种方法和培根所提倡的实验归纳法结合起来, 经过惠更斯和牛顿等人的综合运用, 成为物理学特别是理论物理学的重要方法. 作为他的普遍方法的一个最成功的例子, 是笛卡儿运用代数的方法来解决几何问题, 确立了坐标几何学即解析几何学的基础.

笛卡儿的方法论中还有两点值得注意: 第一, 他善于运用直观"模型"来说明物理现象. 例如, 利用"网球"模型说明光的折射; 用"盲人的手杖"来形象地比喻光信息沿物质做瞬时传输; 用盛水的玻璃球来模拟并成功地解释了虹霓现象等. 第二, 他提倡运用假设和假说的方法, 如宇宙结构论中的旋涡说. 此外他还提出"普遍怀疑"原则. 这一原则在当时的历史条件下对于反对教会统治、反对崇尚权威、提倡理性、提倡科学起过很大作用.

习 题 1

1. 确定下列函数的定义域:

(1) $y=\sqrt{9-x^2}$; (2) $y=\dfrac{1}{1-x^2}+\sqrt{x+2}$;

(3) $y=\dfrac{-5}{x^2+4}$; (4) $y=\arcsin\dfrac{x-1}{2}$;

(5) $y=\dfrac{\ln(3-x)}{\sqrt{|x|-1}}$;　　(6) $y=\sqrt{\lg\dfrac{5x-x^2}{4}}$.

2. 设 $f(x)=\dfrac{x}{1-x}$, 求 $f[f(x)]$ 和 $f\{f[f(x)]\}$.

3. 将函数 $y=5-|2x-1|$ 用分段形式表示, 并作出函数的图形.

4. 判断函数的奇偶性:

(1) $f(x)=\dfrac{e^{-x}-1}{e^{-x}+1}$;　　(2) $y=x^2(1-x^2)$.

5. 设 $f\left(\dfrac{1}{x}\right)=\sqrt{1+x^2}+\dfrac{1}{x}$, 求 $f(x)$.

6. 指出下列周期函数的周期:

(1) $f(x)=\sin\left(2x-\dfrac{\pi}{3}\right)$;　　(2) $f(x)=1-\cos\dfrac{\pi x}{4}$;

(3) $f(x)=\tan\left(x+\dfrac{\pi}{3}\right)$;　　(4) $f(x)=|\sin x|$.

7. 分析下列函数是由哪些函数复合而成, 写出复合过程.

(1) $y=\sin\left(2x-\dfrac{\pi}{3}\right)$;　　(2) $y=\sqrt{2x^2+1}$;

(3) $y=\ln^2 x$;　　(4) $y=\cos^2\dfrac{1}{x}$.

8. 设函数 $f(x)=\dfrac{3x-2}{x+1}(x\neq -1)$, 求这样的函数 $g(x)$, 使得 $f[g(x)]=x$.

9. 在半径为 r 的球内嵌入一圆柱, 试将圆柱的体积表示为其高的函数, 并确定此函数的定义域.

10. 某化肥厂生产某产品 1000 吨, 每吨定价为 130 元, 销售量在 700 吨以内时, 按原价出售, 超过 700 吨时超过的部分需打 9 折出售, 试将销售总收益与总销售量的函数关系用数学表达式表示.

11. 已知某一天波士顿的水平面在午夜 12 点时处于高潮位, 水平面在高潮位时达到 3.01m, 在低潮位时为 0.01m, 设下一个高潮位恰在 12h 之后, 且水平面的高度由余弦曲线给出, 求出波士顿水平面作为时间函数的表达式.

12. 单项选择题.

(1) 设函数 $f(x)=\begin{cases} x+1, & x\leqslant 1, \\ 3-x, & x>1, \end{cases}$ 则 $f\left[f\left(\dfrac{5}{2}\right)\right]=(\quad)$.

(A) $\dfrac{9}{2}$;　　(B) $\dfrac{5}{2}$;　　(C) $\dfrac{3}{2}$;　　(D) $-\dfrac{1}{2}$.

(2) 设 $f\left(x+\dfrac{1}{x}\right)=x^2+\dfrac{1}{x^2}$, 则 $f\left(x-\dfrac{1}{x}\right)$ 为 $(\quad)$.

(A) $x^2+\dfrac{1}{x^2}$;　　(B) x^2-2;　　(C) $x^2+\dfrac{1}{x^2}-4$;　　(D) $x^2+\dfrac{1}{x^2}+4$.

(3) 函数 $f(x)=x\ln(\sqrt{x^2+1}-x)$ 的图形 $(\quad)$.

(A) 关于原点对称;　　(B) 关于 y 轴对称;

(C) 关于 $y=x$ 对称;　　(D) 关于 $y=0$ 对称.

(4) 函数 $f(x)=x\cos x, x\in\left[-\frac{\pi}{2},\pi\right]$ 是 (   ).

(A) 奇函数; (B) 偶函数;

(C) 有界函数; (D) 单调函数.

(5) 已知函数 $f(x)$ 满足关系式 $f(x)=f\left(\frac{1}{x}\right)$, 则 $f(x)=$ (   ).

(A) x; (B) $\frac{1}{x}$; (C) $x-\frac{1}{x}$; (D) $x+\frac{1}{x}$.

Chapter 2

第2章 极限与连续

极限是研究函数的主要工具，是研究变量的变化趋势的重要概念，微积分中的概念——连续、导数、定积分、级数等都是由极限来定义的.

2.1 极限的概念与无穷小

我国春秋战国时期的《庄子 · 天下》中有这样一段话"一尺之棰，日取其半，万世不竭"，意思是说，一尺长的木棍，每天取其一半，是永远取不完的. 这实际上就是极限中无限细分的思想，最终将得到一个不可再分的点.

再比如古代数学家刘徽的割圆术：在圆内作正六边形，其面积记为 S_1，再作十二边形，面积记为 S_2，再作二十四边形，面积记为 $S_3, \cdots$，作正 $6 \times 2^{n-1}$ 边形，面积记为 S_n. 无限作下去，就得到一系列内接正多边形的面积：

$$S_1, \quad S_2, \quad \cdots, \quad S_n, \quad \cdots.$$

当 n 越大，内接正多边形的面积越接近圆的面积. 这就是极限中无限接近的思想.

2.1.1 数列的极限

按照一定规律排列而成的一列数

$$u_1, \ u_2, \ u_3, \ \cdots, \ u_n, \ \cdots$$

称为**数列**，简记作 $\{u_n\}$. 数列中的每一个数称为数列的**项**，u_n 称为数列的**通项** 或**一般项**. 例如

$$2, \frac{3}{2}, \frac{4}{3}, \frac{5}{4}, \cdots, \frac{n+1}{n}, \cdots \qquad \text{通项 } u_n = \frac{n+1}{n} \quad (n = 1, 2, 3, \cdots);$$

$$\frac{1}{2}, \frac{1}{2^2}, \frac{1}{2^3}, \frac{1}{2^4}, \cdots, \frac{1}{2^n}, \cdots \qquad \text{通项 } u_n = \frac{1}{2^n} \quad (n = 1, 2, 3, \cdots);$$

$$1, -1, 1, -1, 1, \cdots \qquad \text{通项 } u_n = (-1)^{n-1} \quad (n = 1, 2, 3, \cdots).$$

现在要讨论的是：当 n 无限增大时，对应的 u_n 是否能与某个常数无限地接近. 如果能的话，这个常数是多少？

当 n 无限增大时, 数列 $u_n=\dfrac{n+1}{n}$ 无限接近于常数 1, 要多接近有多接近, 这个常数 1 就称作数列 $u_n=\dfrac{n+1}{n}$ 的极限;

当 n 无限增大时, 数列 $u_n=\dfrac{1}{2^n}$ 无限接近于常数 0, 要多接近有多接近, 这个常数 0 就称作数列 $u_n=\dfrac{1}{2^n}$ 的极限;

当 $n\to\infty$ 时, 数列 $u_n=(-1)^n$ 在两个常数 $-1,1$ 间交替变换, 不能无限接近于一个常数, 因此说数列 $u_n=(-1)^n$ 没有极限.

由以上数列的变化趋势, 可抽象出数列极限定义.

定义 2.1 设数列 $\{u_n\}$, a 为常数, 当 n 无限增大时, 数列 $\{u_n\}$ 无限接近于 a, 则称数列的极限存在, 常数 a 为数列 $\{u_n\}$ 的极限, 或称**数列 $\{u_n\}$ 收敛于 a**, 记作

$$\lim_{n\to\infty}u_n=a \quad 或 \quad u_n\to a \quad (n\to\infty).$$

当 n 无限增大时, 数列 $\{u_n\}$ 不能无限接近一个确定的常数, 就称数列 $\{u_n\}$ **发散**.

由数列极限定义有 $\lim\limits_{n\to\infty}\dfrac{n+1}{n}=1$, $\lim\limits_{n\to\infty}\dfrac{1}{2^n}=0$.

2.1.2 函数的极限

数列$\{u_n\}$可以看成是定义在正整数集合上的函数, 数列极限是函数极限的特殊情形.

对于实数集上函数 $y=f(x)$, 当自变量连续取值时, 有下列函数极限定义.

例如, 函数

$$y=1+\frac{1}{x},$$

当 $|x|$ 无限增大时, y 无限地接近于 1, 如图 2.1 所示.

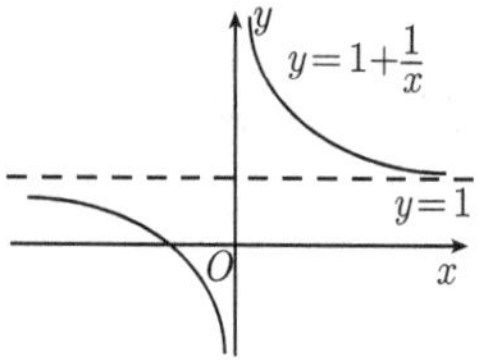

图 2.1

定义 2.2 设函数 $f(x)$ 在 $|x|$ 大于某一正数时有定义, a 是一个常数, 如果当 $|x|$ 无限增大时, 对应的函数值 $f(x)$ 无限接近 a, 则称函数的极限存在, 常数 a 为函数 $f(x)$ 在 $x\to\infty$ 时的极限, 记作

$$\lim_{x\to\infty}f(x)=a \quad 或 \quad f(x)\to a \quad (x\to\infty).$$

从而, $\lim\limits_{x\to\infty}\left(1+\dfrac{1}{x}\right)=1$.

考察函数

$$y=2x-1$$

图像如图 2.2 所示. 当 $x\to\dfrac{1}{2}$ 时, $f(x)$ 无限接近于 0.

再如函数

$$y=\frac{x^2-1}{x-1}$$

图像如图 2.3 所示. 当 $x \to 1$ 时, $f(x)$ 无限接近于 2.

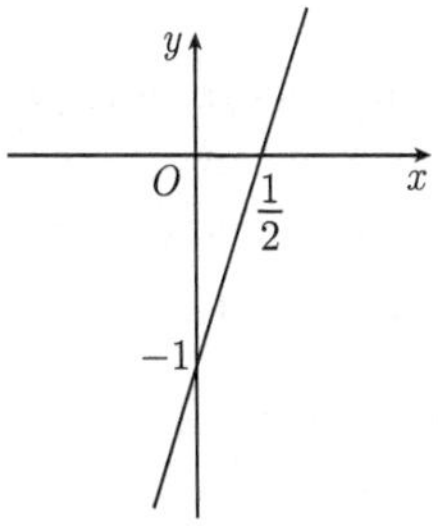

图 2.2

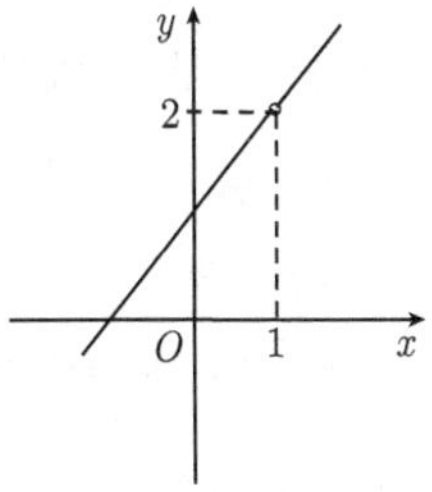

图 2.3

定义 2.3 设函数 $f(x)$ 在 x_0 的某去心邻域内有定义, a 是一个常数, 当 x 无限接近 x_0 时, 相应的函数值 $f(x)$ 无限接近于 a, 则称函数的极限存在, 常数 a 是函数 $f(x)$ 在 $x \to x_0$ 时的极限, 记作

$$\lim_{x\to x_0} f(x)=a \quad 或 \quad f(x)\to a \quad (x\to x_0).$$

从而,

$$\lim_{x\to\frac{1}{2}}(2x-1)=0, \lim_{x\to 1}\frac{x^2-1}{x-1}=2.$$

可以看出：$\lim\limits_{x\to x_0} C=C \quad (C$ 是常数), $\lim\limits_{x\to x_0} x=x_0$.

如果 x 仅仅从 x_0 的左边无限接近 x_0, 对应的函数值无限接近确定的常数 a, 则称常数 a 为 $f(x)$ 在 $x\to x_0$ 时的**左极限**, 记作

$$\lim_{x\to x_0^-} f(x)=a \quad 或 \quad f(x_0-0)=a.$$

同理有**右极限**

$$\lim_{x\to x_0^+} f(x)=a \quad 或 \quad f(x_0+0)=a.$$

定理 2.1 函数极限存在的充分必要条件是左极限、右极限都存在且相等.

例 2.1 设函数 $f(x)=|x|=\begin{cases}-x, & x<0,\\ 0, & x=0,\\ x, & x>0.\end{cases}$ 求 $\lim\limits_{x\to 0^-} f(x)$, $\lim\limits_{x\to 0^+} f(x)$ 及 $\lim\limits_{x\to 0} f(x)$.

解

$$\lim_{x\to 0^-} f(x)=\lim_{x\to 0^-}(-x)=0, \quad \lim_{x\to 0^+} f(x)=\lim_{x\to 0^+}(x)=0,$$

所以

$$\lim_{x\to 0} f(x) = 0.$$

2.1.3 极限的性质

性质 2.1 (唯一性) 极限存在, 则极限值唯一.

性质 2.2 (有界性) 收敛数列一定有界; 若 $\lim\limits_{x\to x_0} f(x)$ 存在, 则存在某一正数 M 和 x_0 的某一去心邻域 $\mathring{U}(x_0,\delta)$, 对任一 $x\in\mathring{U}(x_0,\delta)$, 有 $|f(x)|\leqslant M$.

性质 2.3(保号性) 若 $\lim\limits_{x\to x_0} f(x)=a$, 且 $a>0$ (或 $a<0$), 则存在 x_0 的某一去心邻域 $\mathring{U}(x_0,\delta)$, 当 $x\in\mathring{U}(x_0,\delta)$ 时, 有 $f(x)>0$ (或 $f(x)<0$).

2.1.4 无穷大与无穷小

定义 2.4 若自变量 x 的某种变化过程中, 对应函数 $f(x)$ 的绝对值 $|f(x)|$ 无限增大, 则称函数 $f(x)$ 在此变化过程中为无穷大. 记作

$$\lim f(x) = \infty.$$

例如, $f(x)=\dfrac{1}{x}$, 当 $x\to 0$ 时, $|f(x)|$ 无限增大, 则 $\lim\limits_{x\to 0}\dfrac{1}{x}=\infty$.

无穷大不是一个很大很大的数, 它是具有特定变化状态的函数. 无穷大虽然记作 $\lim f(x)=\infty$, 实际上表示极限不存在.

定义 2.5 若在自变量 x 的某种变化过程中, 函数 $f(x)$ 以 0 为极限, 则称函数 $f(x)$ 是此变化过程的无穷小.

例如, $\lim\limits_{x\to\frac{1}{2}}(2x-1)=0$, 所以函数 $f(x)=2x-1$ 是 $x\to\dfrac{1}{2}$ 时的无穷小;

$\lim\limits_{n\to\infty}\dfrac{1}{2^n}=0$, 则称数列 $u_n=\dfrac{1}{2^n}$ 是 $n\to\infty$ 的无穷小;

$\lim\limits_{x\to 1}(2x-1)=1$, 则当 $x\to 1$ 时, $2x-1$ 不是无穷小.

特别要指出的是, 无穷小是极限为零的变量, 不能认为一个绝对值很小很小的常数是无穷小, 但零是无穷小, 因为 0 的极限就是 0.

若当 $x\to x_0$(或 $x\to\infty$) 时, 函数 $f(x)$ 以常数 a 为极限, 则 $f(x)-a$ 无限接近于 0, 即 $f(x)-a$ 为无穷小, 反之, 当 $f(x)-a$ 是无穷小时, 令 $f(x)-a=\alpha(x)$, 则 $f(x)=\alpha(x)+a$.

定理 2.2 $\lim\limits_{\substack{x\to x_0\\(x\to\infty)}} f(x)=a$ 的充分必要条件是 $f(x)=a+\alpha(x)$, 其中 $\lim\limits_{\substack{x\to x_0\\(x\to\infty)}}\alpha(x)=0$.

无穷小的运算:

(1) 两个无穷小的和仍是无穷小. 例如

$$\lim_{n\to\infty}\frac{1}{2^n}=0,\ \lim_{n\to\infty}\frac{1}{3^n}=0,\text{则}\ \lim_{n\to\infty}\left(\frac{1}{2^n}+\frac{1}{3^n}\right)=0.$$

(2) 有界函数与无穷小的乘积仍是无穷小. 例如

在 $x \to 0$ 时, x 是无穷小, $\sin\dfrac{1}{x}$ 有界, 则 $\lim\limits_{x\to 0} x\sin\dfrac{1}{x}=0$.

(3) 有限个无穷小的和、积仍是无穷小.

2.2 极限的运算

2.2.1 极限的运算法则

定理 2.3 设 $\lim\limits_{x\to x_0} f(x)=A$, $\lim\limits_{x\to x_0} g(x)=B$, 则

(1) $\lim\limits_{x\to x_0}[f(x)\pm g(x)]=A\pm B$;

(2) $\lim\limits_{x\to x_0}[f(x)g(x)]=AB$;

(3) $\lim\limits_{x\to x_0}\dfrac{f(x)}{g(x)}=\dfrac{A}{B}$. $(B\neq 0)$

定理 2.3 中, 将 $x\to x_0$ 换成 $x\to\infty$, 以及数列的极限, 运算均成立.

推论 2.1 (1) $\lim\limits_{x\to x_0} kf(x)=kA(k$ 为常数);

(2) $\lim\limits_{x\to x_0}[f(x)]^n=A^n$.

例 2.2 求 $\lim\limits_{x\to x_0}[a_0x^n+a_1x^{n-1}+\cdots+a_n]$.

解 因为 $\lim\limits_{x\to x_0} x=x_0$, $\lim\limits_{x\to x_0} x^n=x_0^n$, 所以

$$\begin{aligned}\text{原式}&=\lim_{x\to x_0} a_0x^n+\lim_{x\to x_0} a_1x^{n-1}+\cdots+\lim_{x\to x_0} a_n\\&=a_0x_0^n+a_1x_0^{n-1}+\cdots+a_n.\end{aligned}$$

设 $P_n(x)$, $Q_m(x)$ 分别为 n 次与 m 次多项式, 若 $Q_m(x_0)\neq 0$, 则

$$\lim_{x\to x_0}\frac{P_n(x)}{Q_m(x)}=\frac{P_n(x_0)}{Q_m(x_0)}.$$

例 2.3 求 $\lim\limits_{x\to 3}\dfrac{x^2-9}{x^2+x-12}$.

解 当 $x\to 3$ 时, 可以看出分母, 分子都趋于 0, 这时将分母, 分子因式分解, 消去"零因子", 再求极限.

$$\text{原式}=\lim_{x\to 3}\frac{(x-3)(x+3)}{(x-3)(x+4)}=\lim_{x\to 3}\frac{x+3}{x+4}=\frac{6}{7}.$$

例 2.4 求 $\lim\limits_{x\to 1}\left(\dfrac{1}{x-1}-\dfrac{3}{x^3-1}\right)$.

解 当 $x\to 1$ 时, 函数 $\dfrac{1}{x-1}$ 和 $\dfrac{3}{x^3-1}$ 的极限都不存在, 因此不能直接用极限的

运算法则, 可先通分化简后, 再求极限.

$$\text{原式}=\lim_{x\to1}\frac{(1+x+x^2)-3}{x^3-1}=\lim_{x\to1}\frac{x^2+x-2}{x^3-1}$$
$$=\lim_{x\to1}\frac{(x+2)(x-1)}{(x-1)(1+x+x^2)}=\lim_{x\to1}\frac{x+2}{1+x+x^2}=1.$$

例 2.5 $\lim\limits_{x\to\infty}\dfrac{x^2+1}{4x^2-x+1}$.

解 当 $x\to\infty$ 时, 分子、分母都趋于无穷大, 不能直接使用极限运算法则. 分子、分母同除以最高次幂 x^2, 利用 $\lim\limits_{x\to\infty}\dfrac{1}{x}=0$, 故

$$\text{原式}=\lim_{x\to\infty}\frac{1+\dfrac{1}{x^2}}{4-\dfrac{1}{x}+\dfrac{1}{x^2}}=\frac{1}{4}.$$

例 2.6 求 $\lim\limits_{x\to\infty}\dfrac{x^2+x+1}{3x^3+1}$.

解 将分子、分母同除以最高次幂 x^3, 得

$$\text{原式}=\lim_{x\to\infty}\frac{\dfrac{1}{x}+\dfrac{1}{x^2}+\dfrac{1}{x^3}}{3+\dfrac{1}{x^3}}=0.$$

由上两例, 有下面的重要结论.

$$\lim_{x\to\infty}\frac{a_0x^m+a_1x^{m-1}+\cdots+a_m}{b_0x^n+b_1x^{n-1}+\cdots+b_n}=\begin{cases}\dfrac{a_0}{b_0}, & n=m,\\ 0, & n>m,\\ \infty, & n<m.\end{cases}$$

2.2.2 复合函数的极限运算法则

定理 2.4 设函数 $y=f[g(x)]$ 是由函数 $y=f(u)$ 与函数 $u=g(x)$ 复合而成的, $\lim\limits_{u\to u_0}f(u)=a$, $\lim\limits_{x\to x_0}g(x)=u_0$, 且存在 $\delta_0>0$, 当 $x\in\mathring{U}(x_0,\delta_0)$ 时, $g(x)\neq u_0$, 则有

$$\lim_{x\to x_0}f(g(x))=\lim_{u\to u_0}f(u)=a.$$

在定理 2.4 中, 若把 $\lim\limits_{x\to x_0}g(x)=u_0$ 换成 $\lim\limits_{x\to x_0}g(x)=\infty$ 或 $\lim\limits_{x\to\infty}g(x)=\infty$, 而把 $\lim\limits_{u\to u_0}f(u)=a$ 换成 $\lim\limits_{u\to\infty}f(u)=a$, 结论仍然成立.

例 2.7 求 $\lim\limits_{x\to2}\dfrac{\sqrt{6-x}-2}{x-2}$.

解 原式 $=\lim\limits_{x\to2}\dfrac{6-x-4}{(x-2)(\sqrt{6-x}+2)}=\lim\limits_{x\to2}\dfrac{-1}{\sqrt{6-x}+2}=-\dfrac{1}{4}$.

2.2.3 极限存在准则

准则 2.1 (夹逼准则) 如果 $f(x)$, $g(x)$, $h(x)$ 满足下列条件:
(1) 当 $x \in \mathring{U}(x_0, \delta_1)$(或 $|x| > M_1$) 时, 有

$$f(x) \leqslant g(x) \leqslant h(x);$$

(2) $f(x) \to a$, $h(x) \to a(x \to x_0$ 或 $x \to \infty)$, 则有

$$g(x) \to a \quad (x \to x_0 \text{ 或 } x \to \infty).$$

对于数列的极限, 也有类似的结论. 证明从略.

例 2.8 证明 $\lim\limits_{x \to 0} \cos x = 1$.

证 因为

$$0 \leqslant 1 - \cos x = 2\sin^2 \frac{x}{2} \leqslant 2 \cdot \left(\frac{x}{2}\right)^2 = \frac{1}{2}x^2,$$

而 $\lim\limits_{x \to 0} \frac{1}{2}x^2 = 0$, 由夹逼准则得

$$\lim_{x \to 0}(1 - \cos x) = 0,$$

因此

$$\lim_{x \to 0} \cos x = 1.$$

准则 2.2 单调有界数列必有极限.

2.2.4 重要极限

1. $\lim\limits_{x \to 0} \dfrac{\sin x}{x} = 1$

利用夹逼准则, 可以证明: $\lim\limits_{x \to 0} \dfrac{\sin x}{x} = 1$.

例 2.9 求 $\lim\limits_{x \to 0} \dfrac{\tan x}{x}$.

解
$$\lim_{x \to 0} \frac{\tan x}{x} = \lim_{x \to 0} \frac{\sin x}{x} \cdot \frac{1}{\cos x} = 1.$$

例 2.10 求 $\lim\limits_{x \to 0} \dfrac{1 - \cos x}{x^2}$.

解
$$\lim_{x \to 0} \frac{1 - \cos x}{x^2} = \lim_{x \to 0} \frac{2\sin^2 \frac{x}{2}}{x^2} = \frac{1}{2} \lim_{x \to 0} \left(\frac{\sin \frac{x}{2}}{\frac{x}{2}}\right)^2 = \frac{1}{2} \times 1^2 = \frac{1}{2}.$$

为了灵活地使用这一重要极限, 可用更一般形式

$$\lim_{\varphi(x) \to 0} \frac{\sin \varphi(x)}{\varphi(x)} = 1.$$

2. $\lim\limits_{n\to\infty}\left(1+\dfrac{1}{n}\right)^n=\mathrm{e}$

对于数列 $u_n=\left(1+\dfrac{1}{n}\right)^n$, 取不同的 n 可以算得下表:

x_n	1	2	3	4	10	100	1000	10000	$\cdots$
u_n	2	2.25	2.37	2.441	2.594	2.705	2.717	2.718	$\cdots$

由表看出: 当 n 无限增加时, u_n 也是增加的, 但增加的幅度迅速减小, 可以证明 $\lim\limits_{n\to\infty}\left(1+\dfrac{1}{n}\right)^n=\mathrm{e}$. 其中 e 是一个无理数, 其近似值为

$$\mathrm{e}=2.7182818284590\cdots.$$

把 n 换成连续变量 x, 也有

$$\lim_{x\to\infty}\left(1+\frac{1}{x}\right)^x=\mathrm{e}.$$

或

$$\lim_{x\to 0}(1+x)^{\frac{1}{x}}=\mathrm{e}.$$

例 2.11 求 $\lim\limits_{x\to\infty}\left(1-\dfrac{1}{x}\right)^x$.

解
$$\lim_{x\to\infty}\left(1-\frac{1}{x}\right)^x=\lim_{x\to\infty}\left(1+\frac{1}{-x}\right)^{(-x)(-1)}=\frac{1}{\mathrm{e}}.$$

例 2.12 求 $\lim\limits_{x\to\infty}\left(1+\dfrac{a}{x}\right)^{bx}$ $(a\neq 0)$.

解
$$\lim_{x\to\infty}\left(1+\frac{a}{x}\right)^{bx}=\lim_{x\to\infty}\left(1+\frac{1}{\frac{x}{a}}\right)^{\frac{x}{a}\cdot ab}=\mathrm{e}^{ab}.$$

例 2.13 求 $\lim\limits_{x\to\infty}\left(\dfrac{x+3}{x+1}\right)^x$.

解
$$\begin{aligned}\lim_{x\to\infty}\left(\frac{x+3}{x+1}\right)^x&=\lim_{x\to\infty}\left(1+\frac{2}{x+1}\right)^{(x+1)-1}\\&=\lim_{x\to\infty}\left(1+\frac{2}{x+1}\right)^{x+1}\left(1+\frac{2}{x+1}\right)^{-1}\\&=\lim_{x\to\infty}\left(1+\frac{2}{x+1}\right)^{\frac{x+1}{2}\cdot 2}\cdot\lim_{x\to\infty}\left(1+\frac{2}{x+1}\right)^{-1}=\mathrm{e}^2.\end{aligned}$$

2.2.5 无穷小的比较

观察下列极限:

$$\lim_{x\to 0}\frac{x^2}{x}=0,\quad \lim_{x\to 0}\frac{\sin x}{x}=1,\quad \lim_{x\to 0}\frac{3x}{x^2}=\infty.$$

上述函数中, 分子、分母在 $x \to 0$ 时都是无穷小, 但不同比的极限各不相同, 这实际上是反映了不同的无穷小趋于零的"快慢"程度. 下面以 $x \to x_0$ 为例给出无穷小阶的概念.

定义 2.6 设 $\lim\limits_{x\to x_0}\alpha(x)=0$, $\lim\limits_{x\to x_0}\beta(x)=0$.

(1) 若 $\lim\limits_{x\to x_0}\dfrac{\beta(x)}{\alpha(x)}=0$, 则称 $\beta(x)$ 是 $\alpha(x)$ 的**高阶无穷小**, 记作 $\beta=o(\alpha)$;

(2) 若 $\lim\limits_{x\to x_0}\dfrac{\beta(x)}{\alpha(x)}=\infty$, 则称 $\beta(x)$ 是 $\alpha(x)$ 的**低阶无穷小**;

(3) 若 $\lim\limits_{x\to x_0}\dfrac{\beta(x)}{\alpha(x)}=k(k\neq 0)$, 则称 $\beta(x)$ 是 $\alpha(x)$ 的**同阶无穷小**;

(4) 若 $\lim\limits_{x\to x_0}\dfrac{\beta(x)}{\alpha(x)}=1$, 则称 $\beta(x)$ 与 $\alpha(x)$ 是**等价无穷小**, 记作 $\beta\sim\alpha$.

例如, 当 $x \to 0$ 时, $\sin x\sim x$, $x^2=o(3x)$, $1-\cos x$ 与 x^2 是同阶无穷小.

定理 2.5 在自变量的同一变化过程中, $\alpha,\alpha',\beta,\beta'$ 均为无穷小, 设 $\alpha\sim\alpha'$, $\beta\sim\beta'$, 且 $\lim\dfrac{\beta'}{\alpha'}$ 存在或为 ∞, 则

$$\lim\frac{\beta}{\alpha}=\lim\frac{\beta'}{\alpha'}.$$

定理 2.5 通常称为无穷小的等价代换, 要求记住一些常用的等价无穷小.

当 $x \to 0$ 时, $\sin x\sim x$, $\tan x\sim x$, $1-\cos x\sim\dfrac{1}{2}x^2$, $\sqrt[n]{1+x}-1\sim\dfrac{1}{n}x$, $\arcsin x\sim x$.

例 2.14 求 $\lim\limits_{x\to 0}\dfrac{\sin 2x}{\tan 3x}$.

解 因为当 $x \to 0$ 时, $\sin 2x\sim 2x$, $\tan 3x\sim 3x$, 所以

$$\lim_{x\to 0}\frac{\sin 2x}{\tan 3x}=\lim_{x\to 0}\frac{2x}{3x}=\frac{2}{3}.$$

例 2.15 求 $\lim\limits_{x\to 0}\dfrac{1-\cos x}{x\sin x}$.

解

$$\lim_{x\to 0}\frac{1-\cos x}{x\sin x}=\lim_{x\to 0}\frac{\frac{1}{2}x^2}{x^2}=\frac{1}{2}.$$

例 2.16 求 $\lim\limits_{x\to 0}\dfrac{\tan x-\sin x}{x^3}$.

解

$$\lim_{x\to 0}\frac{\tan x-\sin x}{x^3}=\lim_{x\to 0}\frac{\tan x(1-\cos x)}{x^3}=\lim_{x\to 0}\frac{x\cdot\frac{1}{2}x^2}{x^3}=\frac{1}{2}.$$

注意 这里对于原式分子中的 $\tan x$, $\sin x$ 不能直接用 x 替换. 用等价无穷小代换计算极限时, 只能对函数的因子或整体进行无穷小代换, 对于代数和中的无穷小一般情况下不要作等价无穷小代换.

2.3 函数的连续性

自然界中有许多变量是连续变化的, 如气温的变化、生物的生长、金属棒受热时其长度的增长等都是连续变化的. 我们更有如此的生活经验: 把四条腿的椅子往不平的地面上一放, 通常只有三只脚着地的话, 放不稳, 但只要稍微挪动几次, 就可以四脚着地放稳了. 这种现象反映在数学上就是函数的连续性.

2.3.1 函数的连续性

当我们把一个函数的图像画出来时, 会发现它在很多地方是连着的, 在某个点是断开的, 例如

$$y = 1 + \frac{1}{x}$$

在 $x = 0$ 处是断开的, 在其他地方是连着的 (如图 2.1).

再如函数

$$f(x) = 2x - 1$$

在点 $x = \frac{1}{2}$ 处有定义, 图像是连着的, 且有 $\lim\limits_{x \to \frac{1}{2}} (2x - 1) = f\left(\frac{1}{2}\right) = 0$. 于是有下面的定义.

定义 2.7 设函数 $y = f(x)$ 在点 x_0 的某邻域内有定义, 如果

$$\lim_{x \to x_0} f(x) = f(x_0),$$

则称函数 $y = f(x)$ 在点 x_0 处**连续**.

如果 $\lim\limits_{x \to x_0^-} f(x) = f(x_0)$, 则称函数 $f(x)$ 在点 x_0 处**左连续**; 如果 $\lim\limits_{x \to x_0^+} f(x) = f(x_0)$, 则称函数 $f(x)$ 在点 x_0 处**右连续**.

显然, 函数 $f(x)$ 在点 x_0 处连续的充要条件是 $f(x)$ 在点 x_0 处既左连续又右连续.

令 $\Delta x = x - x_0$(Δx 可正可负), 称 Δx 为自变量在点 x_0 的增量, 这时记

$$\Delta y = f(x_0 + \Delta x) - f(x_0) = f(x) - f(x_0)$$

为函数 $f(x)$ 在点 x_0 的增量. 于是函数 $f(x)$ 在点 x_0 的连续可以写成

$$\lim_{\Delta x \to 0} \Delta y = 0.$$

如果函数 $f(x)$ 在区间 I 内的每一点都连续, 则称函数 $y = f(x)$ 是区间 I 上的**连续函数**.

观察基本初等函数的图像可知, 基本初等函数在其定义域内是连续的.

2.3.2 函数的间断点

定义 2.8 如果函数 $f(x)$ 在点 x_0 的某去心邻域内有定义, 但在点 x_0 不连续, 则称函数 $f(x)$ 在点 x_0 处**间断**, 点 x_0 称为函数 $f(x)$ 的**间断点**.

由定义 2.8 知, 有下列情形之一者, x_0 必为间断点.

(1) $f(x)$ 在点 x_0 处无定义;

(2) $f(x)$ 在点 x_0 处有定义, 但 $\lim\limits_{x\to x_0} f(x)$ 不存在;

(3) $f(x)$ 在点 x_0 处有定义, $\lim\limits_{x\to x_0} f(x)$ 也存在, 但 $\lim\limits_{x\to x_0} f(x)\neq f(x_0)$.

例 2.17 设 $f(x)=\begin{cases} x-1, & x<0, \\ 0, & x=0, \\ x+1, & x>0. \end{cases}$ 讨论 $f(x)$ 在点 $x=0$ 处的连续性.

解 $f(0)=0$, $\lim\limits_{x\to 0^-} f(x)=\lim\limits_{x\to 0^-}(x-1)=-1$, $\lim\limits_{x\to 0^+} f(x)=\lim\limits_{x\to 0^+}(x+1)=1$. 由于左、右极限不相等, 所以 $\lim\limits_{x\to 0} f(x)$ 不存在, 点 $x=0$ 是 $f(x)$ 的间断点. 像这样, 左极限与右极限都存在, 但不相等的间断点称为**跳跃间断点**.

例 2.18 设 $f(x)=\dfrac{x^2-1}{x-1}$, 讨论 $f(x)$ 在点 $x=1$ 处的连续性.

解 函数 $f(x)$ 在点 $x=1$ 处无定义, 所以 $f(x)$ 在点 $x=1$ 处间断. 但

$$\lim_{x\to 1}\frac{x^2-1}{x-1}=2,$$

如果补充定义, 令 $f(1)=2$, 则函数 $f(x)$ 在点 $x=1$ 处连续. 像这样, 极限存在的间断点称为**可去间断点**.

例 2.19 指出函数 $f(x)=\dfrac{1}{x}$ 的间断点.

解 函数 $f(x)=\dfrac{1}{x}$ 在点 $x=0$ 处无定义, 所以函数在点 $x=0$ 处间断. 因为

$$\lim_{x\to 0}\frac{1}{x}=\infty,$$

所以称此类间断点为无穷间断点.

通常把间断点分为两大类, 可去间断点和跳跃间断点为**第一类间断点**, 其余的间断点都为**第二类间断点**.

2.3.3 初等函数的连续性

定理 2.6 若函数 $f(x)$, $g(x)$ 在点 x_0 处连续, 则 $f(x)\pm g(x)$, $f(x)\cdot g(x)$, $\dfrac{f(x)}{g(x)}$ $(g(x_0)\neq 0)$ 在点 x_0 处都连续.

定理 2.7 若函数 $u=\varphi(x)$ 在点 x_0 处连续, 且 $u_0=\varphi(x_0)$, 而 $y=f(u)$ 在对应的点 u_0 处连续, 则复合函数 $y=f\left[\varphi(x)\right]$ 在点 x_0 处连续.

由定理 2.7 知, 有下列等式成立:

$$\lim_{x\to x_0} f[\varphi(x)] = f[\lim_{x\to x_0}\varphi(x)].$$

由于基本初等函数在其定义域内都是连续函数, 所以由基本初等函数经过四则运算或复合运算而成的初等函数在其定义区间内都是连续的.

例 2.20 求 $\lim\limits_{x\to 0}\dfrac{\ln(1+x)}{x}$.

解 函数 $f(x)=\dfrac{\ln(1+x)}{x}$, 可以看成是 $\ln u$ 与 $u=(1+x)^{\frac{1}{x}}$ 复合而成, 且 $\lim\limits_{x\to 0}(1+x)^{\frac{1}{x}}=\mathrm{e}$, 故

$$\lim_{x\to 0}\frac{\ln(1+x)}{x}=\lim_{x\to 0}\ln(1+x)^{\frac{1}{x}}=\ln[\lim_{x\to 0}(1+x)^{\frac{1}{x}}]=\ln\mathrm{e}=1.$$

例 2.21 求 $\lim\limits_{x\to 0}\dfrac{\mathrm{e}^x-1}{x}$.

解 令 $\mathrm{e}^x-1=t$, 则 $x=\ln(1+t)$, 当 $x\to 0$ 时, $t\to 0$, 于是

$$\lim_{x\to 0}\frac{\mathrm{e}^x-1}{x}=\lim_{t\to 0}\frac{t}{\ln(1+t)}=1.$$

由上述两例可得, 当 $x\to 0$ 时, $\ln(1+x)\sim x$, $\mathrm{e}^x-1\sim x$.

2.3.4 闭区间上连续函数的性质

对定义在闭区间 $[a, b]$ 上的函数 $f(x)$, 若在开区间 (a, b) 内每一点都连续, 左端点右连续, 右端点左连续, 则称函数 $f(x)$ 在闭区间 $[a, b]$ 上连续.

对于在区间 I 上有定义的函数 $f(x)$, 如果有 $x_0\in I$, 使得对于任一 $x\in I$, 都有

$$f(x)\leqslant f(x_0)\quad (f(x)\geqslant f(x_0))$$

则称 $f(x_0)$ 是函数 $f(x)$ 在区间 I 上的最大值 (最小值).

定理 2.8 (有界性和最大值最小值定理) 在闭区间上连续的函数在该区间上有界且一定能取得它的最大值和最小值.

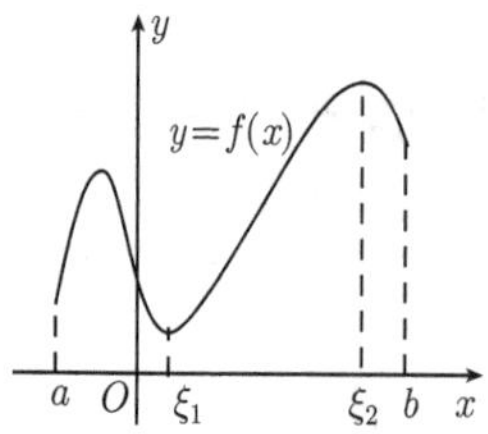

图 2.4

如图 2.4 所示, $f(x)$ 在闭区间 $[a, b]$ 上连续, 存在 $\xi_1, \xi_2\in[a,b]$, 使得 $f(\xi_1)$, $f(\xi_2)$ 分别为函数在区间 $[a,b]$ 上的最小值 m 和最大值 M. 若取 $K=\max\{|M|,|m|\}$ 则

$$|f(x)|\leqslant K.$$

例如, $f(x)=\sin x$ 在 $\left[-\dfrac{\pi}{2},\dfrac{\pi}{2}\right]$ 上连续, $f\left(-\dfrac{\pi}{2}\right)=-1$ 是函数的最小值, $f\left(\dfrac{\pi}{2}\right)=1$ 是函数的最大值.

如果存在 x_0, 使得 $f(x_0)=0$, 则称 x_0 是函数 $f(x)$ 的一个零点.

定理 2.9 (零点定理)　如果函数 $f(x)$ 在闭区间 $[a, b]$ 上连续, 且 $f(a)\cdot f(b)<0$, 则至少存在一点 $\xi\in(a,b)$, 使得

$$f(\xi)=0.$$

证明从略.

从几何上看, 定理 2.9 表示: 如果连续曲线 $y=f(x)$ 的两个端点位于 x 轴的上下两侧, 那么这段曲线与 x 轴至少有一个交点.

例 2.22　证明方程 $x^5-5x-1=0$ 在 $(1, 2)$ 内至少有一个根.

证　设 $f(x)=x^5-5x-1$, 显然 $f(x)$ 在 $[1, 2]$ 上连续, 且 $f(1)=-1, f(2)=21$, 则

$$f(1)\cdot f(2)<0,$$

由零点定理, 存在一点 $\xi\in(1,2)$, 使得 $f(\xi)=0$, 即

$$\xi^5-5\xi-1=0,$$

$x=\xi$ 就是方程的一个根.

定理 2.10 (介值定理)　如果函数 $f(x)$ 在闭区间 $[a, b]$ 上连续, C 是介于 $f(x)$ 在 $[a, b]$ 上的最小值 m 和最大值 M 之间的任意实数, 即 $m<C<M$, 则在开区间 (a, b) 内至少存在一点 ξ, 使得

$$f(\xi)=C.$$

例 2.23　设 $f(x)$ 在 $[a, b]$ 上连续, 对于任意的 $x_1, x_2\in(a, b)$, 则至少存在一点 $\xi\in(a, b)$, 使得

$$f(\xi)=\frac{f(x_1)+f(x_2)}{2}.$$

证　因为 $f(x)$ 在 $[a, b]$ 上连续, 不妨设 $x_1<x_2$, 则 $f(x)$ 在 $[x_1, x_2]$ 上连续, 设在 $[x_1, x_2]$ 上 $f(x)$ 的最大值为 M, 最小值为 m, 则

$$m\leqslant f(x_1)\leqslant M,$$

$$m\leqslant f(x_2)\leqslant M,$$

有

$$2m\leqslant f(x_1)+f(x_2)\leqslant 2M,$$

$$m\leqslant\frac{f(x_1)+f(x_2)}{2}\leqslant M,$$

由定理 2.10 知, 至少存在一点 $\xi\in(x_1, x_2)\subset(a, b)$, 使得

$$f(\xi)=\frac{f(x_1)+f(x_2)}{2}.$$

最后, 我们在来解释一下椅子为什么能放稳.

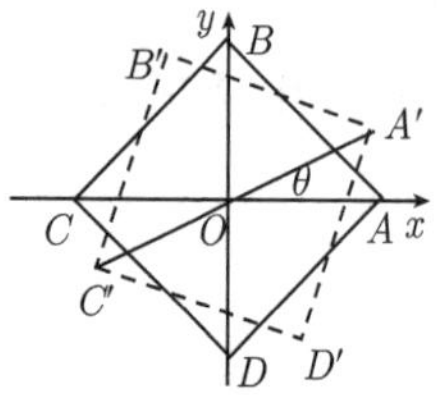

图 2.5

如图 2.5 所示, 我们以 A, B, C, D 表示椅子的四只脚, 以正方形 $ABCD$ 表示椅子的初始位置, 以原点为中心按逆时针将其旋转 θ 角, 到位置 $A'B'C'D'$. 设椅脚与地面的竖直距离为 d, 则 d 是否为零可以作为衡量椅脚是否着地的标准, 而旋转椅子就是调整这一距离, 因此 d 是角 θ 的函数, 即 $d=d(\theta)$.

由于椅子腿是中心对称的, 所以只要考虑两组对称的椅脚与地面的竖直距离就可以了.

设 A, C 两脚与地面距离之和为 $d_1(\theta)$, B, D 两脚与地面距离之和为 $d_2(\theta)$, 有

$$d_1(\theta) \geqslant 0, \quad d_2(\theta) \geqslant 0,$$

可以假设 ① $d_1(\theta)$, $d_2(\theta)$ 均是连续函数; ② $d_1(\theta)$, $d_2(\theta)$ 中至少有一个为零, 即 $d_1(\theta)\cdot d_2(\theta)=0$, 不妨设 $\theta=0$ 时,

$$d_1(0)>0, \quad d_2(0)=0.$$

将椅子旋转 90° 后对角线 AC 与 BD 交换, 于是有

$$d_1\left(\frac{\pi}{2}\right)=0, \quad d_2\left(\frac{\pi}{2}\right)>0.$$

设辅助函数 $f(\theta)=d_1(\theta)-d_2(\theta)$, 则 $f(\theta)$ 在 $\left[0,\frac{\pi}{2}\right]$ 上连续, 且

$$f(0)=d_1(0)-d_2(0)>0, \quad f\left(\frac{\pi}{2}\right)=d_1\left(\frac{\pi}{2}\right)-d_2\left(\frac{\pi}{2}\right)<0,$$

故由零点定理可知, 至少存在一点 $\theta_0\in\left(0,\frac{\pi}{2}\right)$, 使得 $f(\theta_0)=0$, 从而

$$d_1(\theta_0)=d_2(\theta_0).$$

所以在旋转椅子时至少会有一次四个脚同时落地, 即可以放稳.

数学重要历史人物 —— 柯西

一、人物简介

柯西 (Augustin Louis Cauchy 1789~1857), 出生于巴黎. 柯西在纯数学和应用数学上的功力是相当深厚的, 在数学写作上, 他被认为是在数量上仅次于欧拉的人, 他一生一共著作了 789 篇论文和几本书, 其中有些还是经典之作, 不过并不是他所有的创作质量都很高, 因此他还曾被人批评高产而轻率, 这点倒是与数学王子高斯相反. 1857 年 5 月 23 日, 他突然去世, 享年 68 岁, 临终前他说的最后一句话是: "人总是要死的, 但是, 他们的功绩永存".

二、生平事迹

柯西在幼年时, 有机会遇到参议员拉普拉斯和拉格朗日两位大数学家. 他们对他的才能十分赏识; 拉格朗日认为他将来必定会成为大数学家, 但建议他的父亲在他学好文科前不要学数学.

柯西于 1810 年前往瑟堡参加海港建设工程. 去瑟堡时携带了拉格朗日的解析函数论和拉普拉斯的天体力学, 根据拉格朗日的建议, 他进行了多面体的研究, 并于 1811 年及 1812 年向科学院提交了两篇论文, 其中主要成果是:

(1) 证明了凸正多面体只有五种 (面数分别是 4, 6, 8, 12, 20), 星形正多面体只有四种 (面数是 12 的三种, 面数是 20 的一种).

(2) 得到了欧拉关于多面体的顶点、面和棱的个数关系式的另一证明并加以推广.

(3) 证明了各面固定的多面体必然是固定的, 由此可导出从未证明过的欧几里得的一个定理.

这两篇论文在数学界造成了极大的影响.

柯西于 1813 年在巴黎被任命为运河工程的工程师, 这一时期他的主要贡献是:

(1) 研究代换理论, 发表了代换理论和群论在历史上的基本论文.

(2) 证明了费马关于多角形数的猜测, 即任何正整数是个角形数的和. 这一猜测当时已提出了一百多年, 经过许多数学家研究, 都没有能够解决. 以上两项研究是柯西在瑟堡时开始进行的.

(3) 用复变函数的积分计算实积分, 这是复变函数论中柯西积分定理的出发点.

(4) 研究液体表面波的传播问题, 得到流体力学中的一些经典结果, 于 1815 年得法国科学院数学大奖.

以上突出成果的发表给柯西带来了很高的声誉, 他成为当时国际上著名的青年数学家.

柯西于 1816 年先后被任命为法国科学院院士和综合工科学校教授. 1821 年又被任命为巴黎大学力学教授, 还曾在法兰西学院授课. 这一时期他的主要贡献是:

(1) 在综合工科学校讲授分析课程, 建立了微积分的基础极限理论, 还阐明了极限理论. 在此以前, 微积分和级数的概念是模糊不清的.

柯西在这一时期出版的著作有《代数分析教程》、《无穷小分析教程概要》和《微积分在几何中应用教程》. 这些工作为微积分奠定了基础, 促进了数学的发展, 成为数学教程的典范.

(2) 柯西在担任巴黎大学力学教授后, 重新研究连续介质力学. 在 1822 年的一篇论文中, 他建立了弹性理论的基础.

(3) 继续研究复平面上的积分及留数计算, 并应用有关结果研究数学物理中的偏微分方程等.

三、历史贡献

柯西是一位多产的数学家, 他的全集从 1882 年开始出版到 1974 年才出齐最后一卷, 总计 28 卷. 他的主要贡献如下：

1. 单复数函数

柯西最重要和最有首创性的工作是关于单复变函数论. 18 世纪的数学家们采用过上、下限是虚数的定积分, 但没有给出明确的定义. 柯西首先阐明了有关概念, 并且用这种积分来研究各种各样的问题, 如实定积分的计算、级数与无穷乘积的展开、用含参变量的积分表示微分方程的解等.

2. 分析基础

柯西在综合工科学校所授分析课程及有关教材给数学界造成了极大的影响. 自从牛顿和莱布尼茨创立微积分以来, 这门学科的理论基础是模糊的. 为了进一步发展, 必须建立严格的理论. 柯西为此首先成功地建立了极限论.

3. 常微分方程

柯西在分析方面最重大的贡献在常微分方程领域里. 他首先证明了方程解的存在性和唯一性. 柯西提出的三种主要方法, 即柯西–利普希茨法、逐渐逼近法和强级数法, 实际上以前也散见到用于解的近似计算和估计. 柯西的最大贡献就是看到通过计算强级数, 可以证明逼近步骤收敛, 其极限就是方程的所求解.

习　题　2

1. 观察下列数列的变化趋势, 判别是否有极限, 如存在极限, 写出极限：

(1) $u_n=1+(-1)^n\dfrac{2}{n}$;　　(2) $u_n=\dfrac{1}{2^n}$;

(3) $u_n=\cos\dfrac{\pi}{n}$;　　(4) $u_n=\arctan n$;

(5) $u_n=(-1)^n 2^n$;　　(6) $u_n=\sin n$.

2. $f(x)$ 在 $x=x_0$ 处有定义是当 $x\to x_0$ 时 $f(x)$ 有极限的 (　　).

(A) 必要条件;　(B) 充分条件;　(C) 充要条件;　(D) 无关条件.

3. 设函数 $f(x)=\begin{cases}x+1, & x<1.\\ 2x-1, & x\geqslant 1,\end{cases}$ 判断 $\lim\limits_{x\to 1}f(x)$ 是否存在.

4. 设函数 $f(x)=\dfrac{|x|}{x}$, 求 $\lim\limits_{x\to 0^-}f(x)$, $\lim\limits_{x\to 0^+}f(x)$ 及 $\lim\limits_{x\to 0}f(x)$.

5. 利用无穷小求下列极限：

(1) $\lim\limits_{x\to\infty}\dfrac{\cos x}{x}$;　　(2) $\lim\limits_{x\to 0}x\arctan\dfrac{1}{x}$.

6. 利用运算法则求下列极限:

(1) $\lim\limits_{x\to\sqrt{3}}\dfrac{x^2-3}{x^4+x^2+1}$;

(2) $\lim\limits_{x\to 0}\left(1-\dfrac{2}{x-3}\right)$;

(3) $\lim\limits_{x\to 1}\dfrac{x^2-1}{2x^2-x-1}$;

(4) $\lim\limits_{x\to 0}\dfrac{4x^3-2x^2+3x}{3x^2+2x}$;

(5) $\lim\limits_{x\to 2}\left(\dfrac{1}{x-2}-\dfrac{4}{x^2-4}\right)$;

(6) $\lim\limits_{x\to\infty}\left(1-\dfrac{1}{x}+\dfrac{1}{x^2}\right)$;

(7) $\lim\limits_{n\to\infty}\left[\dfrac{1}{1\times 2}+\dfrac{1}{2\times 3}+\cdots+\dfrac{1}{n\times(n+1)}\right]$;

(8) $\lim\limits_{n\to\infty}\left[\dfrac{1+2+3+\cdots+n}{n+2}-\dfrac{n}{2}\right]$;

(9) $\lim\limits_{x\to 0}\ln\dfrac{\sin 2x}{x}$;

(10) $\lim\limits_{x\to 0}\dfrac{\sqrt{2}-\sqrt{1+\cos x}}{x^2}$;

(11) $\lim\limits_{x\to 2}\dfrac{x-2}{\sqrt{x-1}-1}$;

(12) $\lim\limits_{x\to 0}\dfrac{a^x-1}{x}$;

(13) $\lim\limits_{x\to 0}\left(\dfrac{1}{x\sqrt{1+x}}-\dfrac{1}{x}\right)$;

(14) $\lim\limits_{h\to 0}\dfrac{(x+h)^2-x^2}{h}$.

7. 设 $\lim\limits_{x\to 3}\dfrac{x^2-2x+b}{x-3}$ 存在, 求 b 的值并求此极限.

8. 利用重要极限求下列极限:

(1) $\lim\limits_{x\to 0}\dfrac{\sin 5x^2}{(\tan 2x)^2}$;

(2) $\lim\limits_{x\to 0}x\cdot\cot x$;

(3) $\lim\limits_{x\to\pi}\dfrac{\sin x}{x-\pi}$;

(4) $\lim\limits_{x\to 0}\dfrac{x-\sin x}{x+\sin x}$;

(5) $\lim\limits_{x\to+\infty}2^x\cdot\sin\dfrac{1}{2^x}$;

(6) $\lim\limits_{x\to 0}\dfrac{(x-1)\tan 2x}{\arcsin x}$;

(7) $\lim\limits_{x\to 0}(1+2x)^{\frac{1}{x}}$;

(8) $\lim\limits_{x\to\infty}\left(1-\dfrac{2}{x}\right)^{\frac{x}{2}-1}$;

(9) $\lim\limits_{x\to\infty}\left(\dfrac{x}{x+1}\right)^x$;

(10) $\lim\limits_{x\to\frac{\pi}{2}}(1+\cos x)^{-\sec x}$;

(11) $\lim\limits_{n\to\infty}n[\ln(n+2)-\ln n]$;

(12) $\lim\limits_{x\to a}\dfrac{\sin x-\sin a}{x-a}$.

9. 利用无穷小的比较求下列极限:

(1) $\lim\limits_{x\to 0}\dfrac{1-\cos 2x}{x\sin x}$;

(2) $\lim\limits_{x\to 0}\dfrac{\sqrt{1+x+x^2}-1}{\sin 2x}$;

(3) $\lim\limits_{x\to 0}\dfrac{\tan x-\sin x}{\ln(1+x^3)}$;

(4) $\lim\limits_{x\to\infty}x^2(\mathrm{e}^{\frac{1}{x^2}}-1)$;

(5) $\lim\limits_{x\to 0}\dfrac{\mathrm{e}^x+\mathrm{e}^{-x}-2}{2x}$.

10. 指出下列函数在给定点处是否连续, 若间断, 指出其类型.

(1) $f(x)=\dfrac{x^2-1}{x^2-3x+2}$, $x=1$, $x=2$;

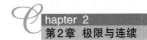

(2) $f(x)=\begin{cases}0, & x<1,\\ 2x+1, & 1\leqslant x<2,\\ 1+x^2, & x\geqslant 2,\end{cases}$ $x=1, x=2$.

11. 设函数

$$f(x)=\begin{cases}e^x, & x<0,\\ a+x, & x\geqslant 0,\end{cases}$$

问 a 取何值时, $f(x)$ 在 $(-\infty, +\infty)$ 内连续.

12. 证明方程 $e^x-2=x$ 在 $(0, 2)$ 内至少有一个实根.

13. 设 $f(x)$ 在 $[0, 2a]$ 上连续, 且 $f(0)=f(2a)$, 证明至少存在一点 $\xi\in[0,a]$, 使得

$$f(\xi)=f(a+\xi).$$

14. 某游客计划用两天的时间游览泰山. 第一天上午 7 时开始登山, 边走边看, 共用了 5 个小时到达上顶. 第二天早晨看完日出之后, 于上午 7 时开始按原路下山, 回到起点也用了 5 个小时, 试说明在上下山的过程中至少有一次是在同样的时刻经过同样的地点.

15. 单项选择题.

(1) 如果数列$\{x_n\}$有界, 则$\{x_n\}$(　　).

(A) 收敛;　(B) 发散;　(C) 收敛于零;　(D) 不一定收敛.

(2) 如果 $\lim\limits_{x\to x_0}f(x)$ 存在, 则 $f(x_0)$(　　).

(A) 不一定存在;　(B) 无定义;　(C) 有定义;　(D) 等于零.

(3) $\lim\limits_{x\to\infty}f(x)=A$ 是 $\lim\limits_{x\to\infty}[f(x)-A]=0$ 的 (　　).

(A) 无关条件;　(B) 充要条件;　(C) 充分条件;　(D) 必要条件.

(4) 设 $f(x)=\dfrac{\sin x}{|x|}$, 则点 $x=0$ 是 $f(x)$ 的 (　　).

(A) 连续点;　(B) 可去间断点;　(C) 跳跃间断点;　(D) 无穷间断点.

(5) 设 $f(a-0)=f(a+0)=A$, 则 $f(x)$ 在点 $x=a$ 处 (　　).

(A) 有定义;　(B) $\lim\limits_{x\to a}f(x)=A$;　(C) 连续;　(D) $f(a)=A$.

Chapter 3 第3章 变化率与导数

在解决实际问题的过程中, 常常会碰到一个量相对于另一个量变化的大小、快慢问题, 即变化率. 例如, 速度是路程对于时间的变化率; 线密度是质量对线段长度的变化率; 边际成本是边际函数的变化率等. 对这些问题的研究, 就产生了导数. 利用导数可以研究可导函数的各种性态, 求函数在某一区间上的最值等.

3.1 导数的概念

3.1.1 实际问题

设曲线 $y=f(x)$ 的图形如图 3.1 所示, 点 $M(x_0, y_0)$ 为曲线上一点, 在曲线上另取一点 $N(x_0+\Delta x, y_0+\Delta y)$, 作割线 MN, 当点 N 沿曲线趋于点 M 时, 割线 MN 绕点 M 旋转而趋于极限位置 MT, 则直线 MT 就称为曲线 $y=f(x)$ 在点 M 处的**切线**.

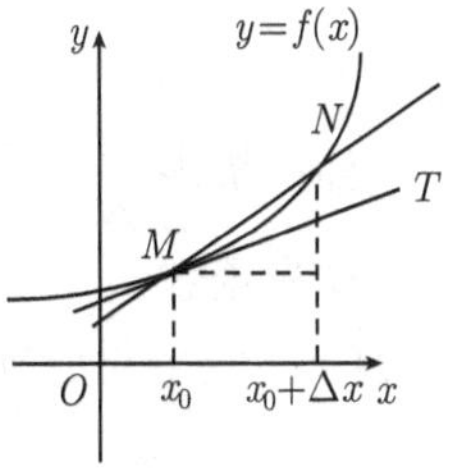

图 3.1

MN 的斜率为

$$k_{MN}=\frac{\Delta y}{\Delta x}=\frac{f(x_0+\Delta x)-f(x_0)}{\Delta x}.$$

如果点 N 沿曲线趋于点 M 时, 有 $\Delta x\to 0$, 上式的极限就是切线的斜率, 即

$$k_{MT}=\lim_{\Delta x\to 0}\frac{\Delta y}{\Delta x}=\lim_{\Delta x\to 0}\frac{f(x_0+\Delta x)-f(x_0)}{\Delta x}. \tag{3.1}$$

设某产品的总成本 C 是产量 x 的函数

$$C=C(x)\quad (x\geqslant 0),$$

于是, 当产量为 x_0 时, 总成本为 $C(x_0)$. 如果在此基础上产量增加 Δx 单位, 那么总成本相应的改变量为

$$\Delta C=C(x_0+\Delta x)-C(x_0),$$

它与 Δx 的比值

$$\frac{\Delta C}{\Delta x}=\frac{C(x_0+\Delta x)-C(x_0)}{\Delta x}$$

表示产量在 $x_0 \sim x_0+\Delta x$ 这段生产过程中, 总成本的平均变化率. 如果当 $\Delta x \to 0$ 时, $\frac{\Delta C}{\Delta x}$ 的极限存在, 则在经济学上就把该极限值称为产量为 x_0 时的**边际成本**, 即

$$\lim_{\Delta x\to 0}\frac{\Delta C}{\Delta x}=\lim_{\Delta x\to 0}\frac{C(x_0+\Delta x)-C(x_0)}{\Delta x}. \tag{3.2}$$

上面两个实际问题的具体意义各不相同, 但是从抽象的数量关系上可以看出它们的共性, 都归结为函数的增量与自边量增量的比的极限, 这就是导数.

3.1.2 导数

定义 3.1 设函数 $y=f(x)$ 在点 x_0 的某个邻域内有定义, 当自变量 x 在 x_0 处取得增量 Δx(点 $x_0+\Delta x$ 仍在该邻域内) 时, 相应地函数 y 取得增量 $\Delta y=f(x_0+\Delta x)-f(x_0)$, 如果极限

$$\lim_{\Delta x\to 0}\frac{\Delta y}{\Delta x}=\lim_{\Delta x\to 0}\frac{f(x_0+\Delta x)-f(x_0)}{\Delta x} \tag{3.3}$$

存在, 则称函数 $y=f(x)$ 在点 x_0 **处可导**, 其极限值称为函数 $y=f(x)$ 在点 x_0 处的**导数**, 记为 $f'(x_0)$, $y'|_{x=x_0}$, $\left.\frac{\mathrm{d}y}{\mathrm{d}x}\right|_{x=x_0}$, $\left.\frac{\mathrm{d}f(x)}{\mathrm{d}x}\right|_{x=x_0}$, 即

$$f'(x_0)=\lim_{\Delta x\to 0}\frac{f(x_0+\Delta x)-f(x_0)}{\Delta x}.$$

如果极限 $\lim\limits_{\Delta x\to 0}\frac{f(x_0+\Delta x)-f(x_0)}{\Delta x}$ 不存在, 则称函数 $y=f(x)$ 在点 x_0 **处不可导**.

如果函数 $y=f(x)$ 在开区间 (a,b) 内每一点都可导, 就称函数 $y=f(x)$ 在开区间 (a,b) 内可导, 对应地得到函数的导函数 (简称导数), 记作

$$y',\quad f'(x),\quad \frac{\mathrm{d}y}{\mathrm{d}x}, \frac{\mathrm{d}f(x)}{\mathrm{d}x},$$

即

$$f'(x)=\lim_{\Delta x\to 0}\frac{f(x+\Delta x)-f(x)}{\Delta x}. \tag{3.4}$$

在点 x_0 的导数 $f'(x_0)$ 可以看成是导函数 $f'(x)$ 在 x_0 处的函数值.

类似左、右极限的定义, 有单侧导数的定义.

如果极限 $\lim\limits_{\Delta x\to 0^-}\frac{\Delta y}{\Delta x}=\lim\limits_{\Delta x\to 0^-}\frac{f(x_0+\Delta x)-f(x_0)}{\Delta x}$ 存在, 则称此极限值为函数 $y=f(x)$ 在点 x_0 处的**左导数**, 记作 $f'_-(x_0)$.

如果极限 $\lim\limits_{\Delta x\to 0^+}\frac{\Delta y}{\Delta x}=\lim\limits_{\Delta x\to 0^+}\frac{f(x_0+\Delta x)-f(x_0)}{\Delta x}$ 存在, 则称此极限值为函数 $y=f(x)$ 在点 x_0 处的**右导数**, 记作 $f'_+(x_0)$.

函数 $y=f(x)$ 在点 x_0 处可导的充要条件是 $f(x)$ 在点 x_0 处的左、右导数都存在且相等.

下面求基本初等函数的导数.

例 3.1 求函数 $f(x)=C(C$ 为常数) 的导数.

解 $$f'(x)=\lim_{\Delta x\to 0}\frac{f(x+\Delta x)-f(x)}{\Delta x}=\lim_{\Delta x\to 0}\frac{C-C}{\Delta x}=0$$

即

$$(C)'=0. \tag{3.5}$$

例 3.2 求函数 $f(x)=x^n(n\in\mathbf{N}^+)$ 的导数.

解 $$\begin{aligned}f'(x)&=\lim_{\Delta x\to 0}\frac{f(x+\Delta x)-f(x)}{\Delta x}=\lim_{\Delta x\to 0}\frac{(x+\Delta x)^n-x^n}{\Delta x}\\&=\lim_{\Delta x\to 0}[nx^{n-1}+C_n^2x^{n-2}\Delta x+\cdots+(\Delta x)^{n-1}]=nx^{n-1},\end{aligned}$$

即

$$(x^n)'=nx^{n-1}. \tag{3.6}$$

一般地, 对于幂函数 $y=x^\mu(\mu$ 为实数), 有

$$(x^\mu)'=\mu x^{\mu-1}. \tag{3.7}$$

例如,

$$\left(\frac{1}{x}\right)'=(x^{-1})'=-x^{-2}=-\frac{1}{x^2},$$

$$(\sqrt{x})'=(x^{\frac{1}{2}})'=\frac{1}{2}x^{-\frac{1}{2}}=\frac{1}{2\sqrt{x}}.$$

例 3.3 求函数 $f(x)=\sin x$ 的导数.

解 $$\begin{aligned}f'(x)&=\lim_{\Delta x\to 0}\frac{f(x+\Delta x)-f(x)}{\Delta x}=\lim_{\Delta x\to 0}\frac{\sin(x+\Delta x)-\sin x}{\Delta x}\\&=\lim_{\Delta x\to 0}\frac{2\sin\dfrac{\Delta x}{2}\cos\left(x+\dfrac{\Delta x}{2}\right)}{\Delta x}=\cos x,\end{aligned}$$

即

$$(\sin x)'=\cos x. \tag{3.8}$$

同理可得到

$$(\cos x)'=-\sin x. \tag{3.9}$$

例 3.4 求函数 $f(x)=\mathrm{e}^x$ 的导数.

解 $$\begin{aligned}f'(x)&=\lim_{\Delta x\to 0}\frac{f(x+\Delta x)-f(x)}{\Delta x}=\lim_{\Delta x\to 0}\frac{\mathrm{e}^{x+\Delta x}-\mathrm{e}^x}{\Delta x}=\lim_{\Delta x\to 0}\frac{\mathrm{e}^x(\mathrm{e}^{\Delta x}-1)}{\Delta x}\\&=\mathrm{e}^x\lim_{\Delta x\to 0}\frac{\mathrm{e}^{\Delta x}-1}{\Delta x}=\mathrm{e}^x.\end{aligned}$$

即

$$(e^x)' = e^x. \tag{3.10}$$

一般地

$$(a^x)' = a^x \ln a. \tag{3.11}$$

例 3.5 求函数 $f(x) = \ln x$ 的导数.

解

$$\begin{aligned} f'(x) &= \lim_{\Delta x \to 0} \frac{f(x+\Delta x) - f(x)}{\Delta x} = \lim_{\Delta x \to 0} \frac{\ln(x+\Delta x) - \ln x}{\Delta x} \\ &= \lim_{\Delta x \to 0} \frac{1}{\Delta x} \ln\left(1 + \frac{\Delta x}{x}\right) \\ &= \lim_{\Delta x \to 0} \frac{1}{\Delta x} \cdot \frac{\Delta x}{x} = \frac{1}{x}. \end{aligned}$$

即

$$(\ln x)' = \frac{1}{x}. \tag{3.12}$$

一般地

$$(\log_a x)' = \frac{1}{x \ln a}. \tag{3.13}$$

3.1.3 导数的几何意义

函数 $f(x)$ 在点 x_0 处的导数 $f'(x_0)$ 在几何上表示曲线 $y = f(x)$ 在点 $M(x_0, f(x_0))$ 处的切线斜率.

当 $f'(x_0) \neq 0$ 时, 曲线在 M 点的切线方程为

$$y - f(x_0) = f'(x_0)(x - x_0). \tag{3.14}$$

曲线在 M 点的法线方程为

$$y - f(x_0) = -\frac{1}{f'(x_0)}(x - x_0). \tag{3.15}$$

当 $f'(x_0) = 0$ 时, 切线方程为 $y = f(x_0)$, 法线方程为 $x = x_0$.

当 $f'(x_0) = \infty$ 时, 切线方程为 $x = x_0$, 法线方程为 $y = f(x_0)$.

例 3.6 求曲线 $y = \frac{1}{x}$ 在点 $(1, 1)$ 处的切线方程和法线方程.

解 $y' = -\frac{1}{x^2}$, 所以曲线在 $(1, 1)$ 处的切线斜率为

$$k = y'|_{x=1} = -1,$$

从而切线方程为

$$y - 1 = -(x - 1),$$

即

$$y + x - 2 = 0.$$

法线方程为

$$y - 1 = (x - 1).$$

即

$$y - x = 0.$$

3.1.4 可导与连续的关系

定理 3.1 如果函数 $f(x)$ 在点 x 处可导, 则 $f(x)$ 在点 x 处一定连续.

证 因为 $f(x)$ 在点 x 处可导, 则

$$\lim_{\Delta x \to 0} \frac{\Delta y}{\Delta x} = f'(x),$$

$$\frac{\Delta y}{\Delta x} = f'(x) + \alpha,$$

其中 $\alpha \to 0(\Delta x \to 0)$, 于是

$$\Delta y = f'(x)\Delta x + \alpha \Delta x,$$

当 $\Delta x \to 0$ 时, 有 $\Delta y \to 0$, 即 $f(x)$ 在点 x 处一定连续.

此定理的逆定理不成立, 即若函数 $f(x)$ 在点 x 处连续, 但在点 x 处不一定可导.

例 3.7 讨论函数 $f(x) = |x| = \begin{cases} x, & x \geqslant 0, \\ -x, & x < 0 \end{cases}$ 在 $x = 0$ 处的连续性与可导性.

解 显然函数 $f(x)$ 在 $x = 0$ 处连续.

$f(x)$ 在 $x = 0$ 的可导性要用左、右导数的定义讨论.

$$f'_-(0) = \lim_{x \to 0^-} \frac{f(x) - f(0)}{x - 0} = \lim_{x \to 0^-} \frac{-x}{x} = -1,$$

$$f'_+(0) = \lim_{x \to 0^+} \frac{f(x) - f(0)}{x - 0} = \lim_{x \to 0^+} \frac{x}{x} = 1,$$

$f(x)$ 在 $x = 0$ 的左、右导数不相等, 所以 $f(x)$ 在 $x = 0$ 处连续但不可导.

3.2 导数的计算

直接用导数的定义求函数的导数对一些函数来说是极为复杂和困难的, 本节给出了四则运算和复合函数的求导法则, 利用它就能比较方便地求出初等函数的导数.

3.2.1 函数的和、差、积、商的求导法则

定理 3.2 设函数 $u=u(x)$, $v=v(x)$ 都在点 x 处可导, 那么 $u(x)\pm v(x)$, $u(x)v(x)$, $\dfrac{u(x)}{v(x)}(v(x)\neq 0)$ 都在点 x 处可导, 且

(1) $[u(x)\pm v(x)]'=u'(x)\pm'(x)$;

(2) $[u(x)v(x)]'=u'(x)v(x)+u(x)v'(x)$;

(3) $[Cu(x)]'=Cu'(x)$(C 是常数);

(4) $\left(\dfrac{u(x)}{v(x)}\right)'=\dfrac{u'(x)v(x)-u(x)v'(x)}{v^2(x)}$.

定理证明略.

例 3.8 $y=x^4+\sin x-\ln 3$, 求 y'.

解

$$y'=(x^4)'+(\sin x)'-(\ln 3)'=4x^3+\cos x.$$

例 3.9 $f(x)=\dfrac{\cos 2x}{\cos x-\sin x}$, 求 $f'\left(\dfrac{\pi}{2}\right)$.

解 对于能化简的函数最好化简再求导数,

$$f(x)=\frac{\cos 2x}{\cos x-\sin x}=\frac{\cos^2 x-\sin^2 x}{\cos x-\sin x}=\cos x+\sin x,$$
$$f'(x)=-\sin x+\cos x,$$
$$f'\left(\frac{\pi}{2}\right)=-\sin\frac{\pi}{2}+\cos\frac{\pi}{2}=-1.$$

例 3.10 $y=\tan x$, 求 y'.

解

$$y'=\left(\frac{\sin x}{\cos x}\right)'=\frac{(\sin x)'\cos x-\sin x(\cos x)'}{\cos^2 x}=\frac{1}{\cos^2 x}=\sec^2 x.$$

即

$$(\tan x)'=\sec^2 x. \tag{3.16}$$

类似地, 有

$$(\cot x)'=-\csc^2 x. \tag{3.17}$$

$$(\sec x)'=\sec x\tan x. \tag{3.18}$$

$$(\csc x)'=-\csc x\cot x. \tag{3.19}$$

3.2.2 复合函数的求导法则

定理 3.3 设函数 $u=g(x)$ 在点 x 处可导, 函数 $y=f(u)$ 在点 $u=g(x)$ 处可导, 则复合函数 $y=f(g(x))$ 在点 x 处可导, 且其导数为

$$\frac{\mathrm{d}y}{\mathrm{d}x}=f'(u)\cdot g'(x) \quad 或 \quad \frac{\mathrm{d}y}{\mathrm{d}x}=\frac{\mathrm{d}y}{\mathrm{d}u}\cdot\frac{\mathrm{d}u}{\mathrm{d}x}.$$

定理证明略.

例 3.11 设 $y=\text{lnsin}x$, 求 y'.

解 $y=\text{lnsin}x$ 是由 $y=\ln u$ 和 $u=\sin x$, 复合而成, 则

$$y'=(\ln u)'(\sin x)'=\frac{1}{u}\cdot\cos x=\frac{\cos x}{\sin x}=\cot x.$$

熟练之后, 计算时可以不写出中间变量, 而直接写出结果.

例 3.12 设 $y=\sin\dfrac{2x}{1+x^2}$, 求 y'.

解
$$\begin{aligned}y'&=\cos\frac{2x}{1+x^2}\cdot\left(\frac{2x}{1+x^2}\right)'=\cos\frac{2x}{1+x^2}\cdot\frac{2(1+x^2)-2x\cdot 2x}{(1+x^2)^2}\\&=\frac{2(1-x^2)}{(1+x^2)^2}\cos\frac{2x}{1+x^2}.\end{aligned}$$

例 3.13 设 $y=f\,(\cos^2 x)$, $f(u)$ 可导, 求 $\dfrac{\mathrm{d}y}{\mathrm{d}x}$.

解
$$\begin{aligned}\frac{\mathrm{d}y}{\mathrm{d}x}&=f'(\cos^2 x)(\cos^2 x)'=f'(\cos^2 x)2\cos x(\cos x)'\\&=f'(\cos^2 x)2\cos x(-\sin x)\\&=-\sin 2xf'(\cos^2 x).\end{aligned}$$

3.2.3 基本导数公式和求导法则

1. 基本导数公式

(1) $(C)'=0$;　(2) $(x^{\mu})'=\mu\, x^{\mu-1}$;

(3) $(\sin x)'=\cos x$;　(4) $(\cos x)'=-\sin x$;

(5) $(\tan x)'=\sec^2 x$;　(6) $(\cot x)'=-\csc^2 x$;

(7) $(\sec x)'=\sec x\tan x$;　(8) $(\csc x)'=-\csc x\cot x$;

(9) $(\mathrm{e}^x)'=\mathrm{e}^x$;　(10) $(a^x)'=a^x\ln a$;

(11) $(\ln x)'=\dfrac{1}{x}$;　(12) $(\log_a x)'=\dfrac{1}{x\ln a}$;

(13) $(\arcsin x)'=\dfrac{1}{\sqrt{1-x^2}}$;　(14) $(\arccos x)'=-\dfrac{1}{\sqrt{1-x^2}}$;

(15) $(\arctan x)'=\dfrac{1}{1+x^2}$;　(16) $(\operatorname{arc}\cot x)'=-\dfrac{1}{1+x^2}$.

2. 函数的和、差、积、商的求导法则

(1) $(u\pm v)'=u'\pm v'$;　(2) $(uv)'=u'v+uv'$;

(3) $(Cu)'=Cu'$;　(4) $\left(\dfrac{u}{v}\right)'=\dfrac{u'v-uv'}{v^2}(v\neq 0)$.

3. 复合函数的求导法则

设函数 $y=f(u)$, $u=g(x)$ 都可导, 则复合函数 $y=f(g(x))$ 的导数为

$$\frac{\mathrm{d}y}{\mathrm{d}x}=f'(u)\cdot g'(x)\quad 或\quad \frac{\mathrm{d}y}{\mathrm{d}x}=\frac{\mathrm{d}y}{\mathrm{d}u}\cdot\frac{\mathrm{d}u}{\mathrm{d}x}.$$

对任一函数 $y=f(x)$, 只要它的导数存在, 用上面的基本公式和求导法则, 总可以求出其导数. 因此, 要求读者牢记上面的基本公式和求导法则, 并能准确、熟练、灵活地运用之.

例 3.14 设 $y=\dfrac{\tan 2x}{\sqrt{x}}$, 求 y'.

解

$$y'=\frac{(\tan 2x)'\sqrt{x}-\tan 2x(\sqrt{x})'}{(\sqrt{x})^2}=\frac{2\sec^2(2x)\cdot\sqrt{x}-\tan 2x\dfrac{1}{2\sqrt{x}}}{x}$$
$$=\frac{4x\sec^2(2x)-\tan 2x}{2x\sqrt{x}}.$$

例 3.15 设 $y=\ln(x+\sqrt{1+x^2})$, 求 y'.

解

$$y'=\frac{1}{x+\sqrt{1+x^2}}(x+\sqrt{1+x^2})'=\frac{1}{x+\sqrt{1+x^2}}\left(1+\frac{1}{2\sqrt{1+x^2}}\cdot 2x\right)$$
$$=\frac{1}{x+\sqrt{1+x^2}}\cdot\frac{x+\sqrt{1+x^2}}{\sqrt{1+x^2}}=\frac{1}{\sqrt{1+x^2}}.$$

例 3.16 设 $y=\sin nx\cdot\sin^n x$, 求 y'.

解

$$y'=(\sin nx)'\cdot\sin^n x+\sin nx\cdot(\sin^n x)'$$
$$=n\cos nx\cdot\sin^n x+\sin nx\cdot n\sin^{n-1}x\cdot\cos x$$
$$=n\sin^{n-1}x\cdot\sin(n+1)x.$$

3.2.4 高阶导数

我们知道, 变速直线运动的速度 $v(t)$ 是位移 $s(t)$ 对 t 的导数, 即

$$v(t)=\frac{\mathrm{d}s}{\mathrm{d}t},$$

而加速度 $a(t)$ 又是速度 $v(t)$ 对 t 的变化率, 即

$$a(t)=\frac{\mathrm{d}v}{\mathrm{d}t}=\frac{\mathrm{d}}{\mathrm{d}t}\left(\frac{\mathrm{d}s}{\mathrm{d}t}\right),$$

这种导数的导数称为二阶导数.

定义 3.2 设函数 $y=f(x)$ 的导数 $y'=f'(x)$ 仍是 x 的可导函数, 则称 $y'=f'(x)$ 的导数为 $y=f(x)$ 在点 x 处的**二阶导数**, 记作 y'' 和 $\dfrac{\mathrm{d}^2y}{\mathrm{d}x^2}$, 即

$$y''=f''(x)=\lim_{\Delta x\to 0}\frac{f'(x+\Delta x)-f'(x)}{\Delta x}.$$

$f''(x)$ 的导数 $[f''(x)]'$ 称为 $f(x)$ 的**三阶导数**, 记为 y''', $f'''(x)$ 或 $\dfrac{\mathrm{d}^3y}{\mathrm{d}x^3}$,

依次类推, $f^{(n-1)}(x)$ 的导数 $[f^{(n-1)}(x)]'$ 称为 $f(x)$ 的 n **阶导数**, 记为 $y^{(n)}$, $f^{(n)}(x)$

或 $\dfrac{\mathrm{d}^n y}{\mathrm{d}x^n}$.

二阶及二阶以上的导数称为高阶导数, 同时 $f(x)$ 的导数 $f'(x)$ 称为一阶导数.

例 3.17 设 $y=\arctan 2x$, 求 y''.

解

$$y'=\frac{2}{1+4x^2},$$
$$y''=-\frac{2(1+4x^2)'}{(1+4x^2)^2}=-\frac{16x}{(1+4x^2)^2}.$$

例 3.18 求 $y=x^n$ 的 n 阶导数 (n 是正整数).

解

$$y'=nx^{n-1},$$
$$y''=n(n-1)x^{n-2},$$
$$\cdots\cdots$$
$$y^{(n)}=n!.$$

例 3.19 求 $y=\mathrm{e}^x$ 的 n 阶导数.

解 $y'=\mathrm{e}^x$, $y''=\mathrm{e}^x$, $y'''=\mathrm{e}^x$, $\cdots$, $y^{(n)}=\mathrm{e}^x$, 即

$$(\mathrm{e}^x)^{(n)}=\mathrm{e}^x. \tag{3.20}$$

例 3.20 求 $y=\ln(x+1)$ 的 n 阶导数.

解

$$y'=\frac{1}{1+x},$$
$$y''=\frac{-1}{(1+x)^2},$$
$$y'''=\frac{2}{(1+x)^3},$$
$$y^{(4)}=\frac{-1\cdot 2\cdot 3}{(1+x)^4},$$
$$\cdots\cdots$$
$$y^{(n)}=\frac{(-1)^{n-1}(n-1)!}{(1+x)^n}.$$

即

$$[\ln(1+x)]^{(n)}=\frac{(-1)^{n-1}(n-1)!}{(1+x)^n}. \tag{3.21}$$

例 3.21 求 $y=\sin x$ 的 n 阶导数.

解

$$y'=\cos x=\sin\left(x+\frac{1}{2}\pi\right),$$
$$y''=-\sin x=\sin(x+\pi),$$
$$y'''=-\cos x=\sin\left(x+\frac{3}{2}\pi\right),$$
$$y^{(4)}=\sin x=\sin(x+2\pi),$$
$$\cdots\cdots$$

$$y^{(n)} = \sin\left(x + \frac{n}{2}\pi\right).$$

即

$$(\sin x)^{(n)} = \sin\left(x + \frac{n}{2}\pi\right). \tag{3.22}$$

类似有

$$(\cos x)^{(n)} = \cos\left(x + \frac{n}{2}\pi\right). \tag{3.23}$$

3.3 微分中值定理

导数在实际中具有十分广泛的应用. 可以研究曲线的性态, 函数的极值以及经济学上的边际问题. 导数应用的一个重要理论基础就是微分中值定理.

定理 3.4 (罗尔中值定理) 若函数 $f(x)$ 在闭区间 $[a, b]$ 上连续, 在开区间 (a, b) 内可导, 又 $f(a) = f(b)$, 则至少存在一点 $\xi \in (a, b)$, 使得

$$f'(\xi) = 0.$$

如图 3.2 所示, 当函数 $f(x)$ 满足罗尔中值定理的条件时, 曲线 $y = f(x)$ 一定有平行于 x 轴的切线.

罗尔中值定理中的三个条件是结论成立的充分条件, 如果有一个条件不满足, 结论不一定成立. 如果 $f(a) \neq f(b)$, 则罗尔中值定理变为拉格朗日中值定理.

定理 3.5 (拉格朗日中值定理) 若函数 $f(x)$ 在闭区间 $[a, b]$ 上连续, 在开区间 (a, b) 内可导, 则至少存在一点 $\xi \in (a, b)$, 使得

$$f(b) - f(a) = f'(\xi)(b - a). \tag{3.24}$$

函数满足拉格朗日中值定理的条件时, 曲线 $y = f(x)$ 存在平行于起点和终点连线的切线, 如图 3.3 所示.

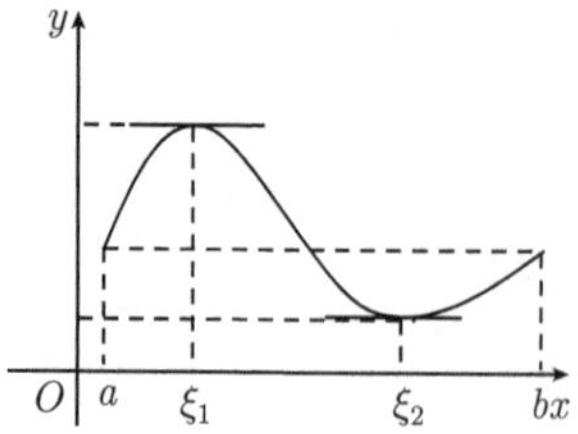

图 3.2

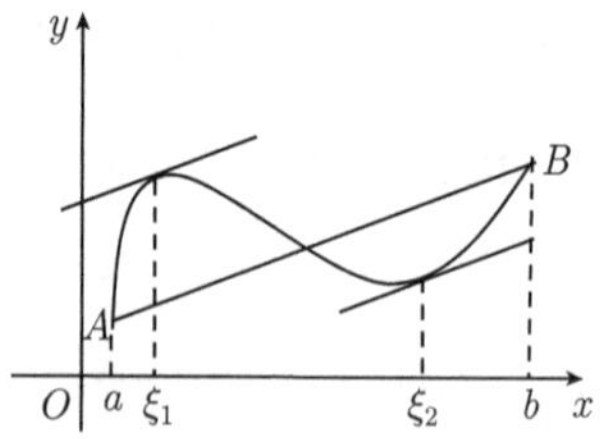

图 3.3

推论 3.1 若函数 $f(x)$ 在区间 I 上的导数恒为零, 那么 $f(x)$ 在区间 I 上是一个常数.

证 在区间 I 上任取两点 x_1, $x_2(x_1 < x_2)$, 由拉格朗日中值定理得

$$f(x_2) - f(x_1) = f'(\xi)(x_2 - x_1) \quad (x_1 < \xi < x_2).$$

由假设, $f'(\xi) = 0$, 所以 $f(x_2) - f(x_1) = 0$, 即

$$f(x_2) = f(x_1).$$

由 x_1, x_2 的任意性, 所以 $f(x)$ 在区间 I 上是一个常数.

例 3.22 证明等式: $\arcsin x + \arccos x = \dfrac{\pi}{2}$.

证 设 $f(x) = \arcsin x + \arccos x$, $x \in[-1, 1]$, 当 $x = \pm 1$ 时,

$$\arcsin x + \arccos x = \frac{\pi}{2}.$$

当 $x \in (-1, 1)$ 时,

$$f'(x) = \frac{1}{\sqrt{1-x^2}} - \frac{1}{\sqrt{1-x^2}} = 0.$$

则在区间 $(-1, 1)$ 内, $f(x) = C$. 取 $x = 0$, 有

$$C = \arcsin 0 + \arccos 0 = \frac{\pi}{2},$$

即

$$\arcsin x + \arccos x = \frac{\pi}{2},$$

总之, 当 $x \in$[-1, 1] 时,

$$\arcsin x + \arccos x = \frac{\pi}{2}.$$

将拉格朗日中值定理进行推广, 可得柯西中值定理.

定理 3.6 (柯西中值定理) 设函数 $f(x)$ 与 $F(x)$ 在闭区间 $[a, b]$ 上连续, 在开区间 (a, b) 内可导, 且 $F'(x) \neq 0$, 则至少存在一点 $\xi \in (a, b)$, 使得

$$\frac{f(b) - f(a)}{F(b) - F(a)} = \frac{f'(\xi)}{F'(\xi)}. \tag{3.25}$$

如果函数 $f(x)$ 具有 n 阶导数, 则拉格朗日中值定理可进一步推广, 可得泰勒中值定理.

*__定理 3.7__ (泰勒中值定理) 如果函数 $f(x)$ 在含有 x_0 的某个开区间 (a, b) 内具有直到 $n+1$ 阶的导数, 则对任一 $x \in (a, b)$, 有

$$f(x) = f(x_0) + f'(x_0)(x - x_0) + \frac{f''(x_0)}{2!}(x - x_0)^2 + \cdots + \frac{f^{(n)}(x_0)}{n!}(x - x_0)^n + R_n(x),$$

其中

$$R_n(x)=\frac{f^{(n+1)}(\xi)}{(n+1)!}(x-x_0)^{n+1} \quad 或 \quad R_n(x)=o[(x-x_0)^n],$$

这里 ξ 是 x_0 与 x 之间的某个值.

上述 $f(x)$ 在 x_0 点的展开式也称为**泰勒公式**.

显然, 当 $n=0$ 时, 泰勒公式就是拉格朗日中值定理.

取 $x_0=0$, 得**麦克劳林公式**

$$f(x)=f(0)+f'(0)x+\frac{f''(0)}{2!}x^2+\cdots+\frac{f^{(n)}(0)}{n!}x^n+R_n(x),$$

式中 $R_n(x)=\dfrac{f^{(n+1)}(\xi)}{(n+1)!}x^{n+1}$, 或 $R_n(x)=o(x^n)$.

例 3.23 求出函数 $f(x)=\mathrm{e}^x$ 的麦克劳林公式.

解 因为

$$f(x)=f'(x)=f''(x)=\cdots=f^{(n)}(x)=\mathrm{e}^x,$$

所以

$$f(0)=f'(0)=f''(0)=\cdots=f^{(n)}(0)=1, \quad f^{(n+1)}(\xi)=\mathrm{e}^\xi.$$

于是 n 阶麦克劳林公式为

$$\mathrm{e}^x=1+x+\frac{1}{2!}x^2+\cdots+\frac{1}{n!}x^n+\frac{\mathrm{e}^\xi}{(n+1)!}x^{n+1},$$

其中 ξ 介于 0 与 x 之间.

如果用上面的麦克劳林公式中的前 n 次多项式来近似表示 e^x, 有

$$\mathrm{e}^x\approx 1+x+\frac{1}{2!}x^2+\cdots+\frac{1}{n!}x^n,$$

产生的误差为

$$|R_n(x)|=\left|\frac{\mathrm{e}^\xi}{(n+1)!}x^{n+1}\right|\leqslant\frac{\mathrm{e}^{|x|}}{(n+1)!}|x|^{n+1}.$$

当 $x=1$ 时, 有

$$\mathrm{e}\approx 1+1+\frac{1}{2!}+\cdots+\frac{1}{n!},$$

这时误差为

$$|R_n|\leqslant\left|\frac{\mathrm{e}}{(n+1)!}\right|<\frac{3}{(n+1)!}.$$

取 $n=10$, 可算出 $\mathrm{e}\approx 2.718282$, 误差 $|R_{10}|<10^{-6}$.

我们还可以写出几个常见函数的麦克劳林展开式:

$$\sin x=x-\frac{1}{3!}x^3+\frac{1}{5!}x^5-\cdots+\frac{(-1)^{n-1}}{(2n-1)!}x^{2n-1}+R_{2n};$$

$$\cos x = 1 - \frac{1}{2!}x^2 + \frac{1}{4!}x^4 - \cdots + \frac{(-1)^n}{(2n)!}x^{2n} + R_{2n+1};$$

$$\ln(1+x) = x - \frac{1}{2}x^2 + \frac{1}{3}x^3 - \cdots + \frac{(-1)^{n-1}}{n}x^n + R_n.$$

例 3.24 应用三阶泰勒公式求 sin18° 的近似值.

解 $\sin x \approx x - \frac{1}{3!}x^3$, 取 $x = 18^\circ = \frac{\pi}{10}$,

$$\sin 18^\circ = \sin\frac{\pi}{10} = \frac{\pi}{10} - \frac{1}{6}\left(\frac{\pi}{10}\right)^3 \approx 0.3090.$$

3.4 导数的应用

3.4.1 函数的单调性

大家知道, 如果曲线在区间 I 上是单调递增的, 其上每一点的切线斜率都是大于 0 的. 而导数的几何意义是曲线的切线的斜率, 即 $f'(x) > 0, x \in I$. 反之也一样. 这就是下面的判定定理.

定理 3.8 设函数 $y = f(x)$ 在 $[a, b]$ 上连续, 在 (a, b) 内可导, 那么

(1) 若在 (a, b) 内 $f'(x) > 0$, 则函数 $y = f(x)$ 在 $[a, b]$ 上单调增加;

(2) 若在 (a, b) 内 $f'(x) < 0$, 则函数 $y = f(x)$ 在 $[a, b]$ 上单调减少.

证 任取两点 $x_1, x_2 \in [a, b]$, 不妨设 $x_1 < x_2$, 由拉格朗日中值定理, 有

$$f(x_2) - f(x_1) = f'(\xi)(x_2 - x_1) \quad (x_1 < \xi < x_2).$$

若在 (a, b) 内 $f'(x) > 0$, 知 $f'(\xi) > 0$, 有

$$f(x_2) > f(x_1).$$

故函数 $y = f(x)$ 在 $[a, b]$ 上单调增加.

同理可证, 若在 (a, b) 内 $f'(x) < 0$, 则函数 $y = f(x)$ 在 $[a, b]$ 上单调减少.

如果把这个定理中的闭区间换成其他各种区间 (包括无穷区间), 结论仍然成立.

如果 $f'(x_0) = 0$, 称点 x_0 为 $f(x)$ 的**驻点**.

例 3.25 讨论函数 $f(x) = \mathrm{e}^x - x - 1$ 的单调性.

解 $f'(x) = \mathrm{e}^x - 1$, 则在 $(-\infty, 0)$ 内, $f'(x) < 0$, 所以 $f(x)$ 在 $(-\infty, 0)$ 上单调减少; 在 $(0, +\infty)$ 内, $f'(x) > 0$, 所以 $f(x)$ 在 $(0, +\infty)$ 上单调增加.

例 3.26 讨论函数 $f(x) = \sqrt[3]{x^2}$ 的单调区间.

解 $f'(x) = \frac{2}{3\sqrt[3]{x}}(x \neq 0)$,

当 $x < 0$ 时, $f'(x) < 0$; 当 $x > 0$ 时, $f'(x) > 0$, 所以函数的单调减少区间为 $(-\infty, 0)$, 单调增加区间为 $(0, +\infty)$.

由上述例子可知, 若函数 $y=f(x)$ 的导数在定义区间上不恒大于零 (或小于零), 则用驻点和不可导点来划分函数的定义区间, 在每个小区间内, 判别 $f'(x)$ 的符号, 得出 $f(x)$ 的单调区间. 而驻点和不可导点可能就是下面要介绍的极值点.

例 3.27 证明不等式: 当 $x>0$ 时, $1+\frac{1}{2}x>\sqrt{1+x}$.

证 令 $f(x)=1+\frac{1}{2}x-\sqrt{1+x}$, 则

$$f(0)=0,$$

$$f'(x)=\frac{1}{2}-\frac{1}{2\sqrt{1+x}}.$$

$f(x)$ 在 $[0,+\infty)$ 上连续, 在 $(0,+\infty)$ 内可导, 且 $f'(x)>0$, 因此 $f(x)$ 在 $[0,+\infty)$ 上单调增加, 从而当 $x>0$ 时, $f(x)>f(0)$, 即

$$1+\frac{1}{2}x-\sqrt{1+x}>0,$$

即

$$1+\frac{1}{2}x>\sqrt{1+x}.$$

3.4.2 函数的极值

定义 3.3 设函数 $f(x)$ 在点 x_0 的某邻域内有定义, 如果对于 x_0 的去心邻域内的任一 x, 有

$$f(x)<f(x_0)\quad (\text{或 } f(x)>f(x_0)),$$

那么就称 $f(x_0)$ 是函数 $f(x)$ 的一个**极大值** (或**极小值**).

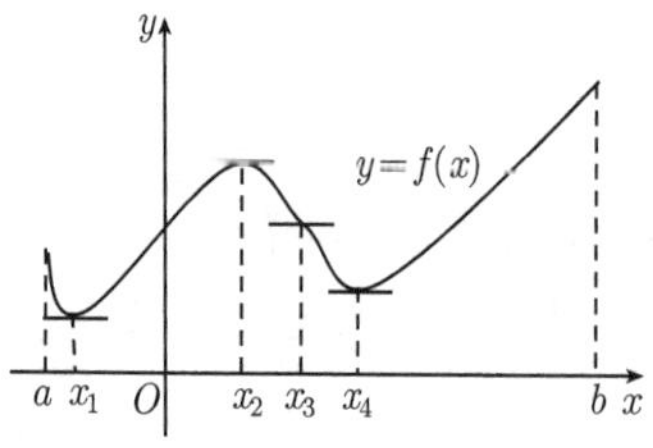

图 3.4

函数的极大值和极小值统称为函数的**极值**, 使函数取得极值的点称为**极值点**.

函数的极值概念是局部性的, 只是在 x_0 的一个邻域范围来说. 若就 $f(x)$ 的整个定义域来说, 极值不一定是函数的最值. 如图 3.4 所示, 极值点为 x_1, x_2, x_4, 最大值点为 b, 最小值点为 x_1, 而点 x_3 处函数不取极值. 区间的端点不定义极值.

定理 3.9 (必要条件) 设函数 $f(x)$ 在点 x_0 处可导, 且在点 x_0 处取得极值, 那么

$$f'(x_0)=0.$$

由定理 3.8 可知, 可导函数的极值点一定是驻点, 但驻点不一定是极值点, 例如, $f(x)=x^3$, 在 $x=0$ 处, $f'(0)=0$, 但 $f(0)=0$ 不是极值.

又如, 函数 $f(x)=|x|$, 在 $x=0$ 处有极小值, 但 $f'(0)$ 不存在, 所以导数不存在的点也可能是函数的极值点.

怎样判断函数在驻点和不可导点处究竟是否取得极值? 如果取极值, 是极大值还是极小值? 下面给出充分条件:

定理 3.10 (充分条件)　设函数 $f(x)$ 在 x_0 处连续, 且在 x_0 的某去心邻域 $\mathring{U}(x_0,\delta)$ 内可导.

(1) 当 $x\in(x_0-\delta,x_0)$ 时, $f'(x)>0$, 而 $x\in(x_0,x_0+\delta)$ 时, $f'(x)<0$, 则 $f(x)$ 在 x_0 处取得极大值;

(2) 当 $x\in(x_0-\delta,x_0)$ 时, $f'(x)<0$, 而 $x\in(x_0,x_0+\delta)$ 时, $f'(x)>0$, 则 $f(x)$ 在 x_0 处取得极小值;

(3) 当 x 在 x_0 的去心邻域时, $f'(x)$ 的符号不变, 则 $f(x)$ 在 x_0 处不取极值.

证　只证 (1), 其他类似.

当 $x\in(x_0-\delta,x_0)$ 时, $f'(x)>0$, $f(x)$ 在 $(x_0-\delta,x_0)$ 上单调增加, 有 $f(x)<f(x_0)$; 当 $x\in(x_0,x_0+\delta)$ 时, $f'(x)<0$, $f(x)$ 在 $[x_0,x_0+\delta)$ 上单调减少, $f(x_0)>f(x)$. 由极值的定义可知, $f(x_0)$ 是 $f(x)$ 的一个极大值.

例 3.28　求函数 $f(x)=(x-1)\sqrt[3]{x^2}$ 的极值.

解　函数的定义域为 $(-\infty,+\infty)$, 且 $f'(x)=\sqrt[3]{x^2}+(x-1)\cdot\dfrac{2}{3\sqrt[3]{x}}=\dfrac{5x-2}{3\sqrt[3]{x}}(x\neq 0)$, 令 $f'(x)=0$, 得驻点 $x_1=\dfrac{2}{5}$. 不可导点 $x_2=0$.

当 $x\in(-\infty,0)$ 时, $f'(x)>0$; 当 $x\in\left(0,\dfrac{2}{5}\right)$ 时, $f'(x)<0$. $x=0$ 是 $f(x)$ 的极大值点, 极大值为 $f(0)=0$.

当 $x\in\left(0,\dfrac{2}{5}\right)$ 时, $f'(x)<0$; 当 $x\in\left(\dfrac{2}{5},+\infty\right)$ 时, $f'(x)>0$. $x=\dfrac{2}{5}$ 是 $f(x)$ 的极小值点, 极小值为 $f\left(\dfrac{2}{5}\right)=-\dfrac{3}{25}\sqrt[3]{20}$.

3.5　函数变化率的数学模型

在生产、生活的实际中, 有很多需要计算最大值和最小值的问题, 如有关材料最省、投入最小、收益最大、成本最低等, 下面我们用导数的知识给予解决.

如果函数 $f(x)$ 在闭区间 $[a,b]$ 上连续, 则 $f(x)$ 在 $[a,b]$ 上一定存在最大值和最小值, 最值可能在区间内取得, 也可能在两个端点取得, 而在区间内部的最值也是极值, 所以, 只要求出函数所有的驻点和不可导点的函数值, 与两个端点的函数值进行比较, 最大者就是最大值, 最小者就是最小值.

在讨论实际问题时, 往往根据问题的性质可以断定可导函数 $f(x)$ 确有最值, 而且一定在定义区间内部取得, 这时如果 $f(x)$ 在定义区间内只有一个驻点, 那么不必讨论, 就可以断定驻点就是取得最值的点.

例 3.29 用边长为 48cm 的正方形铁皮做一个无盖的铁盒, 在铁皮的四角各截去面积相等的小正方形, 然后把四角折起, 焊成铁盒. 问在四角截去边长多大的正方形, 才能使所做的铁盒容积最大?

解 设截去的小正方形的边长为 x(cm), 则铁盒容积为

$$V = x(48-2x)^2, \quad x \in (0,24),$$
$$V' = 12(24-x)(8-x),$$

令 $V'=0$, 得区间 (0, 24) 内的唯一驻点 $x=8$, 因此, 当 $x=8$ 时, V 取最大值. 即当截去的小正方形边长为 8cm 时, 铁盒容积最大.

例 3.30 求单位球的内接正圆锥体的最大体积以及取得最大体积时锥体的高.

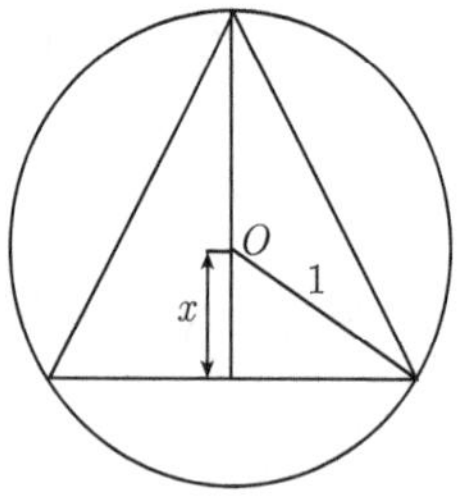

图 3.5

解 如图 3.5 所示, 设球心到锥体底面垂线长为 x, 则圆锥体高为 $1+x$, 锥体底半径为 $\sqrt{1-x^2}$, 圆锥体的体积为

$$V = \frac{\pi}{3}(\sqrt{1-x^2})^2(1+x) = \frac{\pi}{3}(1-x^2)(1+x) \quad (0<x<1),$$
$$V' = \frac{\pi}{3}(1+x)(1-3x).$$

令 $V'=0$, 得驻点 $x=-1$ (舍去), $x=\frac{1}{3}$.

在区间 (0, 1) 内只有一个驻点, 则 $x=\frac{1}{3}$ 为最大值点, 最大值为

$$V_{\max}\left(\frac{1}{3}\right) = \frac{32}{81}\pi,$$

此时圆锥体的高为 $\frac{4}{3}$.

例 3.31 (易拉罐的形状) 制造一个容积一定的罐头状圆柱形容器, 如果上、下底的厚度是侧壁厚度的 k 倍, 则要如何设计高和底面直径, 才能使用料最省.

解 设圆柱形容器的底面半径为 r, 高为 h, 容积为 V. 则所用材料的面积为

$$A = 2k\pi r^2 + 2\pi rh = 2k\pi r^2 + 2\pi r \cdot \frac{V}{\pi r^2}$$
$$= 2k\pi r^2 + \frac{2V}{r} \quad (r>0).$$
$$A' = 4k\pi r - \frac{2V}{r^2}.$$

令 $A'=0$, 得唯一驻点 $r=\left(\frac{V}{2k\pi}\right)^{\frac{1}{3}}$, 因此, 当 $r=\left(\frac{V}{2k\pi}\right)^{\frac{1}{3}}$ 时, 所用材料面积最小,

即用料最省. 此时

$$h = \frac{V}{\pi r^2} = k \cdot 2\left(\frac{V}{2k\pi}\right)^{\frac{1}{3}} = k \cdot 2r.$$

所以, 当高是底面直径的 k 倍时, 用料最省.

如果大家仔细观察一下易拉罐的结构, 不难发现它的上、下底要比侧壁厚一些. 这就是为什么易拉罐要设计成那样的形状的原因.

例 3.32 某化工厂每年生产所需的 12000 吨化工原料一直由某集团以每吨 500 元的价格分批提供的, 每次去进货都要支付 400 元的手续费, 而且原料进厂以后还要按每吨每月 5 元的价格支付库存费. 最近供货方为了进一步开拓市场, 提出了一次性订货 600 吨及以上者, 价格可以优惠 5%的条件, 那么该化工厂是否接受这个条件呢?

解 这是一个"最优经济批量问题". 设该化工厂每批购进原料 x 吨, 则全年需采购 $\frac{12000}{x}$ 次, 从而支付的手续费为

$$400 \times \frac{12000}{x} = \frac{4800000}{x}\ (\text{元})$$

由于化工厂全年的生产过程是均匀的, 根据一致性存储模型知"日平均库存量恰为批量的一半", 故全年的库存费为 $5 \times \frac{x}{2} \times 12 = 30x$(元), 于是全年在原料上的总费用为

$$C(x) = 500 \times 12000 + 30x + \frac{4800000}{x},$$
$$C'(x) = 30 - \frac{4800000}{x^2}.$$

令 $C'(x) = 0$, 得唯一驻点 $x = 400$, 即当化工厂每批购进原料 400 吨时, 全年在原料上的总费用最低, 为

$$C(400) = \left(500 \times 12000 + 30 \times 400 + \frac{4800000}{400}\right) \div 10000 = 602.4\ (\text{万元})$$

现在假设接受供货方的优惠条件, 就以 600 吨计算, 则全年的总费用为

$$C(600) = \left(500 \times 12000 \times 0.95 + 30 \times 600 + \frac{4800000}{600}\right) \div 10000 = 572.6\ (\text{万元}).$$

通过比较知, 只要库存容量允许, 按照供货商的优惠条件, 全年可节约资金

$$602.4 - 572.6 = 29.8\ (\text{万元}),$$

故应该接受.

例 3.33 某房地产公司有 50 套公寓要出租, 当租金定为每月 180 元时, 公寓会全部租出去. 当每月的租金增加 10 元时, 就有一套公寓租不出去, 而租出去的房子每月需花费 20 元的整修维护费, 试问房租定为多少可获得最大收入?

解 设房租为每月 x 元, 则租出去的房子有 $50-\dfrac{x-180}{10}$ 套, 每月总收入为

$$R(x)=(x-20)\left(50-\frac{x-180}{10}\right)\quad(x\geqslant 180),$$

$$R'(x)=\left(50-\frac{x-180}{10}\right)+(x-20)\left(-\frac{1}{10}\right)=70-\frac{x}{5}.$$

令 $R'(x)=0$, 得唯一驻点 $x=350$, 故每月每套租金为 350 元时收入最高, 最高收入为

$$R(350)=10890\ (\text{元}).$$

3.6 洛必达法则

在第 2 章求函数的极限时, 曾经遇到过无穷小之比和无穷大之比, 这两种类型的极限可能存在, 也可能不存在, 通常称作未定式, 简记 "$\dfrac{0}{0}$", "$\dfrac{\infty}{\infty}$" 型.

很明显, 上述两种未定式不能用 "商的极限运算法则" 来求. 现在学会了求导数, 就有了非常适用的方法 —— 洛必达法则.

定理 3.11 (洛必达法则) 设 $\lim\limits_{x\to a}f(x)=0$, $\lim\limits_{x\to a}F(x)=0$; 在 $\mathring{U}(a,\delta)$ 内, $f(x)$, $F(x)$ 都可导, 且 $F'(x)\neq 0$; $\lim\limits_{x\to a}\dfrac{f'(x)}{F'(x)}$ 存在 (或为无穷大), 则

$$\lim_{x\to a}\frac{f(x)}{F(x)}=\lim_{x\to a}\frac{f'(x)}{F'(x)}. \tag{3.26}$$

证明从略.

对于 $x\to\infty$ 时, "$\dfrac{0}{0}$" 型或 $x\to a$ (或 $x\to\infty$) 时, "$\dfrac{\infty}{\infty}$" 型未定式, 也有相应的洛必达法则.

用完一次洛必达法则后, 函数的极限如果还是未定式, 可以继续使用洛必达法则.

例 3.34 求 $\lim\limits_{x\to 0}\dfrac{e^x-1}{x^2-x}$.

解 这是 "$\dfrac{0}{0}$" 型, 则

$$\lim_{x\to 0}\frac{e^x-1}{x^2-x}=\lim_{x\to 0}\frac{e^x}{2x-1}=-1.$$

例 3.35 求 $\lim\limits_{x\to+\infty}\dfrac{\dfrac{\pi}{2}-\arctan x}{\dfrac{1}{x}}$.

解 $x \to +\infty$ 时, $\dfrac{1}{x} \to 0$, $\dfrac{\pi}{2} - \arctan x \to 0$, 于是

$$\lim_{x\to+\infty} \frac{\dfrac{\pi}{2} - \arctan x}{\dfrac{1}{x}} = \lim_{x\to+\infty} \frac{-\dfrac{1}{1+x^2}}{-\dfrac{1}{x^2}} = \lim_{x\to+\infty} \frac{x^2}{1+x^2} = 1.$$

例 3.36 求 $\lim\limits_{x\to 0} \dfrac{x - \sin x}{x \sin^2 x}$.

解 若直接使用洛必达法则, 分母的导数较繁, 所以可以先使用等价无穷小代换.

$$\lim_{x\to 0} \frac{x-\sin x}{x\sin^2 x} = \lim_{x\to 0} \frac{x - \sin x}{x^3} = \lim_{x\to 0} \frac{1-\cos x}{3x^2} = \lim_{x\to 0} \frac{\sin x}{6x} = \frac{1}{6}.$$

例 3.37 求 $\lim\limits_{x\to+\infty} \dfrac{\ln x}{x}$.

解 这是 "$\dfrac{\infty}{\infty}$" 型未定式, 则

$$\lim_{x\to+\infty} \frac{\ln x}{x} = \lim_{x\to+\infty} \frac{\dfrac{1}{x}}{1} = \lim_{x\to+\infty} \frac{1}{x} = 0.$$

除 "$\dfrac{0}{0}$", "$\dfrac{\infty}{\infty}$" 型未定式外, 还有 "$0\cdot\infty$", "$\infty - \infty$", "0^0", "∞^0", "1^∞" 等形式的未定式, 这些未定式经过初等变形可换转化为 "$\dfrac{0}{0}$" 或 "$\dfrac{\infty}{\infty}$" 型, 然后再用洛必达法则.

例 3.38 求 $\lim\limits_{x\to 0}\left(\dfrac{1}{x} - \dfrac{1}{e^x - 1}\right)$.

解 此极限为 "$\infty - \infty$" 型, 一般先通分化成 "$\dfrac{0}{0}$" 型.

$$\lim_{x\to 0}\left(\frac{1}{x} - \frac{1}{e^x-1}\right) = \lim_{x\to 0} \frac{e^x - 1 - x}{x(e^x-1)} = \lim_{x\to 0} \frac{e^x - 1 - x}{x^2} = \lim_{x\to 0} \frac{e^x - 1}{2x} = \frac{1}{2}.$$

例 3.39 求 $\lim\limits_{x\to 0^+} x^2 \ln x$

解 此极限是 "$0\cdot\infty$" 型, 化为 "$\dfrac{\infty}{\infty}$" 型.

$$\lim_{x\to 0^+} x^2 \ln x = \lim_{x\to 0^+} \frac{\ln x}{\dfrac{1}{x^2}} = \lim_{x\to 0^+} \frac{\dfrac{1}{x}}{-\dfrac{2}{x^3}} = -\lim_{x\to 0^+} \frac{x^2}{2} = 0.$$

例 3.40 求 $\lim\limits_{x\to 0^+} x^{\sin x}$.

解 此极限是 "0^0" 型, 利用对数恒等式来求极限.

$$\lim_{x\to 0^+} x^{\sin x} = \lim_{x\to 0^+} e^{\sin x \cdot \ln x} = e^{\lim\limits_{x\to 0^+} \sin x \ln x} = e^{\lim\limits_{x\to 0^+} \frac{\ln x}{\csc x}} = e^{\lim\limits_{x\to 0^+} \frac{\frac{1}{x}}{-\csc x \cot x}}$$

$$= e^{\lim\limits_{x\to 0^+} -\frac{\sin^2 x}{x}\cdot\frac{1}{\cos x}} = e^0 = 1$$

最后要指出：定理给出的是求未定式的一种方法. 定理条件满足时，所求的极限存在(或为 ∞)，但当定理的条件不满足时，所求极限却不一定不存在，也就是说，当 $\lim\limits_{x\to a}\dfrac{f'(x)}{F'(x)}$ 不存在时 (等于 ∞ 的情况除外)，$\lim\limits_{x\to a}\dfrac{f(x)}{F(x)}$ 仍可能存在.

例 3.41 求 $\lim\limits_{x\to\infty}\dfrac{x+\sin x}{x}$.

解 此极限是 "$\dfrac{\infty}{\infty}$" 型，若用洛必达法则，有

$$\lim_{x\to\infty}\frac{x+\sin x}{x} = \lim_{x\to\infty}(1+\cos x),$$

显然极限不存在. 但原极限是存在的，即

$$\lim_{x\to\infty}\frac{x+\sin x}{x} = \lim_{x\to\infty}\left(1+\frac{\sin x}{x}\right) = 1.$$

3.7 微分与近似计算

3.7.1 微分的定义

引例 设正方形的金属薄片，边长为 a，则面积为 $A = a^2$. 假定它受热而膨胀，边长增加 Δx，于是面积的增量为

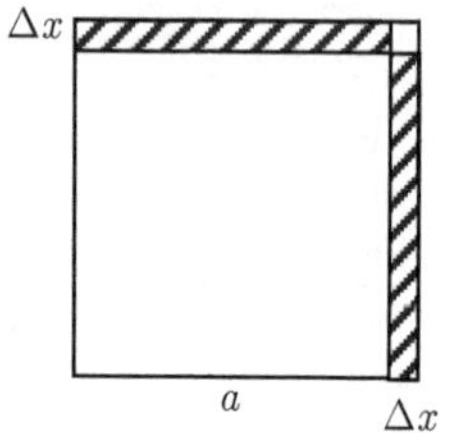

图 3.6

$$\Delta A = (a+\Delta x)^2 - a^2 = 2a\Delta x + (\Delta x)^2.$$

上式中面积的增量由两部分构成：一个是 Δx 的线性函数 $2a\Delta x$，如图 3.6 所示阴影部分；另一个是 $(\Delta x)^2$ 是 Δx 的高阶无穷小. 当 Δx 很小时，有近似公式

$$\Delta A \approx 2a\Delta x.$$

定义 3.4 设函数 $y = f(x)$ 在 x_0 的某邻域内有定义，给定 x 的增量 Δx ($x_0+\Delta x$ 还在该邻域中)，如果函数在 x_0 处的增量 $\Delta y = f(x_0+\Delta x) - f(x_0)$ 可表示为

$$\Delta y = A\Delta x + o(\Delta x)$$

其中 A 是与 Δx 无关的常数，则称函数 $y = f(x)$ 在 x_0 处**可微分**，并称 $A\Delta x$ 为函数 $f(x)$ 在 x_0 处的**微分**，记作 $\mathrm{d}y$，即

$$\mathrm{d}y = A\Delta x.$$

由定义可知, 当 $|\Delta x|$ 很小时, 微分是函数增量的主要部分, 所以微分又称作函数增量的线性主部.

定理 3.12 函数 $y=f(x)$ 在 x_0 处可微分的充要条件是函数 $y=f(x)$ 在 x_0 处可导.

证 若函数 $y=f(x)$ 在 x_0 处可微, 则 $\Delta y=A\Delta x+o(\Delta x)$, 于是

$$\lim_{\Delta x\to 0}\frac{\Delta y}{\Delta x}=\lim_{\Delta x\to 0}\left(A+\frac{o(\Delta x)}{\Delta x}\right)=A,$$

即

$$f'(x_0)=A.$$

所以, 函数 $y=f(x)$ 在 x_0 处可导, 且

$$\mathrm{d}y=f'(x_0)\Delta x.$$

若函数 $y=f(x)$ 在 x_0 处可导, 则 $\lim\limits_{\Delta x\to 0}\dfrac{\Delta y}{\Delta x}=f'(x_0)$, 于是

$$\frac{\Delta y}{\Delta x}=f'(x_0)+\alpha\quad(\text{当 }\Delta x\to 0\text{ 时, }\alpha\to 0),$$

则

$$\Delta y=f'(x_0)\Delta x+\alpha\Delta x,$$

由于 $f'(x_0)$ 与 Δx 无关, $\alpha\Delta x=o(\Delta x)$, 所以函数 $y=f(x)$ 在 x_0 处可微.

通常把自变量的增量 Δx 称为自变量的微分, 记作 $\mathrm{d}x$, 则函数 $y=f(x)$ 的微分可记作 $\mathrm{d}y=f'(x)\mathrm{d}x$. 从而有

$$f'(x)=\frac{\mathrm{d}y}{\mathrm{d}x},$$

即函数 $y=f(x)$ 的导数等于函数的微分 $\mathrm{d}y$ 与自变量的微分 $\mathrm{d}x$ 之商, 简称**微商**.

微分的几何意义: 曲线 $y=f(x)$ 在点 $M(x_0, f(x_0))$ 处的切线为 MT, $\mathrm{d}y$ 就是曲线的切线上点的纵坐标的相应增量, 见图 3.7.

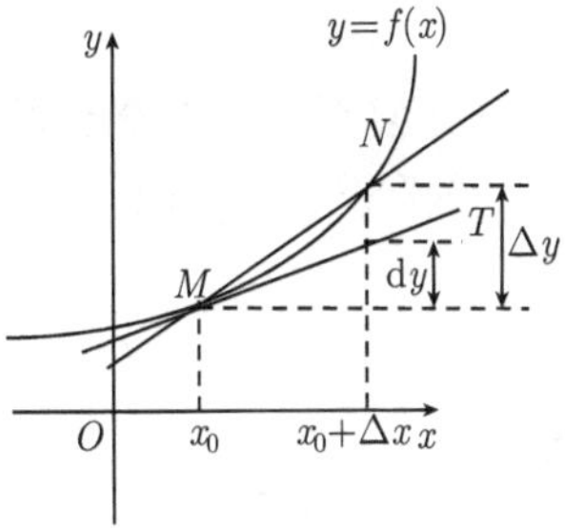

图 3.7

当 $|\Delta x|$ 很小时, 有

$$\Delta y\approx\mathrm{d}y.$$

例 3.42 求函数 $y=f(x)=x^2$ 当 x 由 1 改变到 1.01 时的微分.

解 函数的微分为

$$\mathrm{d}y=2x\Delta x,$$

由条件 $x=1$, $\Delta x=0.01$, 故

$$\mathrm{d}y\big|_{\substack{x=1\\ \Delta x=0.01}}=2\times 1\times 0.01=0.02.$$

3.7.2 基本微分公式与微分运算法则

由 $\mathrm{d}y=f'(x)\mathrm{d}x$ 可知, 只要求出导数 $f'(x)$, 再乘以 $\mathrm{d}x$ 即可.

(1) 基本初等微分公式.

$$\begin{aligned}
&\mathrm{d}C=0; && \mathrm{d}(x^\mu)=\mu x^{\mu-1}\mathrm{d}x;\\
&\mathrm{d}(\sin x)=\cos x\mathrm{d}x; && \mathrm{d}(\cos x)=-\sin x\mathrm{d}x;\\
&\mathrm{d}(\tan x)=\sec^2 x\mathrm{d}x; && \mathrm{d}(\cot x)=-\csc^2 x\mathrm{d}x;\\
&\mathrm{d}(\sec x)=\sec x\tan x\mathrm{d}x; && \mathrm{d}(\csc x)=-\csc x\cot x\mathrm{d}x;\\
&\mathrm{d}(\mathrm{e}^x)=\mathrm{e}^x\mathrm{d}x; && \mathrm{d}(a^x)=a^x\ln a\mathrm{d}x;\\
&\mathrm{d}(\ln x)=\frac{1}{x}\mathrm{d}x; && \mathrm{d}(\log_a x)=\frac{1}{x\ln a}\mathrm{d}x;\\
&\mathrm{d}(\arcsin x)=\frac{1}{\sqrt{1-x^2}}\mathrm{d}x; && \mathrm{d}(\arccos x)=-\frac{1}{\sqrt{1-x^2}}\mathrm{d}x;\\
&\mathrm{d}(\arctan x)=\frac{1}{1+x^2}\mathrm{d}x; && \mathrm{d}(\mathrm{arccot}x)=-\frac{1}{1+x^2}\mathrm{d}x.
\end{aligned}$$

(2) 函数的和、差、积、商的微分法则.

$$\begin{aligned}
&\mathrm{d}(u\pm v)=\mathrm{d}u\pm\mathrm{d}v;\\
&\mathrm{d}(uv)=v\mathrm{d}u+u\mathrm{d}v;\\
&\mathrm{d}(Cu)=C\mathrm{d}u;\\
&\mathrm{d}\left(\frac{u}{v}\right)=\frac{v\mathrm{d}u-u\mathrm{d}v}{v^2}(v\neq 0).
\end{aligned}$$

(3) 复合函数的微分法则.

设函数 $y=f(u)$, $u=g(x)$ 都可导, 则复合函数 $y=f(g(x))$ 的微分为

$$\mathrm{d}y=\mathrm{d}f[g(x)]=f'[g(x)]g'(x)\mathrm{d}x,$$

又由于

$$\mathrm{d}u=g'(x)\mathrm{d}x,$$

所以

$$\mathrm{d}y=f'(u)\mathrm{d}u.$$

这个结果表明: 无论 u 是自变量, 还是中间变量, 函数 $y=f(u)$ 的微分形式都是一样的, 即函数的微分等于函数对这个变量的导数乘以这个变量的微分, 这就是所谓的一阶微分形式不变性.

例 3.43 求 $y=\mathrm{e}^{\arctan\sqrt{x}}$ 的微分.

解法一 先求导数, 再写成微分.

$$y' = \mathrm{e}^{\arctan\sqrt{x}}(\arctan\sqrt{x})' = \mathrm{e}^{\arctan\sqrt{x}}\frac{1}{1+x}(\sqrt{x})' = \frac{1}{1+x}\mathrm{e}^{\arctan\sqrt{x}}\frac{1}{2\sqrt{x}}$$

所以

$$\mathrm{d}y = \frac{\mathrm{e}^{\arctan\sqrt{x}}}{2\sqrt{x}(1+x)}\mathrm{d}x.$$

解法二 用一阶微分形式不变性

$$\begin{aligned}\mathrm{d}y &= \mathrm{e}^{\arctan\sqrt{x}}\mathrm{d}(\arctan\sqrt{x}) = \mathrm{e}^{\arctan\sqrt{x}}\frac{1}{1+x}\mathrm{d}(\sqrt{x})\\ &= \frac{1}{1+x}\mathrm{e}^{\arctan\sqrt{x}}\frac{1}{2\sqrt{x}}\mathrm{d}x = \frac{\mathrm{e}^{\arctan\sqrt{x}}}{2\sqrt{x}(1+x)}\mathrm{d}x\end{aligned}$$

例 3.44 设 $y = 1 + x\mathrm{e}^y$ 求 $\mathrm{d}y$.

解

$$\mathrm{d}y = \mathrm{d}(x\mathrm{e}^y) = \mathrm{e}^y\mathrm{d}x + x\mathrm{d}\mathrm{e}^y = \mathrm{e}^y\mathrm{d}x + x\mathrm{e}^y\mathrm{d}y,$$

所以

$$\mathrm{d}y = \frac{\mathrm{e}^y}{1-x\mathrm{e}^y}\mathrm{d}x.$$

例 3.45 设 $y = x^x$, 求 $\dfrac{\mathrm{d}y}{\mathrm{d}x}$.

解 取对数, 得

$$\ln y = x\ln x,$$

两边求微分, 得

$$\frac{1}{y}\mathrm{d}y = (\ln x + 1)\mathrm{d}x,$$

$$\frac{\mathrm{d}y}{\mathrm{d}x} = x^x(\ln x + 1).$$

3.7.3 微分在近似计算中的应用

如果 $y = f(x)$ 在点 x_0 处可导, 且 $f'(x_0) \neq 0$, 当 $|\Delta x|$ 很小时, 有

$$\Delta y = f(x_0 + \Delta x) - f(x_0) \approx f'(x_0)\Delta x,$$

即

$$f(x_0 + \Delta x) \approx f(x_0) + f'(x_0)\Delta x.$$

例 3.46 计算 $\sin 29°$ 的近似值.

解 设 $f(x) = \sin x$, 则 $f'(x) = \cos x$, 由于 $29° = \dfrac{\pi}{6} - \dfrac{\pi}{180}$, 取 $x_0 = \dfrac{\pi}{6}$, $\Delta x = -\dfrac{\pi}{180}$

从而有

$$\sin 29^\circ = f(x_0+\Delta x)\approx f(x_0)+f'(x_0)\Delta x$$
$$=\sin\frac{\pi}{6}+\cos\frac{\pi}{6}\cdot\left(-\frac{\pi}{180}\right)=\frac{1}{2}-\frac{\sqrt{3}}{2}\frac{\pi}{180}\approx 0.4849.$$

例 3.47 计算 $\sqrt{2}$ 的近似值.

解 令 $f(x)=\sqrt{x}$, $f'(x)=\dfrac{1}{2\sqrt{x}}$, 取 $x_0=1.96$, $\Delta x=0.04$, 有

$$\sqrt{2}\approx f(x_0)+f'(x_0)\Delta x=\sqrt{1.96}+\frac{1}{2\sqrt{1.96}}\times 0.04=1.414.$$

数学重要历史人物 —— 费马

一、人物简介

费马 (Pierre de Fermat, 1601~1665) 法国著名数学家, 被誉为"业余数学家之王". 费马 (也译为"费尔马"). 费马一生从未受过专门的数学教育, 数学研究也不过是业余爱好. 然而, 在 17 世纪的法国还找不到哪位数学家可以与之匹敌: 他是解析几何的发明者之一; 对于微积分诞生的贡献仅次于牛顿、莱布尼茨; 概率论的主要创始人, 以及独承 17 世纪数论天地的人. 此外, 费马对物理学也有重要贡献.

二、生平事迹

费马小时候受教于他的叔叔皮埃尔, 受到了良好的启蒙教育, 培养了他广泛的兴趣和爱好, 对他的性格也产生了重要的影响. 直到 14 岁时, 费马才进入博蒙・德・洛马涅公学, 毕业后先后在奥尔良大学和图卢兹大学学习法律. 他担任过律师、议员和天主教联盟主席等职.

费马生性内向, 谦抑好静, 不善推销自己, 不善展示自我. 因此他生前极少发表自己的论著, 连一部完整的著作也没有出版. 他发表的一些文章, 也总是隐姓埋名. 《数学论集》还是费马去世后由其长子将其笔记、批注及书信整理成书而出版的.

对费马来说, 真正的事业是学术, 尤其是数学. 费马通晓法语、意大利语、西班牙语、拉丁语和希腊语, 而且还颇有研究. 语言方面的博学给费马的数学研究提供了语言工具和便利, 使他有能力学习和了解阿拉伯和意大利的代数以及古希腊的数学.

三、历史贡献

费马独立于勒奈·笛卡儿发现了解析几何的基本原理. 费马对阿波罗尼奥斯圆锥曲线论进行了总结和整理, 对曲线作了一般研究. 并于 1630 年用拉丁文撰写了仅有八页的论文《平面与立体轨迹引论》.

笛卡儿是从一个轨迹来寻找它的方程的, 而费马则是从方程出发来研究轨迹的, 这正是解析几何基本原则的两个相对的方面.

16、17 世纪, 微积分是数学中继解析几何之后的最璀璨的明珠. 人所共知, 牛顿和莱布尼茨是微积分的缔造者, 并且在其之前, 至少有数十位科学家为微积分的发明做了奠基性的工作. 但在诸多先驱者当中, 费马仍然值得一提, 主要原因是他为微积分概念的引出提供了与现代形式最接近的启示, 以至于在微积分领域, 在牛顿和莱布尼茨之后再加上费马作为创立者, 也会得到数学界的认可.

曲线的切线问题和函数的极大、极小值问题是微积分的起源之一. 费马建立了求切线、求极大值和极小值以及定积分方法, 对微积分做出了重大贡献.

费马考虑到四次赌博可能的结局有 $2\times2\times2\times2=16$ 种, 除了一种结局即四次赌博都让对手赢以外, 其余情况都是第一个赌徒获胜. 费马此时还没有使用 "概率" 一词, 但他却得出了使第一个赌徒赢得概率是 15/16, 即有利情形数与所有可能情形数的比. 这个条件在组合问题中一般均能满足, 如纸牌游戏、掷银子和从罐子里模球. 其实, 这项研究为概率的数学模型 —— 概率空间的抽象奠定了博弈基础, 尽管这种总结是到了 1933 年才由柯尔莫戈罗夫作出的.

一般概率空间的概念, 是人们对于概念的直观想法的彻底公理化. 从纯数学观点看, 有限概率空间似乎显得平淡无奇. 但一旦引入了随机变量和数学期望时, 它们就成为神奇的世界了. 费马的贡献便在于此.

费马在数论领域中的成果是巨大的, 其中主要有:

费马大定理: $n>2$ 是整数, 则方程 $x^n+y^n=z^n$ 没有满足 $xyz\neq0$ 的整数解. 这个是不定方程, 它已经由英国数学家怀尔斯证明了 (1995 年), 证明的过程是相当艰深的!

另外还有:

(1) 全部大于 2 的素数可分为 $4n+1$ 和 $4n+3$ 两种形式.

(2) 形如 $4n+1$ 的素数能够, 而且只能够以一种方式表为两个平方数之和.

(3) 没有一个形如 $4n+3$ 的素数, 能表示为两个平方数之和.

(4) 形如 $4n+1$ 的素数能够且只能够作为一个直角边为整数的直角三角形的斜边; $4n+1$ 的平方是且只能是两个这种直角三角形的斜边; 类似地, $4n+1$ 的 m 次方是且只能是 m 个这种直角三角形的斜边.

(5) 边长为有理数的直角三角形的面积不可能是一个平方数.

(6) $4n+1$ 形的素数与它的平方都只能以一种方式表达为两个平方数之和; 它的 3 次

和 4 次方都只能以两种表达为两个平方数之和; 5 次和 6 次方都只能以 3 种方式表达为两个平方数之和, 以此类推, 直至无穷.

习　题　3

1. 设 $f(x)=1-2x^2$, 试按定义求 $f'(-1)$.

2. 求下列函数的导数:

(1) $y=\sqrt[3]{x^2}$;　　(2) $y=\dfrac{1}{\sqrt{x}}$;　　(3) $y=\sqrt{x\sqrt{x}}$;　　(4) $y=x^3\cdot\sqrt{x}$.

3. 求曲线 $y=\mathrm{e}^x$ 在点 (0, 1) 处的切线方程和法线方程.

4. 设函数 $f(x)=\begin{cases}x^2, & x\leqslant 1,\\ ax+b, & x>1,\end{cases}$ 若函数 $f(x)$ 在点 $x=1$ 处可导, a, b 应取何值?

5. 利用导数定义, 求下列极限:

(1) 设 $f(0)=0$, $f'(0)=0$, 求 $\lim\limits_{x\to 0}\dfrac{f(x)}{x}$;

(2) 设 $f'(x_0)$ 存在, 求 $\lim\limits_{h\to 0}\dfrac{f(x_0-h)-f(x_0)}{h}$.

6. 求下列函数在给定点处的导数:

(1) 设 $y=3x^2+x\cos x$, 求 $y'|_{x=0}$, $y'|_{x=\frac{\pi}{2}}$;

(2) 设 $y=x\tan x+\dfrac{1}{2}\cos x$, 求 $y'|_{x=\frac{\pi}{4}}$.

7. 求下列函数的导数:

(1) $y=3x^2-x+5$;　　(2) $y=2\sqrt{x}-\dfrac{1}{x}+\dfrac{2}{x^2}$;

(3) $y=\dfrac{1-x^3}{\sqrt{x}}$;　　(4) $y=x\ln x$;

(5) $y=\dfrac{\mathrm{e}^x}{x^2}-\ln 2$;　　(6) $y=\dfrac{\sin x}{x}+\dfrac{x}{\sin x}$;

(7) $y=\dfrac{1-\ln x}{1+\ln x}$;　　(8) $y=3\mathrm{e}^x\cos x$.

8. 在曲线 $y=\dfrac{1}{1+x^2}$ 上求一点, 使通过该点的切线平行于 x 轴.

9. 求下列函数的导数:

(1) $y=(\arcsin x)^3$;　　(2) $y=\arctan\dfrac{2x}{1-x^2}$;

(3) $y=\ln(1+x^2)$;　　(4) $y=\sec^2 x$;

(5) $y=\ln\ln\ln x$;　　(6) $y=\ln(\sec x+\tan x)$;

(7) $y=\ln\tan\dfrac{x}{2}$;　　(8) $y=\sqrt{1+\ln^2 x}$;

(9) $y=\sqrt{1-x^3}$;　　(10) $y=\mathrm{e}^{\tan\frac{1}{x}}$;

(11) $y=\dfrac{1}{\sqrt{1-x^2}}$;　　(12) $y=\mathrm{e}^{\frac{x}{2}}\cos 3x$;

(13) $y=\dfrac{1}{(3x-1)^5}$;　　(14) $y=x\sqrt{1+x^2}$;

(15) $y = x\arcsin\dfrac{x}{2} + \sqrt{4-x^2}$;　　(16) $y = \dfrac{\sqrt{1+x}-\sqrt{1-x}}{\sqrt{1+x}+\sqrt{1-x}}$.

10. 求下列函数的二阶导数：

(1) $y = x\cos x$;　　(2) $y = 2x^2 + \ln x$;

(3) $y = (1+x^2)\arctan x$;　　(4) $y = \tan x$.

11. 求下列函数的 n 阶导数：

(1) $y = x\ln x$;　　(2) $y = \sin^2 x$;

(3) $y = \dfrac{1}{x(1-x)}$;　　(4) $y = xe^x$.

12. 验证函数 $f(x) = x^3 - x + 1$ 在 $x \in [0, 1]$ 上满足罗尔中值定理的条件, 并求出满足罗尔中值定理结论的 ξ 的值.

13. 验证拉格朗日定理对函数 $f(x) = 4x^3 - 5x^2 + x - 2$ 在区间 $[0, 1]$ 上的正确性.

14. 不用求出函数 $f(x) = (x-1)(x-2)(x-3)(x-4)$ 的导数, 说明方程 $f'(x) = 0$ 有几个实根, 并指出它们所在的区间.

15. 判定函数 $f(x) = \arctan x - x$ 的单调性.

16. 求函数 $f(x) = 2x^3 - 9x^2 + 12x - 4$ 的单调区间和极值.

17. 求函数 $y = 1 - (x-2)^{\frac{2}{3}}$ 的极值.

18. 试问 a 为何值时, 函数

$$f(x) = a\sin x + \frac{1}{3}\sin 3x$$

在 $x = \dfrac{\pi}{3}$ 处取得极值? 它是极大值还是极小值? 并求此极值.

19. 证明不等式：

(1) 当 $x > 1$ 时, $2\sqrt{x} > 3 - \dfrac{1}{x}$;

(2) 当 $x \neq 0$ 时, $e^x > 1 + x$;

(3) 当 $0 < x < \dfrac{\pi}{2}$ 时, $\tan x > x + \dfrac{1}{3}x^3$.

20. 求下列函数的最大值和最小值：

(1) $y = x^4 - 2x^2 + 5$, $x \in [-2, 2]$;

(2) $y = x + \sqrt{1-x}$.

21. 半径为 R 的半圆内接一梯形, 其梯形一底为半圆的直径, 求梯形面积的最大面积.

22. 在曲线 $y = x^2 - x$ 上求一点 P, 使 P 点到定点 $A(0, 1)$ 的距离最近.

23. 要造一圆柱形油罐, 体积为 V, 问底半径 r 和高 h 等于多少时, 才能使表面积最小? 这时底直径与高的比是多少?

24. 用 x 表示某企业生产某种产品的数量, 生产 x 个产品时, 总成本 $C(x) = \dfrac{1}{9}x^2 + 3x + 96$, 总收入为 $R(x) = -\dfrac{1}{3}x^2 + 27x$, 问生产多少产品时能获得最大利润?

25. 求下列极限：

(1) $\lim\limits_{x\to 0}\dfrac{e^x - e^{-x}}{\sin x}$;　　(2) $\lim\limits_{x\to \frac{\pi}{2}}\dfrac{\ln\sin x}{(\pi - 2x)^2}$;

(3) $\lim\limits_{x\to 0}\dfrac{\ln(1+x) - x}{\cos x - 1}$;　　(4) $\lim\limits_{x\to 0}\dfrac{\tan x - x}{x - \sin x}$;

(5) $\lim\limits_{x\to 1}\dfrac{\ln x}{x-1}$;　　(6) $\lim\limits_{x\to \frac{\pi}{2}}(\sec x-\tan x)$;

(7) $\lim\limits_{x\to 1}\left(\dfrac{1}{\ln x}-\dfrac{x}{x-1}\right)$;　　(8) $\lim\limits_{x\to 0}x^2\mathrm{e}^{\frac{1}{x^2}}$;

(9) $\lim\limits_{x\to 0}\dfrac{1-x^2-\mathrm{e}^{-x^2}}{\sin^4(2x)}$;　　(10) $\lim\limits_{x\to 0^+}x^x$.

26. 求下列函数的微分:

(1) $y=\dfrac{x}{1-x^2}$;　　(2) $y=\sqrt{1+x^2}$;

(3) $y=\sqrt{x}+\ln x-\dfrac{1}{\sqrt{x}}$;　　(4) $y=x^2\mathrm{e}^{2x}$;

(5) $y=\mathrm{e}^{\sin^2 x}$;　　(6) $y=\tan^2(1+2x^2)$.

27. 求下列方程所确定的函数的微分 $\mathrm{d}y$:

(1) $y=\cos(xy)-x$;　　(2) $y^2-2xy+9=0$.

28. 利用微分求近似值:

(1) $\mathrm{e}^{1.01}$;　　(2) $\sqrt[3]{1.02}$.

29. 设水管壁的横截面是圆环, 其内径为 120mm, 壁厚为 3mm, 利用微分求圆环面积的近似值.

30. 在括号内填入适当的函数, 使等式成立:

(1) $\mathrm{d}(\quad)=3\mathrm{d}x$;　　(2) $\mathrm{d}(\quad)=2x\mathrm{d}x$;

(3) $\mathrm{d}(\quad)=\mathrm{e}^{2x}\mathrm{d}x$;　　(4) $\mathrm{d}(\quad)=\cos 2x\mathrm{d}x$;

(5) $\mathrm{d}(\quad)=\dfrac{1}{\sqrt{x}}\mathrm{d}x$;　　(6) $\mathrm{d}(\quad)=\dfrac{1}{x}\mathrm{d}x$.

31. 单项选择题.

(1) 函数 $y=f(x)$ 在 x 处可导是其在该点可微的 (　　) 条件.

(A) 必要;　(B) 充分;　(C) 充要;　(D) 既不充分也不必要.

(2) 若 $\lim\limits_{x\to x_0}\dfrac{f(x)-f(x_0)}{x-x_0}=k$, k 为常数, 则下述结论不成立的是 (　　).

(A) $f(x)$ 在点 $x=x_0$ 处连续;　　(B) $f(x)$ 在点 $x=x_0$ 处可导;

(C) $f(x)$ 在点 $x=x_0$ 处不一定连续;　　(D) $\lim\limits_{x\to x_0}f(x)$ 存在.

(3) 若 $y=f(x)$ 有 $f'(x_0)=\dfrac{1}{2}$, 则当 $\Delta x\to 0$ 时, $\mathrm{d}y|_{x=x_0}$ 是 (　　).

(A) 与 Δx 等价的无穷小;　　(B) 与 Δx 同阶的无穷小, 但非等价;

(C) 比 Δx 高阶的无穷小;　　(D) 比 Δx 低阶的无穷小.

(4) 若函数 $f(x)$ 在 $[a, b]$ 上连续, 在 (a, b) 内可导, 则在 (a, b) 内满足 $f'(\xi)=\dfrac{f(b)-f(a)}{b-a}$ 的点 ξ(　　).

(A) 必存在且只有一个;　(B) 不一定存在;　(C) 至少存在一个;　(D) 以上结论都不对.

(5) 函数 $f(x)=x-\sin x$ 在闭区间 $[0, 1]$ 上的最大值为 (　　).

(A) 0;　(B) 1;　(C) $1-\sin 1$;　(D) $\dfrac{\pi}{2}$.

Chapter 4 第4章 积 分

积分学主要包括不定积分和定积分两部分, 不定积分作为微分的逆运算而引出; 定积分是一种和式的极限, 它们有区别也有联系, 本章介绍不定积分和定积分的计算方法, 并讨论定积分的应用.

4.1 不 定 积 分

4.1.1 原函数与不定积分的概念

定义 4.1 如果在区间 I 上, 可导函数 $F(x)$ 的导函数为 $f(x)$, 即对 $x \in I$, 都有

$$F'(x) = f(x) \quad 或 \quad \mathrm{d}F(x) = f(x)\mathrm{d}x,$$

那么称函数 $F(x)$ 为 $f(x)$ 在区间 I 上的一个**原函数**.

例如, 当 $x \in (-\infty, +\infty)$ 时, $(\sin x)' = \cos x$, 故 $\sin x$ 是 $\cos x$ 在区间 $(-\infty, +\infty)$ 上的一个原函数.

又如, 当 $x \in (0, +\infty)$ 时, $(\ln x)' = \dfrac{1}{x}$, 所以 $\ln x$ 是 $\dfrac{1}{x}$ 在区间 $(0, +\infty)$ 内的一个原函数.

定理 4.1 (原函数存在定理) 如果函数 $f(x)$ 在区间 I 上连续, 那么在区间 I 上存在可导函数 $F(x)$, 使对任一 $x \in I$, 都有

$$F'(x) = f(x),$$

即连续函数必存在原函数.

由于 $(F(x) + C)' = f(x)$, 则 $F(x) + C$ 也是 $f(x)$ 的原函数, 故原函数不唯一.

如果 $F(x)$ 和 $G(x)$ 都是 $f(x)$ 的原函数, 则有 $(F(x)-G(x))' = 0$, 即 $F(x) = G(x)+C$, 故函数的任意两个原函数之间只相差一个常数.

定义 4.2 在区间 I 上, 函数 $f(x)$ 的带有任意常数的原函数称为 $f(x)$ 在区间 I 上的**不定积分**, 记作

$$\int f(x)\mathrm{d}x,$$

其中, $\int$ 称为**积分号**, $f(x)$ 称为**被积函数**, $f(x)\mathrm{d}x$ 称为**被积表达式**, x 称为**积分变量**.

如果 $F'(x)=f(x)$, 则有

$$\int f(x)\mathrm{d}x=F(x)+C.$$

例 4.1 求 $\int 3x^2\mathrm{d}x$.

解 因为 $(x^3)'=3x^2$, 所以

$$\int 3x^2\mathrm{d}x=x^3+C.$$

例 4.2 求 $\int \frac{1}{2\sqrt{x}}\mathrm{d}x$.

解 因为 $(\sqrt{x})'=\frac{1}{2\sqrt{x}}$, 所以

$$\int \frac{1}{2\sqrt{x}}\mathrm{d}x=\sqrt{x}+C.$$

4.1.2 基本积分表

积分运算是微分运算的逆运算, 那么很自然地可以从导数公式得到相应的积分公式.

(1) $\int k\mathrm{d}x=kx+C \quad (k \text{ 是常数})$;

(2) $\int x^{\mu}\mathrm{d}x=\frac{1}{\mu+1}x^{\mu+1}+C \quad (\mu\neq -1)$;

(3) $\int \frac{1}{x}\mathrm{d}x=\ln|x|+C$;

(4) $\int \cos x\mathrm{d}x=\sin x+C$;

(5) $\int \sin x\mathrm{d}x=-\cos x+C$;

(6) $\int \mathrm{e}^x\mathrm{d}x=\mathrm{e}^x+C$;

(7) $\int a^x\mathrm{d}x=\frac{a^x}{\ln a}+C$;

(8) $\int \frac{1}{\sqrt{1-x^2}}\mathrm{d}x=\arcsin x+C=-\arccos x+C$;

(9) $\int \frac{1}{1+x^2}\mathrm{d}x=\arctan x+C=-\mathrm{arccot} x+C$;

(10) $\int \sec^2 x\mathrm{d}x=\int \frac{1}{\cos^2 x}\mathrm{d}x=\tan x+C$;

(11) $\int \csc^2 x\mathrm{d}x = \int \frac{1}{\sin^2 x}\mathrm{d}x = -\cot x + C$;

(12) $\int \sec x \tan x\mathrm{d}x = \sec x + C$;

(13) $\int \csc x \cot x\mathrm{d}x = -\csc x + C$.

以上基本积分公式是求不定积分的基础, 必须熟记.

4.1.3 不定积分的性质

性质 4.1 设函数 $f(x)$ 和 $g(x)$ 的原函数都存在, 则

$$\int [f(x) + g(x)]\mathrm{d}x = \int f(x)\mathrm{d}x + \int g(x)\mathrm{d}x.$$

性质 4.2 设函数 $f(x)$ 的原函数存在, k 是非零常数, 则

$$\int [kf(x)]\mathrm{d}x = k\int f(x)\mathrm{d}x.$$

例 4.3 求 $\int \frac{(x-1)^3}{x^2}\mathrm{d}x$.

解

$$\begin{aligned}\int \frac{(x-1)^3}{x^2}\mathrm{d}x &= \int \frac{x^3-3x^2+3x-1}{x^2}\mathrm{d}x = \int \left(x-3+\frac{3}{x}-\frac{1}{x^2}\right)\mathrm{d}x \\ &= \frac{1}{2}x^2 - 3x + 3\ln|x| + \frac{1}{x} + C.\end{aligned}$$

例 4.4 求 $\int (\mathrm{e}^x - 3\cos x)\mathrm{d}x$.

解

$$\int (\mathrm{e}^x - 3\cos x)\mathrm{d}x = \int \mathrm{e}^x\mathrm{d}x - 3\int \cos x\mathrm{d}x = \mathrm{e}^x - 3\sin x + C.$$

例 4.5 求 $\int \frac{1+x+x^2}{x(1+x^2)}\mathrm{d}x$.

解 先对被积函数进行拆项, 将其变成基本积分表中的函数, 再逐项积分.

$$\begin{aligned}\int \frac{1+x+x^2}{x(1+x^2)}\mathrm{d}x &= \int \frac{x+(1+x^2)}{x(1+x^2)}\mathrm{d}x = \int \left(\frac{1}{1+x^2}+\frac{1}{x}\right)\mathrm{d}x \\ &= \arctan x + \ln|x| + C.\end{aligned}$$

例 4.6 求 $\int \tan^2 x\mathrm{d}x$.

解 对于三角函数的不定积分, 可以考虑三角函数的一些变形公式,

$$\int \tan^2 x\mathrm{d}x = \int (\sec^2 x - 1)\mathrm{d}x = \int \sec^2 x\mathrm{d}x - \int 1\mathrm{d}x = \tan x - x + C.$$

例 4.7 求 $\int \frac{1}{\sin^2 x\cos^2 x}\mathrm{d}x$.

解 $$\int \frac{1}{\sin^2 x\cos^2 x}\mathrm{d}x = \int \frac{\sin^2 x+\cos^2 x}{\sin^2 x\cos^2 x}\mathrm{d}x = \int\left(\frac{1}{\cos^2 x}+\frac{1}{\sin^2 x}\right)\mathrm{d}x = \tan x-\cot x+C.$$

4.2 不定积分计算

4.2.1 换元积分法

直接用基本积分公式和性质计算不定积分的机会是很少的, 本节把复合函数的求导法则反过来用于不定积分, 得到不定积分的换元积分法.

定理 4.2 设 $f(u)$ 具有原函数 $F(u)$, $u=\varphi(x)$ 可导, $\mathrm{d}u=\varphi'(x)\mathrm{d}x$, 则有换元公式

$$\int f[\varphi(x)]\varphi'(x)\mathrm{d}x = \int f(u)\mathrm{d}u = F(\varphi(x))+C.$$

例 4.8 求 $\int \mathrm{e}^{2x}\mathrm{d}x$.

解 因为 $\mathrm{e}^{2x}=\frac{1}{2}\mathrm{e}^{2x}\cdot 2$, 若令 $u=2x$, 则 $u'=2$, $\mathrm{e}^{2x}\mathrm{d}x=\frac{1}{2}\mathrm{e}^{2x}\mathrm{d}(2x)=\frac{1}{2}\mathrm{e}^{u}\mathrm{d}u$, 于是

$$\int \mathrm{e}^{2x}\mathrm{d}x = \frac{1}{2}\int \mathrm{e}^{2x}\mathrm{d}(2x) = \frac{1}{2}\int \mathrm{e}^{u}\mathrm{d}u = \frac{1}{2}\mathrm{e}^{u}+C = \frac{1}{2}\mathrm{e}^{2x}+C.$$

例 4.9 求 $\int \frac{1}{3x+2}\mathrm{d}x$.

解 因为 $\frac{1}{3x+2}=\frac{1}{3}\cdot\frac{1}{3x+2}\cdot(3x+2)'$, 令 $u=3x+2$, 则

$$\int \frac{1}{3x+2}\mathrm{d}x = \frac{1}{3}\int \frac{1}{3x+2}(3x+2)'\mathrm{d}x = \frac{1}{3}\int \frac{1}{u}\mathrm{d}u = \frac{1}{3}\ln|u|+C = \frac{1}{3}\ln|3x+2|+C.$$

上述方法熟练以后, 中间变量 u 可以不写出.

例 4.10 求 $\int x\mathrm{e}^{x^2}\mathrm{d}x$.

解 $$\int x\mathrm{e}^{x^2}\mathrm{d}x = \frac{1}{2}\int \mathrm{e}^{x^2}\mathrm{d}x^2 = \frac{1}{2}\mathrm{e}^{x^2}+C.$$

例 4.11 求 $\int \tan x\mathrm{d}x$.

解 $$\int \tan x\mathrm{d}x = \int \frac{1}{\cos x}\cdot\sin x\mathrm{d}x = -\int \frac{1}{\cos x}\mathrm{d}\cos x = -\ln|\cos x|+C.$$

则

$$\int \tan x\mathrm{d}x = -\ln|\cos x|+C.$$

同理

$$\int \cot x \mathrm{d}x = \ln|\sin x| + C.$$

例 4.12　求 $\int \frac{1}{\sqrt{x}} \sin\sqrt{x} \mathrm{d}x$.

解　因为 $\mathrm{d}\sqrt{x} = \frac{1}{2\sqrt{x}} \mathrm{d}x$, 所以

$$\int \frac{1}{\sqrt{x}} \sin\sqrt{x} \mathrm{d}x = 2\int \sin\sqrt{x} \mathrm{d}\sqrt{x} = -2\cos\sqrt{x} + C.$$

例 4.13　求 $\int \frac{\mathrm{e}^x}{1-\mathrm{e}^x} \mathrm{d}x$.

解　$\int \frac{\mathrm{e}^x}{1-\mathrm{e}^x} \mathrm{d}x = \int \frac{1}{1-\mathrm{e}^x} \mathrm{d}\mathrm{e}^x = -\int \frac{1}{1-\mathrm{e}^x} \mathrm{d}(1-\mathrm{e}^x) = -\ln|1-\mathrm{e}^x| + C.$

例 4.14　求 $\int \frac{1}{a^2+x^2} \mathrm{d}x$.

解　$\int \frac{1}{a^2+x^2} \mathrm{d}x = \int \frac{1}{a^2\left[1+\left(\frac{x}{a}\right)^2\right]} \mathrm{d}x = \frac{1}{a}\int \frac{1}{1+\left(\frac{x}{a}\right)^2} \mathrm{d}\frac{x}{a} = \frac{1}{a}\arctan\frac{x}{a} + C.$

例 4.15　求 $\int \sin^2 x \mathrm{d}x$.

解

$$\begin{aligned}\int \sin^2 x \mathrm{d}x &= \int \frac{1-\cos 2x}{2} \mathrm{d}x = \frac{1}{2}\int 1\mathrm{d}x - \frac{1}{2}\int \cos 2x \mathrm{d}x \\ &= \frac{1}{2}x - \frac{1}{4}\int \cos 2x \mathrm{d}(2x) \\ &= \frac{1}{2}x - \frac{1}{4}\sin 2x + C.\end{aligned}$$

例 4.16　求 $\int \frac{\sqrt{x+1}-1}{\sqrt{x+1}+1} \mathrm{d}x$.

解　令 $\sqrt{x+1} = t$, 则

$$x = t^2 - 1, \quad \mathrm{d}x = 2t\mathrm{d}t,$$

$$\begin{aligned}\int \frac{\sqrt{x+1}-1}{\sqrt{x+1}+1} \mathrm{d}x &= \int \frac{t-1}{t+1} \cdot 2t\mathrm{d}t = 2\int \left(t - 2 + \frac{2}{t+1}\right) \mathrm{d}t \\ &= t^2 - 4t + 4\ln|t+1| + C \\ &= x + 1 - 4\sqrt{x+1} + 4\ln(\sqrt{x+1}+1) + C.\end{aligned}$$

例 4.17　求 $\int \frac{x+1}{x^2+x-2} \mathrm{d}x$.

解

$$\begin{aligned}\int \frac{x+1}{x^2+x-2} \mathrm{d}x &= \int \frac{x+1}{(x+2)(x-1)} \mathrm{d}x = \int \frac{\frac{1}{3}}{x+2} + \frac{\frac{2}{3}}{x-1} \mathrm{d}x \\ &= \frac{1}{3}\ln|x+2| + \frac{2}{3}\ln|x-1| + C.\end{aligned}$$

定理 4.2 的公式如果反过来用也是换元法.

例 4.18 求 $\int \sqrt{a^2-x^2}\mathrm{d}x(a>0)$.

解 设 $x=a\mathrm{sin}t, -\dfrac{\pi}{2}\leqslant t\leqslant \dfrac{\pi}{2}$, 则

$$\mathrm{d}x=a\cos t\mathrm{d}t,$$

$$\sqrt{a^2-x^2}=\sqrt{a^2-a^2\sin^2 t}=a\cos t,$$

$$\begin{aligned}\int \sqrt{a^2-x^2}\mathrm{d}x&=\int a\cos t\cdot a\cos t\mathrm{d}t=a^2\int \cos^2 t\mathrm{d}t\\&=a^2\int\frac{1+\cos 2t}{2}\mathrm{d}t=a^2\left(\frac{1}{2}t+\frac{1}{4}\sin 2t\right)+C\\&=a^2\left(\frac{1}{2}t+\frac{1}{2}\sin t\cos t\right)+C,\end{aligned}$$

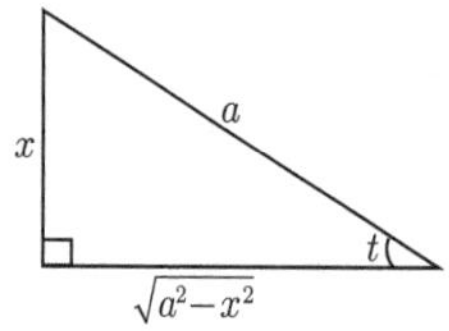

图 4.1

为了便于将 t 换回 x 的函数, 由 $\sin t=\dfrac{x}{a}$ 作辅助三角形, 如图 4.1 所示, 易得 $\cos t=\dfrac{\sqrt{a^2-x^2}}{a}$, 于是

$$\int \sqrt{a^2-x^2}\mathrm{d}x=\frac{a^2}{2}\arcsin\frac{x}{a}+\frac{x}{2}\sqrt{a^2-x^2}+C.$$

4.2.2 分部积分法

设函数 $u=u(x), v=v(x)$ 具有连续导数, 由乘积求导法则, 有

$$(uv)'=u'v+uv',$$

即

$$uv'=(uv)'-u'v.$$

从而

$$\int uv'\mathrm{d}x=uv-\int u'v\mathrm{d}x. \tag{4.1}$$

这就是**分部积分公式**.

分部积分公式是用来求两类函数乘积的不定积分的, 正确的选取 u 和 v' 是比较重要的. 在使用时要注意两点:

(1) v 要容易求出;

(2) $\int u'v\mathrm{d}x$ 要比 $\int uv'\mathrm{d}x$ 容易积出.

例 4.19 求 $\int x\cos x\mathrm{d}x$.

解　这是幂函数与三角函数的乘积. 设 $u=x$, $v'=\cos x$, 则 $v=\sin x$, 由分部积分公式, 得

$$\int x\cos x\mathrm{d}x = x\sin x - \int \sin x\mathrm{d}x = x\sin x+\cos x + C.$$

分部积分公式往往写成

$$\int u\mathrm{d}v = uv - \int v\mathrm{d}u.$$

例 4.20　求 $\int x\ln x\mathrm{d}x$.

解
$$\begin{aligned}\int x\ln x\mathrm{d}x &= \int \ln x\mathrm{d}\left(\frac{1}{2}x^2\right) = \frac{1}{2}x^2\ln x - \int \frac{1}{2}x^2\cdot\frac{1}{x}\mathrm{d}x\\ &= \frac{1}{2}x^2\ln x - \frac{1}{4}x^2 + C.\end{aligned}$$

例 4.21　求 $\int \arctan x\mathrm{d}x$.

解
$$\begin{aligned}\int \arctan x\mathrm{d}x &= x\arctan x - \int \frac{x}{1+x^2}\mathrm{d}x = x\arctan x - \frac{1}{2}\int\frac{1}{1+x^2}\mathrm{d}(1+x^2)\\ &= x\arctan x - \frac{1}{2}\ln(1+x^2) + C.\end{aligned}$$

4.3　定积分的引出及概念

4.3.1　引例

1. 求曲边梯形的面积

在初等数学中, 已经求过平面直边图形的面积, 如三角形、矩形等, 而平面上还有一种图形 —— 曲边梯形, 它是由三条直边和一条曲边围成, 其中有两条直边平行. 现在来求它的面积.

设 $y=f(x)$ 在区间 $[a, b]$ 上非负、连续, 求由直线 $x=a$, $x=b$, $y=0$ 及曲线 $y=f(x)$ 所围成的曲边梯形 (图 4.2) 的面积.

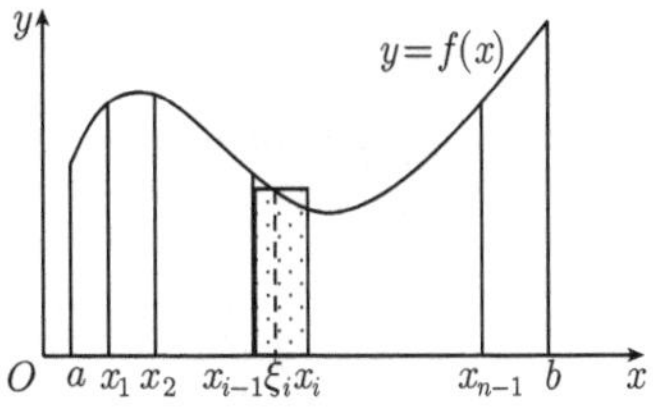

图 4.2

在区间 $[a, b]$ 中任意插入若干个划分点

$$a=x_0<x_1<x_2<\cdots<x_{n-1}<x_n=b$$

把 $[a, b]$ 分成 n 个小区间 $[x_0, x_1]$, $[x_1, x_2]$, $\cdots$, $[x_{n-1}, x_n]$, 每个小区间的长度表示为

$$\Delta x_i = x_i - x_{i-1}\quad (i=1,2,\cdots,n),$$

曲边梯形随着底的分割, 被分成了 n 个窄曲边梯形. 在每个小区间 $[x_{i-1}, x_i]$ 上任取一点 $\xi_i(i=1, 2, \cdots, n)$, 用以 $[x_{i-1}, x_i]$ 为底, $f(\xi_i)$ 为高的窄矩形的面积近似代替第 i 个

窄曲边梯形的面积 ΔA_i, 则

$$\Delta A_i \approx f(\xi_i)\Delta x_i,$$

把 n 个窄曲边梯形的面积相加, 得到曲边梯形面积的近似值

$$A \approx \sum_{i=1}^{n} f(\xi_i)\Delta x_i$$

取 $\lambda = \max\{\Delta x_1, \Delta x_2, \cdots, \Delta x_n\}$, 则当 $\lambda \to 0$ 时, 得到曲边梯形的面积

$$A = \lim_{\lambda\to 0}\sum_{i=1}^{n} f(\xi_i)\Delta x_i. \tag{4.2}$$

2. 求变速直线运动的路程

设某物体做变速直线运动, 其速度 $v = v(t)$ 在时间间隔 $[T_1, T_2]$ 上连续, 求其在 $[T_1, T_2]$ 内运动的路程 s.

将时间间隔 $[T_1, T_2]$ 分成 n 个小的时间间隔 $[t_0, t_1], [t_1, t_2], \cdots, [t_{n-1}, t_n]$, 每个小时间间隔的长度记作

$$\Delta t_i = t_i - t_{i-1} \quad (i = 1, 2, \cdots, n),$$

任取 $\xi_i \in [t_{i-1}, t_i]$, 速度 $v(\xi_i)$ 可近似看成物体在 $[t_{i-1}, t_i]$ 内做匀速运动的速度, 则这段时间路程近似为

$$\Delta s_i \approx v(\xi_i)\Delta t_i,$$

物体运动的总路程近似为

$$s \approx \sum_{i=1}^{n} v(\xi_i)\Delta t_i$$

取 $\lambda = \max\{\Delta t_1, \Delta t_2, \cdots, \Delta t_n\}$, 则当 $\lambda \to 0$ 时, 得到路程为

$$s = \lim_{\lambda\to 0}\sum_{i=1}^{n} v(\xi_i)\Delta t_i \tag{4.3}$$

4.3.2 定积分的定义

上面两个问题实际意义不同, 但所求的量都与一个函数及其定义区间有关, 最后结果的运算式 (4.2)、式 (4.3) 形式相同, 都是一种特殊和的极限, 为了求出此极限就定义了定积分.

定义 4.3 设函数 $f(x)$ 在区间 $[a, b]$ 有界, 在区间 $[a, b]$ 中任意插入若干个分点

$$a = x_0 < x_1 < x_2 < \cdots < x_{n-1} < x_n = b$$

把 $[a, b]$ 分成 n 个小区间 $[x_0, x_1], [x_1, x_2], \cdots, [x_{n-1}, x_n]$, 每个区间的长度表示为

$$\Delta x_i = x_i - x_{i-1} \quad (i = 1, 2, \cdots, n),$$

在每个小区间 $[x_{i-1}, x_i]$ 上任取一点 $\xi_i, (i = 1, 2, \cdots, n)$, 作乘积 $f(\xi_i)\Delta x_i$, 并作和

$$\sum_{i=1}^{n} f(\xi_i)\Delta x_i$$

记 $\lambda = \max\{\Delta x_1, \Delta x_2, \cdots, \Delta x_n\}$, 如果不论对 $[a, b]$ 怎样分割, 也不论 $\xi_i \in [x_{i-1}, x_i]$ 怎样取, 极限

$$\lim_{\lambda \to 0} \sum_{i=1}^{n} f(\xi_i)\Delta x_i$$

总存在, 则称此极限值为函数 $f(x)$ 在区间 $[a, b]$ 上的**定积分**, 记作 $\int_a^b f(x)\mathrm{d}x$, 即

$$\int_a^b f(x)\mathrm{d}x = \lim_{\lambda \to 0} \sum_{i=1}^{n} f(\xi_i)\Delta x_i \tag{4.4}$$

其中 $f(x)$ 称为**被积函数**, $f(x)\mathrm{d}x$ 称为**被积表达式**, x 称为**积分变量**, a 称为**积分下限**, b 称为**积分上限**, $[a, b]$ 称为**积分区间**.

曲边梯形的面积为 $A = \int_a^b f(x)\mathrm{d}x$;

变速直线运动的路程为 $s = \int_{T_1}^{T_2} v(t)\mathrm{d}t$.

定理 4.3 若 $f(x)$ 在闭区间 $[a, b]$ 上连续, 则 $f(x)$ 在 $[a, b]$ 上的定积分存在.

4.3.3 定积分的几何意义

(1) 当在 $[a, b]$ 上 $f(x) \geqslant 0$ 时, 定积分 $\int_a^b f(x)\mathrm{d}x$ 表示以 $[a, b]$ 为底, 曲线 $f(x)$ 为曲边的曲边梯形的面积, 即 $\int_a^b f(x)\mathrm{d}x = A$;

(2) 当在 $[a, b]$ 上 $f(x) \leqslant 0$ 时, 以 $[a, b]$ 为底, 曲线 $f(x)$ 为曲边的曲边梯形在 x 轴的下方, 定积分 $\int_a^b f(x)\mathrm{d}x$ 表示该曲边梯形面积的负值, 即

$$\int_a^b f(x)\mathrm{d}x = -A;$$

(3) 当在 $[a, b]$ 上 $f(x)$ 有正有负时, 将在 x 轴上方的部分面积赋予 "+" 号, 将 x 轴下方部分面积赋予 "−" 号, 则定积分 $\int_a^b f(x)\mathrm{d}x$ 表示这些面积的代数和 (图 4.3).

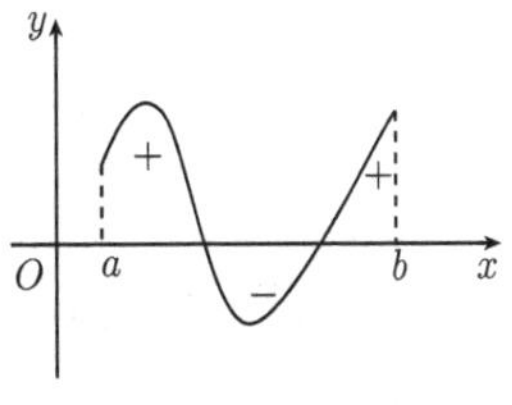

图 4.3

例如 $\int_0^1 \sqrt{1-x^2}\mathrm{d}x = \frac{\pi}{4}$, $\int_0^\pi \cos x\mathrm{d}x = 0$.

4.3.4 定积分的性质

规定: (1) $\int_a^a f(x)\mathrm{d}x = 0$;

(2) $\int_a^b f(x)\mathrm{d}x = -\int_b^a f(x)\mathrm{d}x$.

假设下列性质中涉及的定积分都存在. 证明从略.

性质 4.3 $\int_a^b [f(x) \pm g(x)]\mathrm{d}x = \int_a^b f(x)\mathrm{d}x \pm \int_a^b g(x)\mathrm{d}x$.

性质 4.4 $\int_a^b [kf(x)]\mathrm{d}x = k\int_a^b f(x)\mathrm{d}x$ (k 是常数).

性质 4.5 可加性, 若 $a<c<b$, 则

$$\int_a^b f(x)\mathrm{d}x = \int_a^c f(x)\mathrm{d}x + \int_c^b f(x)\mathrm{d}x.$$

上式对于 $a<b<c$, 也是成立的.

性质 4.6 $\int_a^b \mathrm{d}x = b-a$.

性质 4.7 若 $f(x) \leqslant g(x)$, $x \in [a, b]$, 则

$$\int_a^b f(x)\mathrm{d}x \leqslant \int_a^b g(x)\mathrm{d}x.$$

性质 4.8 (估值定理) 设 $f(x)$ 在 $[a, b]$ 上的最大值和最小值分别为 M 和 m, 则

$$m(b-a) \leqslant \int_a^b f(x)\mathrm{d}x \leqslant M(b-a).$$

性质 4.9 (积分中值定理) 设函数 $f(x)$ 在 $[a,b]$ 上连续, 则至少存在一点 $\xi \in (a,b)$, 使

$$\int_a^b f(x)\mathrm{d}x = f(\xi)(b-a).$$

4.4 定积分计算

4.4.1 积分上限函数

设 $f(x)$ 在 $[a, b]$ 上连续, 在 $[a, b]$ 上任意取定一点 x, 则 $\int_a^x f(t)\mathrm{d}t$ 有确定的值与 x

对应, 因此 $\int_a^x f(t)\mathrm{d}t$ 在 $[a,\ b]$ 上确定了一个函数, 称为积分上限函数, 记为 $\Phi(x)$, 即

$$\Phi(x)=\int_a^x f(t)\mathrm{d}t.$$

定理 4.4　设 $f(x)$ 在 $[a,\ b]$ 上连续, 则积分上限函数

$$\Phi(x)=\int_a^x f(t)\mathrm{d}t$$

在 $[a,\ b]$ 上具有导数, 且 $\Phi'(x)=f(x)$.

证　设 $x\in(a,b)$, 给 x 的增量 Δx, 且 $x+\Delta x\in(a,\ b)$, 则

$$\begin{aligned}\Phi(x+\Delta x)-\Phi(x)&=\int_a^{x+\Delta x} f(t)\mathrm{d}t-\int_a^x f(t)\mathrm{d}t=\int_x^{x+\Delta x} f(t)\mathrm{d}t\\&=f(\xi)\Delta x\quad(\xi\text{ 介于 }x\text{ 与 }x+\Delta x\text{ 之间}),\end{aligned}$$

$$\Phi'(x)=\lim_{\Delta x\to 0}\frac{\Phi(x+\Delta x)-\Phi(x)}{\Delta x}=\lim_{\Delta x\to 0}\frac{f(\xi)\Delta x}{\Delta x}=f(x).$$

如果 $f(x)$ 在 $[a,\ b]$ 上连续, $u(x)$ 和 $v(x)$ 在 $[\alpha,\ \beta]$ 上可导, 且 $R_u,R_v\subseteq[a,b]$, 则有:

(1) $\left(\int_a^{u(x)} f(t)\mathrm{d}t\right)'=f[u(x)]u'(x)$,

(2) $\left(\int_{v(x)}^{b} f(t)\mathrm{d}t\right)'=-f[v(x)]v'(x)$,

(3) $\left(\int_{v(x)}^{u(x)} f(t)\mathrm{d}t\right)'=f[u(x)]u'(x)-f[v(x)]v'(x)$.

例 4.22　求函数 $f(x)=\int_0^x t\sin^2 t\mathrm{d}t$ 在 $x=\frac{\pi}{2}$ 处的导数.

解

$$f'(x)=x\sin^2 x,$$

$$f'\left(\frac{\pi}{2}\right)=\frac{\pi}{2}\sin^2\frac{\pi}{2}=\frac{\pi}{2}.$$

例 4.23　求 $\frac{\mathrm{d}}{\mathrm{d}x}\int_0^{x^2}\sqrt{1+t^2}\mathrm{d}t$.

解

$$\frac{\mathrm{d}}{\mathrm{d}x}\int_0^{x^2}\sqrt{1+t^2}\mathrm{d}t=\sqrt{1+x^4}\cdot(x^2)'=2x\sqrt{1+x^4}.$$

例 4.24　计算 $\lim\limits_{x\to 0}\dfrac{\int_0^x \sin t\mathrm{d}t}{\sin^2 x}$

解

$$\lim_{x\to 0}\frac{\int_0^x \sin t\mathrm{d}t}{\sin^2 x}=\lim_{x\to 0}\frac{\int_0^x \sin t\mathrm{d}t}{x^2}=\lim_{x\to 0}\frac{\sin x}{2x}=\frac{1}{2}.$$

4.4.2 微积分基本公式

我们知道, 若质点以变速 $v(t)$ 做直线运动, 则当 $v(t)$ 在 $[T_1, T_2]$ 连续时, 在 $[T_1, T_2]$ 这段时间内质点所经过的路程为 $s=\int_{T_1}^{T_2}v(t)\mathrm{d}t$. 另外, 若质点在直线上的路程函数为 $s(t)$, 那么从时刻 $t=T_1$ 起, 到时刻 $t=T_2$ 止, 质点经过的路程为 $s(T_2)-s(T_1)$, 即

$$s=\int_{T_1}^{T_2}v(t)\mathrm{d}t=s(T_2)-s(T_1).$$

我们又知道 $s'(t)=v(t)$, 即路程函数 $s(t)$ 是速度函数 $v(t)$ 的原函数. 从而定积分 $\int_{T_1}^{T_2}v(t)\mathrm{d}t$ 的值可以用被积函数的原函数在上下限的函数值的差来求出. 这一理论由牛顿与莱布尼茨给出了.

定理 4.5 若函数 $F(x)$ 是连续函数 $f(x)$ 在 $[a, b]$ 上的一个原函数, 则

$$\int_a^b f(x)\mathrm{d}x=F(b)-F(a). \tag{4.5}$$

证 因为 $f(x)$ 在 $[a, b]$ 上连续, 所以 $\Phi(x)=\int_a^x f(t)\mathrm{d}t$ 也是 $f(x)$ 的原函数, 则

$$F(x)-\int_a^x f(t)\mathrm{d}t=C.$$

令 $x=a$, 得

$$F(a)=C,$$

再令 $x=b$, 得

$$F(b)-\int_a^b f(t)\mathrm{d}t=C,$$

即

$$\int_a^b f(x)\mathrm{d}x=F(b)-F(a).$$

称式 (4.5) 为**牛顿–莱布尼茨公式**.

有了这个公式, 计算定积分 $\int_a^b f(x)\mathrm{d}x$ 就变得比较简单了, 只要求出原函数 $F(x)$, 然后把 b 和 a 分别代入 $F(x)$ 作差就行了.

例 4.25 求 $\int_0^1 x^2\mathrm{d}x$.

解 由于 $\frac{1}{3}x^3$ 是 x^2 的一个原函数, 则

$$\int_0^1 x^2\mathrm{d}x=\frac{1}{3}x^3\Big|_0^1=\frac{1}{3}-0=\frac{1}{3}.$$

例 4.26 求 $\int_0^{\frac{\pi}{2}} \sqrt{1-\sin 2x}\mathrm{d}x$.

解
$$\int_0^{\frac{\pi}{2}} \sqrt{1-\sin 2x}\mathrm{d}x = \int_0^{\frac{\pi}{2}} \sqrt{(\sin x-\cos x)^2}\mathrm{d}x = \int_0^{\frac{\pi}{2}} |\sin x-\cos x|\mathrm{d}x$$
$$= \int_0^{\frac{\pi}{4}} (\cos x-\sin x)\mathrm{d}x + \int_{\frac{\pi}{4}}^{\frac{\pi}{2}} (\sin x-\cos x)\mathrm{d}x$$
$$= [\sin x+\cos x]_0^{\frac{\pi}{4}} + [-\cos x-\sin x]_{\frac{\pi}{4}}^{\frac{\pi}{2}}$$
$$= \sqrt{2}-1+(-1+\sqrt{2}) = 2(\sqrt{2}-1).$$

例 4.27 计算曲线 $y=\sin x$ 在 $[0,\pi]$ 上与 x 轴所围成的平面图形的面积.

解 由定积分的几何意义, 平面图形的面积为

$$A=\int_0^{\pi} \sin x\mathrm{d}x = -\cos x|_0^{\pi} = 2.$$

4.4.3 定积分的换元积分法

设函数 $f(x)$ 在 $[a,b]$ 上连续, $x=\varphi(t)$ 在 $[\alpha,\beta]$ 上连续可导, 当 t 由 α 变到 β 时, $\varphi(t)$ 从 $\varphi(\alpha)=a$ 单调地变到 $\varphi(\beta)=b$, 则有

$$\int_a^b f(x)\mathrm{d}x = \int_{\alpha}^{\beta} f[\varphi(t)]\varphi'(t)\mathrm{d}t. \tag{4.6}$$

这就是定积分的换元公式. 定积分的换元法和不定积分的换元法所用的换元函数都是一样的, 不同在于, 定积分换元的同时要将积分的上下限换成新积分变量的上下限, 求出原函数后, 不用回代, 直接用新变量的上下限代入原函数中求值.

例 4.28 求 $\int_0^4 \frac{x+2}{\sqrt{2x+1}}\mathrm{d}x$.

解 令 $\sqrt{2x+1}=t$, 则 $x=\frac{1}{2}(t^2-1), \mathrm{d}x=t\mathrm{d}t$, 当 $x=0$ 时, $t=1$; 当 $x=4$ 时, $t=3$, 故

$$\int_0^4 \frac{x+2}{\sqrt{2x+1}}\mathrm{d}x = \int_1^3 \frac{\frac{1}{2}(t^2-1)+2}{t}t\mathrm{d}t = \frac{1}{2}\int_1^3 (t^2+3)\mathrm{d}t$$
$$= \frac{1}{2}\left[\frac{1}{3}t^3+3t\right]_1^3 = \frac{22}{3}.$$

例 4.29 $\int_{-a}^{a} \frac{\mathrm{d}x}{(a^2+x^2)^{\frac{3}{2}}}\ (a>0)$.

解 设 $x=a\tan t\left(-\frac{\pi}{4}\leqslant t\leqslant \frac{\pi}{4}\right)$, 则

$$\int_{-a}^{a} \frac{\mathrm{d}x}{(a^2+x^2)^{\frac{3}{2}}} = \int_{-\frac{\pi}{4}}^{\frac{\pi}{4}} \frac{a\sec^2 t}{(a^2+a^2\tan^2 t)^{\frac{3}{2}}}\mathrm{d}t = \frac{1}{a^2}\int_{-\frac{\pi}{4}}^{\frac{\pi}{4}} \frac{\sec^2 t}{\sec^3 t}\mathrm{d}t$$

$$= \frac{1}{a^2}\int_{-\frac{\pi}{4}}^{\frac{\pi}{4}} \cos t \mathrm{d}t = \frac{1}{a^2}\left.(\sin t)\right|_{-\frac{\pi}{4}}^{\frac{\pi}{4}} = \frac{\sqrt{2}}{a^2}.$$

例 4.30 求 $\int_0^{\frac{\pi}{2}} 4\sin^3 x \cos x \mathrm{d}x$.

解 令 $u = \sin x$, 当 $x = 0$ 时, $u = 0$; 当 $x = \frac{\pi}{2}$ 时, $u = 1$, 于是

$$\int_0^{\frac{\pi}{2}} 4\sin^3 x \cos x \mathrm{d}x = \int_0^{\frac{\pi}{2}} 4\sin^3 x \mathrm{d}\sin x = \int_0^1 4u^3 \mathrm{d}u$$
$$= \left.u^4\right|_0^1 = 1.$$

4.4.4 定积分的分部积分法

设函数 $u = u(x)$, $v = v(x)$ 在 $[a, b]$ 上有连续导数, 由乘积的导数公式

$$(uv)' = u'v + uv',$$

则

$$uv' = (uv)' - u'v,$$

两边积分就得到定积分的分部积分公式

$$\int_a^b uv'\mathrm{d}x = \left.uv\right|_a^b - \int_a^b u'v\mathrm{d}x.$$

或

$$\int_a^b u\mathrm{d}v = \left.uv\right|_a^b - \int_a^b v\mathrm{d}u. \tag{4.7}$$

定积分中 u 和 v' 的取法与不定积分中的取法是一样的.

例 4.31 求 $\int_1^4 \frac{\ln x}{\sqrt{x}}\mathrm{d}x$.

解 $$\int_1^4 \frac{\ln x}{\sqrt{x}}\mathrm{d}x = 2\int_1^4 \ln x \mathrm{d}\sqrt{x} = 2\left(\sqrt{x}\ln x\Big|_1^4 - \int_1^4 \frac{\sqrt{x}}{x}\mathrm{d}x\right)$$
$$= 2\left(2\ln 4 - 2\sqrt{x}\Big|_1^4\right) = 8\ln 2 - 4.$$

例 4.32 求 $\int_0^1 x\mathrm{e}^x\mathrm{d}x$.

解 $$\int_0^1 x\mathrm{e}^x\mathrm{d}x = \int_0^1 x\mathrm{d}\mathrm{e}^x = \left.x\mathrm{e}^x\right|_0^1 - \int_0^1 \mathrm{e}^x\mathrm{d}x$$
$$= \mathrm{e} - \left.\mathrm{e}^x\right|_0^1 = \mathrm{e} - (\mathrm{e} - 1) = 1.$$

4.5 定积分应用

4.5.1 微元法

在讲定积分的定义时, 曲边梯形的面积、变速直线运动的路程都可以用定积分来表示, 那么, 在实际问题中, 所求量 U 能用定积分表示需要满足什么条件呢?

由定积分的定义, 所求量需要满足如下条件:

(1) U 与某变量 x 及其变化区间 $[a,b]$ 有关.

(2) U 对于变化区间 $[a,b]$ 具有可加性, 即当把 $[a,b]$ 分割成若干小区间后, U 就相应地分成若干个部分量 ΔU 之和.

(3) 每个部分量 ΔU 可近似表示为 $f(x)$ 与 Δx 的乘积.

用定积分来求所求量 U, 通常称为微元法, 其步骤为:

(1) 选取积分变量 x, 并指出积分变量的变化区间 $[a, b]$;

(2) 在变化区间内取一小区间 $[x, x+\mathrm{d}x]$, 求出 U 的近似值, 即微元, 表示为

$$\mathrm{d}U = f(x)\mathrm{d}x;$$

(3) 计算定积分 $U=\int_a^b f(x)\mathrm{d}x$.

4.5.2 平面图形的面积

设在直角坐标系中, 平面图形由直线 $x=a$, $x=b(a<b)$ 及连续曲线 $y=f(x)$, $y=g(x)$ 所围成 (图 4.4).

选取 x 为积分变量, 其变化区间为 $[a, b]$, 任取一小区间 $[x, x+\mathrm{d}x]$ 相应于该区间的小窄图形的面积近似等于相同宽度小矩形 (图中阴影部分) 的面积, 即面积微元为

$$\mathrm{d}A = [f(x)-g(x)]\mathrm{d}x.$$

从而

$$A=\int_a^b [f(x)-g(x)]\mathrm{d}x. \tag{4.8}$$

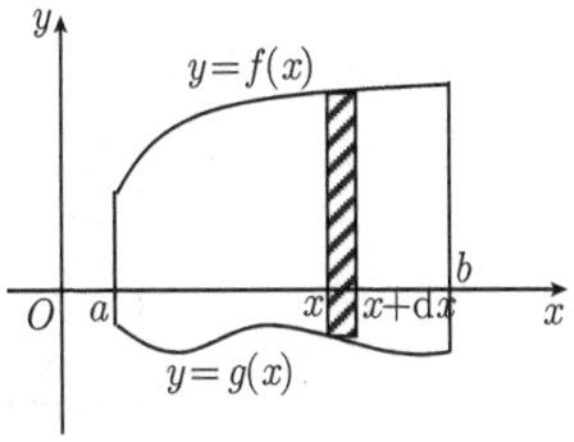

图 4.4

若平面图形由直线 $y=c$, $y=d(c<d)$ 及连续曲线 $x=f(y)$, $x=g(y)$ 所围成 (图 4.5). 选 y 为积分变量, 所求面积可以表示为

$$A=\int_c^d [f(y)-g(y)]\mathrm{d}y. \tag{4.9}$$

例 4.33 计算由抛物线 $y=x^2$ 及 $x=y^2$ 所围成的图形的面积.

解　解方程求两曲线的交点

$$\begin{cases} y = x^2, \\ x = y^2, \end{cases}$$

得交点 (0, 0), (1, 1), 如图 4.6 所示.

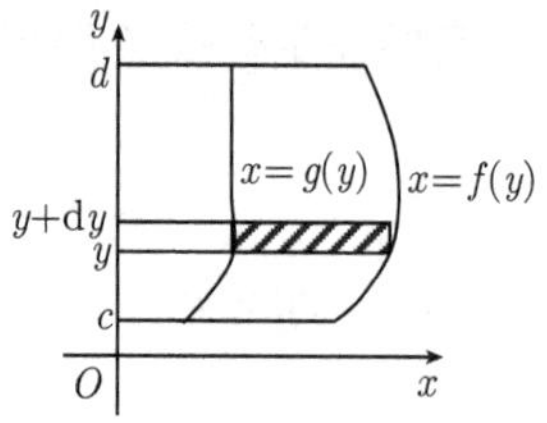

图 4.5

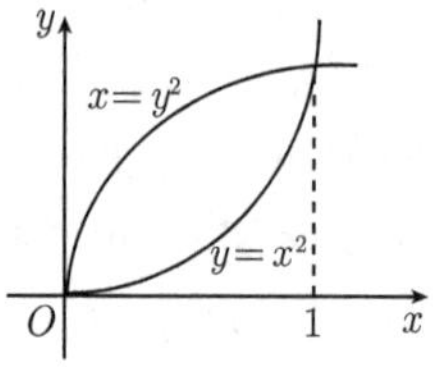

图 4.6

所求面积为

$$A = \int_0^1 (\sqrt{x} - x^2)\mathrm{d}x = \left(\frac{2}{3}x^{\frac{3}{2}} - \frac{1}{3}x^3\right)\Big|_0^1 = \frac{1}{3}.$$

例 4.34　计算曲线 $y = x^2$, 直线 $x + y = 2$ 及 x 轴围成的图形的面积.

解　如图 4.7 所示, 选取 y 为积分变量, $y \in [0, 1]$, 所求面积为

$$A = \int_0^1 (2 - y - \sqrt{y})\mathrm{d}y = \left(2y - \frac{1}{2}y^2 - \frac{2}{3}y^{\frac{3}{2}}\right)\Big|_0^1 = \frac{5}{6}.$$

例 4.35　求椭圆 $\dfrac{x^2}{a^2} + \dfrac{y^2}{b^2} = 1$ 所围成的图形的面积.

解　如图 4.8 所示, 由对称性, 所求面积为第一象限面积的 4 倍, 则

$$A = 4A_1 = 4\int_0^a y\mathrm{d}x.$$

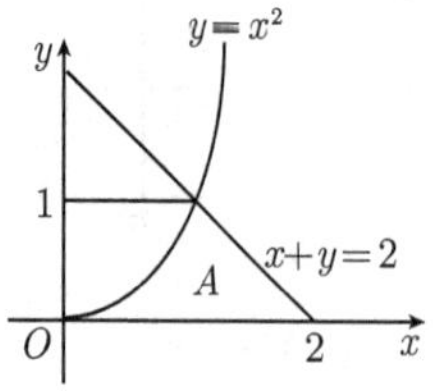

图 4.7

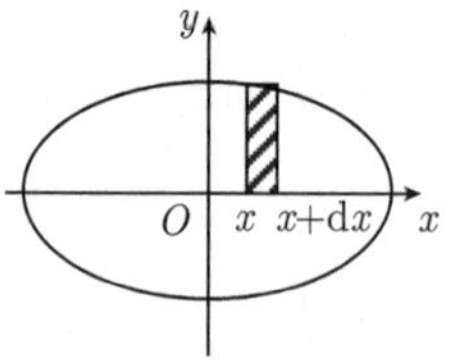

图 4.8

利用椭圆的参数方程

$$\begin{cases} x = a\cos t, \\ y = b\sin t \end{cases} \quad \left(0 \leqslant t \leqslant \frac{\pi}{2}\right)$$

则

$$A = 4A_1 = 4\int_0^a y\mathrm{d}x = 4\int_{\frac{\pi}{2}}^0 b\sin t(-a\sin t)\mathrm{d}t$$
$$= 4ab\int_0^{\frac{\pi}{2}} \sin^2 t\mathrm{d}t = 4ab\cdot\frac{1}{2}\cdot\frac{\pi}{2} = \pi ab.$$

4.5.3 体积

1. 截面面积已知的立体的体积

设某一立体, 用垂直于某直线 (如 x 轴) 的平面去截立体, 所截得的面积 $A(x)$ 是 x 的连续函数, 且此立体位于两平面 $x=a$, $x=b$ 之间, 如图 4.9 所示, 则可求出立体的体积为

$$V = \int_a^b A(x)\mathrm{d}x.$$

例 4.36 设有一锥体, 高为 h, 底为椭圆, 椭圆的轴长分别为 $2a$, $2b$, 求锥体的体积.

解 以底中心为坐标原点, 高为 y 轴建立直角坐标系 (图 4.10), 以 y 为积分变量, 则 $y\in[0, h]$.

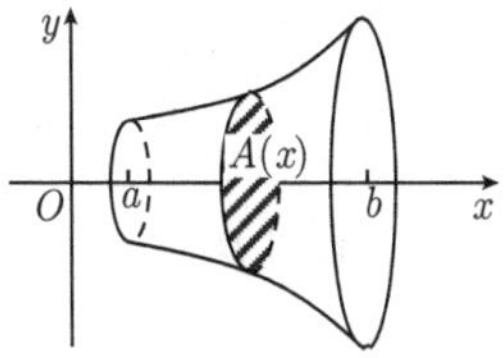

图 4.9

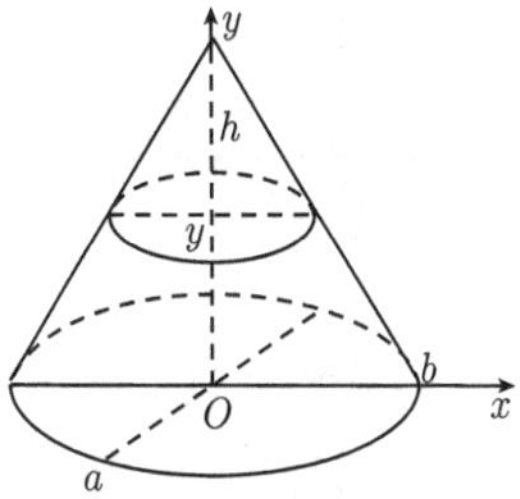

图 4.10

取点 y, 作 y 轴的垂直平面, 截锥体为一椭圆, 其轴长分别为

$$\frac{2a}{h}(h-y),\quad \frac{2b}{h}(h-y).$$

$$A(y) = \frac{\pi ab}{h^2}(h-y)^2,$$

则

$$V = \int_0^h A(y)\mathrm{d}y = \int_0^h \frac{\pi ab}{h^2}(h-y)^2\mathrm{d}y$$
$$= -\frac{\pi ab}{3h^2}(h-y)^3\Big|_0^h = \frac{1}{3}\pi abh.$$

2. 旋转体的体积

旋转体就是由一个平面图形绕这平面内一条直线旋转一周而成的立体, 这条直线称为旋转轴, 如图 4.11 所示.

设 $y=f(x)$ 在 $[a, b]$ 上连续, 且 $f(x) \geqslant 0$. 由连续曲线 $y=f(x)$, 直线 $x=a$, $x=b$ 及 x 轴所围成的曲边梯形绕 x 轴旋转一周所得的旋转体的体积为

$$V=\int_a^b \pi f^2(x)\mathrm{d}x. \tag{4.10}$$

例 4.37 求由曲线 $x=y^2$ 与 $y=x^2$ 所围成的图形绕 x 轴旋转一周所得旋转体的体积.

解 所围图形见图 4.12 所示, 旋转体的体积为

$$\begin{aligned}V&=\int_0^1 \pi(\sqrt{x})^2\mathrm{d}x-\int_0^1 \pi(x^2)^2\mathrm{d}x\\&=\pi\left(\frac{1}{2}x^2-\frac{1}{5}x^5\right)\bigg|_0^1=\frac{3}{10}\pi.\end{aligned}$$

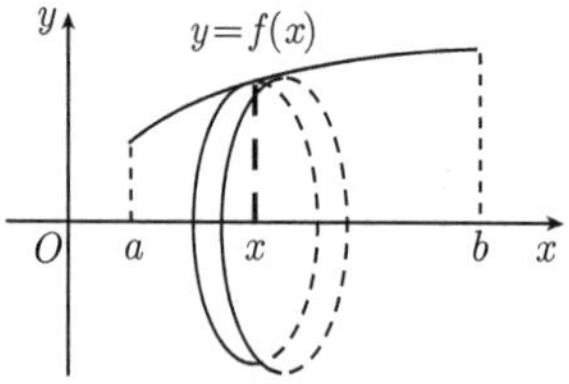

图 4.11

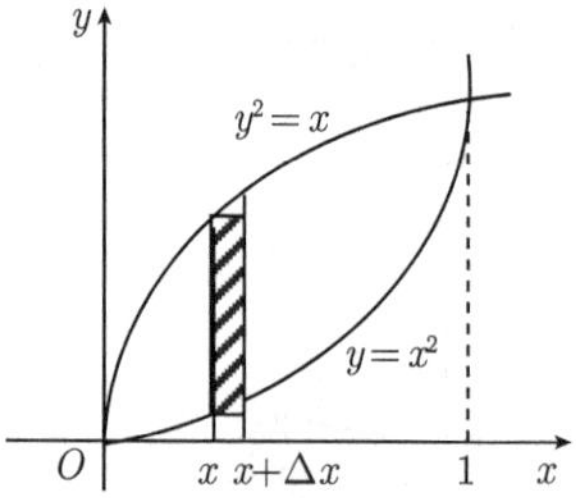

图 4.12

例 4.38 计算由椭圆

$$\frac{x^2}{a^2}+\frac{y^2}{b^2}=1$$

所围成的图形绕 x 轴旋转一周而成的旋转体的体积.

解 由对称性, 旋转体的体积为

$$\begin{aligned}V&=2\pi\int_0^a y^2\mathrm{d}x=2\pi\int_0^a \frac{b^2}{a^2}(a^2-x^2)\mathrm{d}x\\&=2\pi\frac{b^2}{a^2}\left(a^2x-\frac{1}{3}x^3\right)\bigg|_0^a=\frac{4}{3}\pi ab^2.\end{aligned}$$

4.5.4 投资回收期的计算

若将资金 A 一次性存入银行, 年利率为 r, 则以连续复利方式结算的 t 年未来值为

$$A_t=A\mathrm{e}^{rt}.$$

如果采用零存整取, 即货币像水流一样以定常流量源源不断地流入银行, 那么 t 年未来值又是多少呢?

设 T 年内有一均匀货币流, 年存入量为 a, 则在 $[t, t+\mathrm{d}t]$ 时段内的存入量为 $a\mathrm{d}t$, 于是 T 年末资金总价值为

$$A_T = \int_0^T a\mathrm{e}^{r(T-t)}\mathrm{d}t = a\mathrm{e}^{rT}\int_0^T \mathrm{e}^{-rt}\mathrm{d}t$$
$$= a\mathrm{e}^{rT}\left(-\frac{1}{r}\mathrm{e}^{-rt}\right)\Big|_0^T = \frac{a}{r}(\mathrm{e}^{rT}-1).$$

据此, 我们还可以求得该货币流 T 年末的总价值相当于初始年一次性存款

$$A = A_T\mathrm{e}^{-rT} = \frac{a}{r}(1-\mathrm{e}^{-rT})$$

的本利所得.

例 4.39 某公司一次性投入 2000 万元投资一个项目, 并于一年后建成投产, 开始取得经济效益. 设该项目的收益是均匀货币流, 年流量为 400 万元. 银行的年利率 $r = 0.05$, 求多少年后可以收回投资.

解 设 $T+1$ 年后可以收回投资, 则该项目投产 T 年产生的总效益为

$$A_T = \frac{a}{r}(\mathrm{e}^{rT}-1) = \frac{400}{0.05}(\mathrm{e}^{0.05T}-1) = 8000(\mathrm{e}^{0.05T}-1),$$

它在 $T+1$ 年前的价值为

$$2000 = A_T\mathrm{e}^{-r(T+1)} = 8000(\mathrm{e}^{0.05T}-1)\mathrm{e}^{-0.05(T+1)},$$

解此方程, 得

$$T = 20\ln\frac{4}{4-\mathrm{e}^{0.05}} \approx 6.098,$$

则公司收回全部投资的时间为 7.098 年.

数学重要历史人物 —— 莱布尼茨

一、人物简介

戈特弗里德・威廉・凡・莱布尼茨 (Gottfried Wilhelm von Leibniz, 1646~1716) 德国最重要的自然科学家、数学家、物理学家、历史学家和哲学家, 一位举世罕见的科学天才, 和牛顿同为微积分的创建人. 他的研究成果还遍及力学、逻辑学、化学、地理学、解剖学、动物学、植物学、气体学、航海学、地质学、语言学、法学、哲学、历史、外交等方面, "世界上没有两片完全相同的树叶" 就是出自他之口, 他还是最早研究中国文化和中国哲学的德国人, 对丰富人类的科学知识宝库做出了不可磨灭的贡献.

二、生平事迹

莱布尼茨的父亲弗里德希·莱布尼茨是莱比锡大学的道德哲学教授, 母亲凯瑟琳娜·施马克出身于教授家庭, 虔信路德新教.

1663 年 5 月, 他以《论个体原则方面的形而上学争论》一文获学士学位. 这期间莱布尼茨还广泛阅读了培根、开普勒、伽利略等人的著作, 并对他们的著述进行深入的思考和评价. 在听了教授讲授的欧几里得的《几何原本》的课程后, 莱布尼茨对数学产生了浓厚的兴趣.

1664 年 1 月, 莱布尼茨完成了论文《论法学之艰难》, 获哲学硕士学位.

1667 年 2 月, 凭借博士论文《论身份》, 阿尔特多夫大学授予他法学博士学位, 还聘请他为法学教授.

这一年, 莱布尼茨发表了他的第一篇数学论文《论组合的艺术》. 这是一篇关于数理逻辑的文章, 其基本思想是想把理论的真理性论证归结于一种计算的结果.

1682 年, 莱布尼茨与门克创办了近代科学史上卓有影响的拉丁文科学杂志《学术纪事》(又称《教师学报》), 他的数学、哲学文章大都刊登在该杂志上; 这时, 他的哲学思想也逐渐走向成熟.

1713 年初, 维也纳皇帝授予莱布尼茨帝国顾问的职位, 邀请他指导建立科学院. 俄国彼得大帝对此很感兴趣, 1712 年他给了莱布尼茨一个有薪水的数学、科学宫廷顾问的职务. 1712 年左右, 他同时被维出纳、布伦兹维克、柏林、彼得堡等王室所雇用.

莱布尼茨一生没有结婚, 没有在大学当教授. 1793 年, 汉诺威人为他建立了纪念碑; 1883 年, 在莱比锡的一座教堂附近竖起了他的一座立式雕像; 1983 年, 汉诺威市政府照原样重修了被毁于第二次世界大战中的 “莱布尼茨故居”, 供人们瞻仰.

三、历史贡献

1. 始创微积分

微积分思想, 最早可以追溯到希腊由阿基米德等提出的计算面积和体积的方法. 1665 年牛顿创始了微积分, 莱布尼茨在 1673~1676 年也发表了微积分思想的论著.

以前, 微分和积分作为两种数学运算、两类数学问题, 是分别加以研究的. 莱布尼茨和牛顿将积分和微分真正沟通起来, 明确地找到了两者内在的直接联系: 微分和积分是互逆的两种运算. 而这是微积分建立的关键所在. 只有确立了这一基本关系, 才能在此基础上构建系统的微积分学. 并从对各种函数的微分和求积公式中, 总结出共同的算法程序, 使微积分方法普遍化, 发展成用符号表示的微积分运算法则. 因此, 微积分 “是牛顿和莱布尼茨大体上完成的, 但不是由他们发明的”.

牛顿在微积分方面的研究虽早于莱布尼茨, 但莱布尼茨成果的发表则早于牛顿. 莱布尼茨 1684 年 10 月在《教师学报》上发表的论文《一种求极大极小的奇妙类型的计算》, 是最早的微积分文献. 因此, 后来人们公认牛顿和莱布尼茨是各自独立地创建微积分的.

莱布尼茨从几何问题出发, 运用分析学方法引进微积分概念, 得出运算法则, 其数学的严密性与系统性是牛顿所不及的.

莱布尼茨认识到好的数学符号能节省思维劳动, 运用符号的技巧是数学成功的关键之一. 因此, 他所创设的微积分符号远远优于牛顿的符号, 这对微积分的发展有极大影响.1713 年, 莱布尼茨发表了《微积分的历史和起源》一文, 总结了自己创立微积分学的思路, 说明了自己成就的独立性.

2. 高等数学上的众多成就

莱布尼茨在数学方面的成就是巨大的, 他的研究及成果渗透到高等数学的许多领域. 他的一系列重要数学理论的提出, 为后来的数学理论奠定了基础.

莱布尼茨曾讨论过负数和复数的性质, 得出复数的对数并不存在, 共扼复数的和是实数的结论. 在后来的研究中, 莱布尼茨证明了自己结论是正确的. 他还对线性方程组进行研究, 对消元法从理论上进行了探讨, 并首先引入了行列式的概念, 提出行列式的某些理论, 此外, 莱布尼茨还创立了符号逻辑学的基本概念.

3. 计算机科学贡献

1673 年莱布尼茨特地到巴黎去制造了一个能进行加、减、乘、除及开方运算的计算机. 莱布尼茨对计算机的贡献不仅在于乘法器, 1700 年左右, 莱布尼茨从一位友人送给他的中国 "易图"(八卦) 里受到启发, 最终悟出了二进制数的真谛. 虽然莱布尼茨的乘法器仍然采用十进制, 但他率先为计算机的设计, 系统提出了二进制的运算法则, 为计算机的现代发展奠定了坚实的基础.

习 题 4

1. 求下列不定积分:

(1) $\int\left(\sqrt{x}-\frac{2}{x^2}+\frac{1}{x}\right)\mathrm{d}x$;　　(2) $\int x^2\sqrt{x}\mathrm{d}x$;

(3) $\int\frac{(1-x)^2}{\sqrt{x}}\mathrm{d}x$;　　(4) $\int(\sqrt{x}+1)\left(\sqrt{x^3}-1\right)\mathrm{d}x$;

(5) $\int\sqrt{x\sqrt{x}}\mathrm{d}x$;　　(6) $\int\frac{x^2}{1+x^2}\mathrm{d}x$;

(7) $\int\frac{1}{x^2(1+x^2)}\mathrm{d}x$;　　(8) $\int 2^{2x}\cdot\mathrm{e}^x\mathrm{d}x$;

(9) $\int\frac{\mathrm{e}^{2x}-1}{\mathrm{e}^x-1}\mathrm{d}x$;　　(10) $\int\mathrm{e}^x\left(1-\frac{\mathrm{e}^{-x}}{\sqrt{x}}\right)\mathrm{d}x$;

(11) $\int \frac{2\cdot 3^x-5\cdot 2^x}{3^x}\mathrm{d}x$;　　(12) $\int \sin^2\frac{x}{2}\mathrm{d}x$;

(13) $\int \cot^2 x\mathrm{d}x$;　　(14) $\int \frac{1}{1+\cos 2x}\mathrm{d}x$;

(15) $\int \frac{\cos 2x}{\cos x+\sin x}\mathrm{d}x$;　　(16) $\int \sec x(\sec x-\tan x)\mathrm{d}x$.

2. 设曲线过点 (1, 3), 且在任一点 (x, y) 处的切线斜率为 $4x^3-1$, 求该曲线方程.

3. 求下列不定积分:

(1) $\int \frac{1}{3x-1}\mathrm{d}x$;　　(2) $\int \sqrt{2-5x}\mathrm{d}x$;

(3) $\int \frac{1}{\sqrt{x+1}+\sqrt{x-1}}\mathrm{d}x$;　　(4) $\int \frac{x}{x^2+1}\mathrm{d}x$;

(5) $\int x^2\mathrm{e}^{-x^3}\mathrm{d}x$;　　(6) $\int \frac{\mathrm{e}^x}{1+\mathrm{e}^{2x}}\mathrm{d}x$;

(7) $\int \frac{1}{\mathrm{e}^x+\mathrm{e}^{-x}+2}\mathrm{d}x$;　　(8) $\int \frac{\sin\sqrt{x}}{\sqrt{x}}\mathrm{d}x$;

(9) $\int \frac{1}{x\ln x}\mathrm{d}x$;　　(10) $\int \left(\frac{1}{\sqrt{3-x^2}}+\frac{1}{\sqrt{1-3x^2}}\right)\mathrm{d}x$;

(11) $\int \frac{1-2\cos x}{\sin^2 x}\mathrm{d}x$;　　(12) $\int \frac{1}{1-\cos x}\mathrm{d}x$;

(13) $\int \tan^3 x\mathrm{d}x$;　　(14) $\int \tan^5 x\sec^4 x\mathrm{d}x$;

(15) $\int \sin^2 x\cos^3 x\mathrm{d}x$;　　(16) $\int \frac{1}{\sin^2 x+2\cos^2 x}\mathrm{d}x$;

(17) $\int \frac{x^3}{9+x^2}\mathrm{d}x$;　　(18) $\int \frac{x}{4+x^4}\mathrm{d}x$;

(19) $\int \frac{1-2x}{\sqrt{1-x^2}}\mathrm{d}x$;　　(20) $\int \frac{\mathrm{e}^{\frac{1}{x}}}{x^2}\mathrm{d}x$;

(21) $\int \frac{1}{(x+1)(x+3)}\mathrm{d}x$;　　(22) $\int \frac{x+1}{(x-1)(x-2)}\mathrm{d}x$;

(23) $\int \frac{1}{x^2-2x+3}\mathrm{d}x$;　　(24) $\int \frac{x+1}{(x-1)^3}\mathrm{d}x$;

(25) $\int \frac{1}{x(x^2+1)}\mathrm{d}x$;　　(26) $\int \frac{\arcsin x}{\sqrt{1-x^2}}\mathrm{d}x$;

(27) $\int \frac{1}{\sqrt{x+x\sqrt{x}}}\mathrm{d}x$;　　(28) $\int \frac{x^2}{\sqrt{4-x^2}}\mathrm{d}x$;

(29) $\int \frac{1}{x\sqrt{x^2-1}}\mathrm{d}x$;　　(30) $\int \frac{x}{1+\sqrt{x}}\mathrm{d}x$;

(31) $\int \frac{1}{1+\sqrt{2x}}\mathrm{d}x$;　　(32) $\int \frac{1}{\sqrt{x}+\sqrt[4]{x}}\mathrm{d}x$.

4. 求下列不定积分：

(1) $\int xe^{-x}dx$;

(2) $\int x\sin 2xdx$;

(3) $\int x^2\ln xdx$;

(4) $\int \frac{1}{x^2}\ln xdx$;

(5) $\int \arcsin xdx$;

(6) $\int (\ln x)^2dx$;

(7) $\int x\sec^2 xdx$;

(8) $\int x\sin^2 xdx$;

(9) $\int e^{\sqrt{x}}dx$;

(10) $\int \ln(x+\sqrt{1+x^2})dx$.

5. 利用定积分的几何意义, 计算下列定积分的值：

(1) $\int_1^2 xdx$;

(2) $\int_0^1 \sqrt{1-x^2}dx$;

(3) $\int_0^{2\pi} \sin xdx$;

(4) $\int_{-\frac{\pi}{4}}^{\frac{\pi}{4}} \tan xdx$.

6. 不计算积分的值, 比较大小：

(1) $\int_0^1 x^2dx$ 与 $\int_0^1 x^3dx$;

(2) $\int_1^2 x^2dx$ 与 $\int_1^2 x^3dx$;

(3) $\int_0^1 \frac{x}{1+x}dx$ 与 $\int_0^1 \ln(1+x)dx$.

7. 用估值定理, 估计下列定积分的范围：

(1) $\int_1^4 (x^2-3x+2)dx$;

(2) $\int_0^2 e^{x^2-x}dx$;

(3) $\int_0^1 \frac{\sin x}{x}dx$.

8. 求下列函数的导数：

(1) $\frac{d}{dx}\int_0^x e^{-t^2}dt$;

(2) $\frac{d}{dx}\int_1^x \frac{t}{1+\cos t}dt$.

9. 求下列极限：

(1) $\lim\limits_{x\to 0}\frac{\int_0^x \tan tdt}{x^2}$;

(2) $\lim\limits_{x\to 0}\frac{\int_0^{x^2} \sqrt{1+t}dt}{\sin^2 x}$.

10. 计算下列定积分：

(1) $\int_0^{\frac{\pi}{2}} \sin xdx$;

(2) $\int_1^4 \sqrt{x}dx$;

(3) $\int_0^2 \frac{x^2}{x+1}dx$;

(4) $\int_1^2 \left(x+\frac{1}{x}\right)^2 dx$;

(5) $\int_0^{\frac{\pi}{4}} \tan^2 xdx$;

(6) $\int_0^1 \frac{dx}{\sqrt{4-x^2}}$;

(7) $\int_0^{2\pi}\sqrt{1-\cos^2 x}\mathrm{d}x$;　　(8) $\int_0^2|1-x|\mathrm{d}x$.

11. 求下列定积分:

(1) $\int_0^4\frac{1}{1+\sqrt{x}}\mathrm{d}x$;　　(2) $\int_{-2}^1\frac{\mathrm{d}x}{(11+5x)^3}$;

(3) $\int_0^\pi(1-\sin^3\theta)\mathrm{d}\theta$;　　(4) $\int_0^{\sqrt{2}}\sqrt{2-x^2}\mathrm{d}x$;

(5) $\int_{\frac{1}{\sqrt{2}}}^1\frac{\sqrt{1-x^2}}{x^2}\mathrm{d}x$;　　(6) $\int_0^a x^2\sqrt{a^2-x^2}\mathrm{d}x\ (a>0)$;

(7) $\int_0^\pi\sqrt{\sin x-\sin^3 x}\mathrm{d}x$;　　(8) $\int_{-2}^0\frac{\mathrm{d}x}{x^2+2x+2}$;

(9) $\int_0^1 x\mathrm{e}^x\mathrm{d}x$;　　(10) $\int_0^{\sqrt{3}}x\arctan x\mathrm{d}x$;

(11) $\int_0^{\frac{\pi}{4}}\frac{x}{\cos^2 x}\mathrm{d}x$;　　(12) $\int_{\frac{1}{\mathrm{e}}}^{\mathrm{e}}|\ln x|\mathrm{d}x$.

12. 设 $f(x)$ 在 $[a, b]$ 上连续, 证明

$$\int_a^b f(x)\mathrm{d}x=\int_a^b f(a+b-x)\mathrm{d}x.$$

13. 求由曲线 $y=x^2$ 与直线 $y=x$ 围成图形的面积.

14. 求由曲线 $y=\frac{1}{x}$ 和直线 $y=x$ 及 $x=2$ 围成的图形的面积.

15. 求由曲线 $y=\mathrm{e}^x$, $y=\mathrm{e}^{-x}$ 和直线 $x=1$ 围成图形的面积.

16. 求由直线 $y=2x+3$ 与曲线 $y=x^2$ 围成图形的面积.

17. 求曲线 $y=x^3$ 与直线 $x=2$ 和 $y=0$ 所围成图形分别绕 x 轴, y 轴旋转一周所得的旋转体的体积.

18. 求由抛物线 $y=\sqrt{2px}$, 直线 $x=a$ ($p, a>0$) 及 x 轴所围成的曲边梯形绕 x 轴旋转而成的旋转体的体积.

19. 求由曲线 $y=\sin x$ 与直线 $x=0, x=\pi, y=0$ 所围成的图形绕 y 轴旋转一周所得旋转体的体积.

20. 单项选择题.

(1) 设 $f(x)$ 是连续函数, $f(x)\neq 0$, $F_1(x)$, $F_2(x)$ 是 $f(x)$ 的两个不同的原函数, 则必有 (　　).

(A) $F_1(x)+F_2(x)=C$;　　(B) $F_1(x)F_2(x)=C$;

(C) $F_1(x)=CF_2(x)$;　　(D) $F_1(x)-F_2(x)=C$.

(2) $\int f'(x)\mathrm{d}x=$ (　　).

(A) $f'(x)+C$;　　(B) $f(x)+C$;　　(C) $f(x)$;　　(D) $f'(x)$.

(3) 设函 $f(x)$ 在 $[a, b]$ 上有一个原函数为零, 则在 $[a, b]$ 上有 (　　).

(A) $f(x)$ 的不定积分为零;　　(B) $f(x)$ 的所有原函数为零;

(C) $f(x)$ 不恒为零, 但 $f'(x)$ 恒为零;　　(D) $f(x)$ 恒为零.

(4) 设 $f(x)$ 在 $[a, b]$ 上连续, 且 $\int_a^b f(x)\mathrm{d}x=0$, 则 (　　).

(A) $f(x)\equiv 0$;　　(B) $\exists\xi\in(a, b)$, 使 $f(\xi)=0$;

(C) 存在唯一 $\xi\in(a, b)$, 使 $f(\xi)=0$;　　(D) 对任意 $x\in(a, b)$, 都使 $f(x)\neq 0$.

(5) 设 $f(x)$ 为 $[a, b]$ 上连续的奇函数, 则 $F(x)=\int_0^x f(t)\mathrm{d}t$ 是 (　　).

(A) 奇函数;　　(B) 偶函数;　　(C) 非奇非偶函数;　　(D) 周期函数.

离散思想篇

Chapter 5

第5章 线性代数初步

1949 年, 哈佛大学 Leontief 教授领导的项目组在对美国国民经济系统的投入与产出进行分析时, 汇集了美国劳动统计局所得到的 25 万多条信息. 他们把美国经济分解成 500 个部门, 如农业、煤炭工业、汽车工业、通信业等. 对每个部门, 他们写出了一个描述该部门的产出如何分配给其他经济部门的线性方程组, 形成了 500 个未知数, 500 个方程的方程组, 受当时计算机工作水平的限制只好把问题简化为 42 个未知数, 42 个方程的线性方程组, 经过计算机连续 56h 运算求出了该方程组的解. Leontief 打开了研究经济数学模型的新时代大门, 于 1973 年获诺贝尔经济学奖. 从此, 许多其他领域中的研究者也开始利用计算机来分析数学模型.

线性代数在应用中的重要性随着计算机功能的增强而迅速增加, 今天, 科学家和工程师所处理的问题比几十年前要复杂得多, 同时, 对于许多专业的大学生来说, 线性代数比其他大学数学课程具有更大的重要性.

线性方程组是线性代数的核心, 本章通过它引入线性代数的许多重要概念.

5.1 线性方程组与矩阵

包含未知数 $x_1, x_2, \cdots, x_n$ 的一个线性方程是形如

$$a_1x_1 + a_2x_2 + \cdots + a_nx_n = b \tag{5.1}$$

的方程, 其中 $a_1, a_2, \cdots, a_n, b$ 是实数或复数. n 是任意正整数. 例如,

$$3x_1 - 4x_2 + 2x_3 = 5$$

是线性方程, 而

$$x_1x_2 - 2x_2 + x_3 = 4, \quad \sqrt{x_1} - 2x_2 = 4$$

都是非线性方程.

线性方程组是由一个或几个包含相同变量 $x_1, x_2, \cdots, x_n$ 的线性方程组成的, 例如,

$$\begin{cases} 2x_1 - x_2 - x_3 = -1, \\ x_1 + x_2 - 2x_3 = 1, \\ 4x_1 - 6x_2 + 2x_3 = -6. \end{cases}$$

线性方程组的一般形式为

$$\begin{cases} a_{11}x_1 + a_{12}x_2 + \cdots + a_{1n}x_n = b_1, \\ a_{21}x_1 + a_{22}x_2 + \cdots + a_{2n}x_n = b_2, \\ \qquad\cdots\cdots \\ a_{m1}x_1 + a_{m2}x_2 + \cdots + a_{mn}x_n = b_m. \end{cases} \tag{5.2}$$

其中, $x_1, x_2, \cdots, x_n$ 表示 n 个未知量, m 是方程的个数, $a_{ij}(i = 1, 2, \cdots, m, j = 1, 2, \cdots, n)$ 表示第 i 个方程中第 j 个未知量 x_j 的系数, 称 $b_i(i= 1, 2, \cdots, m)$ 为常数项.

如果 $b_1, b_2, \cdots, b_m$ 不全为零时, 称它为**非齐次线性方程组**. 否则, 即 $b_1 = b_2 = \cdots = b_m = 0$ 时, 称 (5.2) 为**齐次线性方程组**.

如果用一组数 $c_1, c_2, \cdots, c_n$ 分别代替方程组 (5.2) 中的 $x_1, x_2, \cdots, x_n$ 时, 所有方程的两边相等, 称这一组数 $c_1, c_2, \cdots, c_n$ 为线性方程组的一个**解**.

方程组所有可能的解的集合称为线性方程组的解集. 解线性方程组就是求出它的解集合. 如果两个线性方程组有相同的解集, 则称这两个线性方程组是**等价的**.

通过求包含两个未知数的两个方程组成的方程组的解, 例如,

$$\begin{cases} x_1 - 2x_2 = -1, \\ -x_1 + 3x_2 = 3, \end{cases} \quad \begin{cases} x_1 - 2x_2 = -1, \\ -x_1 + 2x_2 = 3, \end{cases} \quad \begin{cases} x_1 - 2x_2 = -1, \\ -x_1 + 2x_2 = 1, \end{cases}$$

可以知道线性方程组的如下事实, 线性方程组的解有下列三种情况:

(1) 无解.

(2) 有唯一解.

(3) 有无穷个解.

若一个线性方程组有一个解或无穷多个解, 称它是**相容的**; 若它无解, 称它是**不相容的**.

一个线性方程组包含的主要信息可以用一个矩形阵列表示, 我们称为**矩阵**. 例如, 给出方程组

$$\begin{cases} x_1 - 2x_2 + x_3 = 0, \\ 2x_2 - 8x_3 = 8, \\ -4x_1 + 5x_2 + 9x_3 = -9, \end{cases} \tag{5.3}$$

把每一个变量的系数写在对齐的一列中, 矩阵

$$\begin{bmatrix} 1 & -2 & 1 \\ 0 & 2 & -8 \\ -4 & 5 & 9 \end{bmatrix}$$

称为方程组 (5.3) 的**系数矩阵** (因第二个方程为 $0\cdot x_1+2x_2-8x_3=8$. 第二行第一个元素为 0), 而

$$\begin{bmatrix} 1 & -2 & 1 & 0 \\ 0 & 2 & -8 & 8 \\ -4 & 5 & 9 & -9 \end{bmatrix} \tag{5.4}$$

称为方程组 (5.3) 系数矩阵的**增广矩阵**. 方程组的增广矩阵是把它的系数矩阵添上一列 (方程组右边常数) 所得.

矩阵的维数说明它包含的行数和列数. 上面的增广矩阵 (5.4) 有 3 行 4 列, 称为 3×4 矩阵. 若 m,n 是正整数, 一个 $m\times n$ 矩阵是一个有 m 行 n 列的数的矩阵阵列. 矩阵的引入将为解方程组带来方便.

5.2 消元法与矩阵初等变换

本节将给出解线性方程组的消元法. 基本的思路是把方程组用一个更容易解的等价方程组 (即有相同解集) 代替.

例 5.1 解方程组 (5.3).

解 用消元法解方程组同时用相应的矩阵形式表示出来.

$$\begin{cases} x_1-2x_2+x_3=0, \\ 2x_2-8x_3=8, \\ -4x_1+5x_2+9x_3=-9, \end{cases} \qquad \begin{bmatrix} 1 & -2 & 1 & 0 \\ 0 & 2 & -8 & 8 \\ -4 & 5 & 9 & -9 \end{bmatrix}.$$

保留第一个方程中的 x_1, 消去其他方程中的 x_1. 为此, 把第 1 个方程乘以 4 加到第 3 个方程, 即

$$\frac{\begin{matrix} 4\cdot[\text{方程1}] \\ +[\text{方程3}] \end{matrix}}{[\text{新方程3}]}: \qquad \frac{\begin{matrix} 4x_1-8x_2+4x_3=0 \\ -4x_1+5x_2+9x_3=-9 \end{matrix}}{-3x_2+13x_3=-9}.$$

把原来的第三个方程用所得新方程代替

$$\begin{cases} x_1-2x_2+x_3=0, \\ 2x_2-8x_3=8, \\ -3x_2+13x_3=-9, \end{cases} \qquad \begin{bmatrix} 1 & -2 & 1 & 0 \\ 0 & 2 & -8 & 8 \\ 0 & -3 & 13 & -9 \end{bmatrix}.$$

其次, 把方程 2 乘以 1/2, 使 x_2 的系数变成 1.

$$\begin{cases} x_1-2x_2+x_3=0, \\ x_2-4x_3=4, \\ -3x_2+13x_3=-9, \end{cases} \qquad \begin{bmatrix} 1 & -2 & 1 & 0 \\ 0 & 1 & -4 & 4 \\ 0 & -3 & 13 & -9 \end{bmatrix}.$$

利用方程 2 中的 x_2 项消去方程 3 中的项 $-3x_2$:

$$\begin{array}{r} 3\cdot[\text{方程}2] \\ +[\text{方程}3] \\ \hline [\text{新方程 }3] \end{array}:\qquad \begin{array}{r} 3x_2-12x_3=12 \\ -3x_2+13x_3=-9 \\ \hline x_3=3 \end{array}.$$

所得的新方程组有三角形形状:

$$\begin{cases} x_1-2x_2+x_3=0, \\ x_2-4x_3=4, \\ x_3=3, \end{cases}\qquad \begin{bmatrix} 1 & -2 & 1 & 0 \\ 0 & 1 & -4 & 4 \\ 0 & 0 & 1 & 3 \end{bmatrix}.$$

进一步, 利用方程 3 消去第一个方程中的项 x_3 和第二个方程中的项 $-4x_3$, 然后消去第一个方程中的项 $-2x_2$, 运算如下:

$$\begin{array}{r} 4\cdot[\text{方程 }3] \\ +[\text{方程 }2] \\ \hline [\text{新方程 }2] \end{array}:\qquad \begin{array}{r} 4x_3=12 \\ x_2-4x_3=4 \\ \hline x_2=16 \end{array};\qquad \begin{array}{r} -1\cdot[\text{方程 }3] \\ +[\text{方程 }1] \\ \hline [\text{新方程}1] \end{array}:\qquad \begin{array}{r} -x_3=-3 \\ x_1-2x_2+x_3=0 \\ \hline x_1-2x_2=-3 \end{array}.$$

通过这两次变换得到

$$\begin{cases} x_1-2x_2=-3, \\ x_2=16, \\ x_3=3, \end{cases}\qquad \begin{bmatrix} 1 & -2 & 0 & -3 \\ 0 & 1 & 0 & 16 \\ 0 & 0 & 1 & 3 \end{bmatrix}.$$

最后消去第一个方程中的 x_2 项. 把上面方程 2 的 2 倍加到方程 1, 得到

$$\begin{cases} x_1=29, \\ x_2=16, \\ x_3=3, \end{cases}\qquad \begin{bmatrix} 1 & 0 & 0 & 29 \\ 0 & 1 & 0 & 16 \\ 0 & 0 & 1 & 3 \end{bmatrix},$$

从而得到原方程组的唯一解是 (29, 16, 3). 把这些值代入原方程组的左边, 即

$$\begin{aligned} &(29)-2(16)+(3)=29-32+3=0, \\ &2(16)-8(3)=32-24=8, \\ &-4(29)+5(16)+9(3)=-116+80+27=-9. \end{aligned}$$

结果与原方程组右边相同, 所以 (29,16,3) 是原方程组的解.

上面用来化简线性方程组的三种基本变换是: 把某一个方程换成它与另一个方程的倍数的和; 交换两个方程的位置; 把某一方程的所有的项乘以一个非零常数. 这三种变换称为线性方程组的初等变换.

在线性方程组的消元过程中进行上述变换时, 对应于增广矩阵也作了同样的变换(增广矩阵的初等行变换):

(1) 倍加变换. 把某一行换成它本身与另一行的倍数的和.

(2) 对换变换. 把两行对换.

(3) 倍乘变换. 把某一行的所有元素乘以同一个非零数.

为研究方程组的解, 引入行等价矩阵的概念:

称两个矩阵为行等价的, 若其中一个矩阵可以经一系列行初等变换成为另一个矩阵.

需要指出的是初等行变换是可逆的. 若两行被对换, 则再次对换它们就会还原为原来状态. 若某一行乘以非零常数 c, 则将所得的行乘以 $1/c$ 就得出原来的行. 如果是倍加变换, 如第一行和第二行. 假设把第一行的 c 倍加到第二行得到新的第二行, 那么“逆”变换就是把第一行的 $-c$ 倍加到 (新的) 第二行上就得到原来的第二行.

对一个线性方程组的增广矩阵进行初等行变换. 假设一个线性方程组经过线性方程组的初等变换成为另一个新的方程组, 考虑每一种初等行变换, 容易看出, 原方程组的任何一个解仍是新的方程组的一个解. 反之, 因原方程组也可以由新方程组经初等行变换得出, 新方程组的每个解也是原方程组的解. 这就得到了下列事实.

若两个线性方程组的增广矩阵是行等价的, 则它们具有相同的解集.

线性方程组的两个基本问题:

(1) 方程组是否相容, 即它是否至少有一个解?

(2) 若它有解, 它是否只有一个解, 即解是否唯一?

下面通过两个例子来说明解的存在性问题.

例 5.2 确定下列方程组是否有解:

$$\begin{cases} x_1 - 2x_2 + x_3 = 0, \\ 2x_2 - 8x_3 = 8, \\ -4x_1 + 5x_2 + 9x_3 = -9. \end{cases}$$

解 这是例 5.1 中的方程组, 假设已把方程组通过行变换变成三角形

$$\begin{cases} x_1 - 2x_2 + x_3 = 0, \\ x_2 - 4x_3 = 4, \\ x_3 = 3, \end{cases} \qquad \begin{bmatrix} 1 & -2 & 1 & 0 \\ 0 & 1 & -4 & 4 \\ 0 & 0 & 1 & 3 \end{bmatrix}.$$

此时, 已经确定了 x_3, 若把 x_3 的值代入方程 2, 就可以确定 x_2, 进而可由方程 1 确定 x_1, 所以解是存在的, 即该方程组是相容的 (事实上, x_2 由方程 2 唯一确定, 而 x_1 由方程 1 唯一确定, 所以方程组的解是唯一的).

例 5.3 确定下列方程组是否相容:

$$\begin{cases} x_2 - 4x_3 = 8, \\ 2x_1 - 3x_2 + 2x_3 = 1, \\ 5x_1 - 8x_2 + 7x_3 = 1. \end{cases} \tag{5.5}$$

解 增广矩阵为

$$\begin{bmatrix} 0 & 1 & -4 & 8 \\ 2 & -3 & 2 & 1 \\ 5 & -8 & 7 & 1 \end{bmatrix}.$$

为使第一个方程包含 x_1 项, 对换第一行与第二行, 即

$$\begin{bmatrix} 2 & -3 & 2 & 1 \\ 0 & 1 & -4 & 8 \\ 5 & -8 & 7 & 1 \end{bmatrix}.$$

为消去第 3 个方程的 $5x_1$ 项, 把第 1 行的 $-5/2$ 加到第三行, 即

$$\begin{bmatrix} 2 & -3 & 2 & 1 \\ 0 & 1 & -4 & 8 \\ 0 & -1/2 & 2 & -3/2 \end{bmatrix}. \tag{5.6}$$

其次, 用第二个方程的 x_2 项消去第三个方程的 $-(1/2)x_2$ 项, 把第 2 行的 $1/2$ 加到第 3 行上, 有

$$\begin{bmatrix} 2 & -3 & 2 & 1 \\ 0 & 1 & -4 & 8 \\ 0 & 0 & 0 & 5/2 \end{bmatrix}. \tag{5.7}$$

该矩阵对应方程为

$$\begin{cases} 2x_1 - 3x_2 + 2x_3 = 1, \\ x_2 - 4x_3 = 8, \\ 0 = 5/2. \end{cases} \tag{5.8}$$

方程 $0 = 5/2$ 是 $0x_1 + 0x_2 + 0x_3 = 5/2$ 的简写, 因等式 $0 = 5/2$ 不可能成立, 这个阶梯形线性方程组显然矛盾, 所以满足 (5.8) 的未知数 x_1, x_2, x_3 的值不可能存在. 由于 (5.8) 和 (5.5) 有同样的解集, 原方程是不相容的 (即无解).

5.3 行列式的概念与计算

为了研究线性方程组的两个基本问题, 先讨论行列式.

一般认为, 行列式起源于线性方程组的求解问题. 早在 1693 年, 德国数学家莱布尼茨就使用了行列式, 1750 年, 克拉默建立了求解线性方程组的行列式基本公式.

5.3.1 二、三阶行列式

对于二元线性方程组

$$\begin{cases} a_{11}x_1 + a_{12}x_2 = b_1, \\ a_{21}x_1 + a_{22}x_2 = b_2, \end{cases} \tag{5.9}$$

易知, 当 $a_{11}a_{22}-a_{12}a_{21}\neq 0$ 时, 式 (5.9) 有唯一解

$$x_1=\frac{b_1a_{22}-b_2a_{12}}{a_{11}a_{22}-a_{12}a_{21}},\quad x_2=\frac{b_2a_{11}-b_1a_{21}}{a_{11}a_{22}-a_{12}a_{21}}.$$

如果引入二阶行列式的概念, 方程组的解可用较简单形式表达出来.

所谓二阶行列式, 是由四个数, 如 $a_{11},a_{12},a_{21},a_{22}$ 排列成含有两行两列 $\begin{vmatrix} a_{11} & a_{12}\\ a_{21} & a_{22}\end{vmatrix}$ 的式子, 它表示一个数值, 其展开式为

$$\begin{vmatrix} a_{11} & a_{12}\\ a_{21} & a_{22}\end{vmatrix}=a_{11}a_{22}-a_{12}a_{21},$$

即位于行列式的主对角线 (从左上角到右下角的连线) 上两个元 a_{11},a_{22} 的乘积减去位于次对角线 (从右上角到左下角的连线) 上两个元 a_{12},a_{21} 的乘积.

例 5.4 $\begin{vmatrix} 1 & 2\\ 3 & 4\end{vmatrix}=4-6=-2.$

有了二阶行列式的概念, 我们再来看方程组 (5.9) 的解的表达式. 令

$$D=\begin{vmatrix} a_{11} & a_{12}\\ a_{21} & a_{22}\end{vmatrix},\quad D_1=\begin{vmatrix} b_1 & a_{12}\\ b_2 & a_{22}\end{vmatrix},\quad D_2=\begin{vmatrix} a_{11} & b_1\\ a_{21} & b_2\end{vmatrix},$$

行列式 D 由方程组 (5.9) 的系数构成, 称为方程组 (5.9) 的系数行列式. 而 $D_i(i=1,2)$ 是系数行列式 D 的第 i 列由方程组 (5.9) 的常数项列代换而得. 现在, 前面关于方程组 (5.9) 的结论就转化为:

当方程组 (5.9) 的系数行列式 $D\neq 0$ 时, 方程组有唯一解: $x_i=D_i/D(i=1,2)$. 这个结论就是著名的克拉默法则.

类似地, 可以引进三阶行列式的定义

$$\begin{aligned}\begin{vmatrix} a_{11} & a_{12} & a_{13}\\ a_{21} & a_{22} & a_{23}\\ a_{31} & a_{32} & a_{33}\end{vmatrix}&=a_{11}a_{22}a_{33}+a_{21}a_{32}a_{13}+a_{31}a_{23}a_{12}-a_{13}a_{22}a_{31}-a_{12}a_{21}a_{33}-a_{11}a_{32}a_{23}\\ &=a_{11}(a_{22}a_{33}-a_{32}a_{23})+a_{12}(a_{31}a_{23}-a_{21}a_{33})+a_{13}(a_{21}a_{32}-a_{22}a_{31})\\ &=a_{11}\begin{vmatrix} a_{22} & a_{23}\\ a_{32} & a_{33}\end{vmatrix}-a_{12}\begin{vmatrix} a_{21} & a_{23}\\ a_{31} & a_{33}\end{vmatrix}+a_{13}\begin{vmatrix} a_{21} & a_{22}\\ a_{31} & a_{32}\end{vmatrix}.\end{aligned}$$

例 5.5 $\begin{vmatrix} 9 & 1 & 1\\ 1 & 2 & 5\\ 4 & 1 & 5\end{vmatrix}=90+1+20-8-5-45=53.$

或

$$\begin{vmatrix} 9 & 1 & 1 \\ 1 & 2 & 5 \\ 4 & 1 & 5 \end{vmatrix} = 9 \cdot \begin{vmatrix} 2 & 5 \\ 1 & 5 \end{vmatrix} - 1 \cdot \begin{vmatrix} 1 & 5 \\ 4 & 5 \end{vmatrix} + 1 \cdot \begin{vmatrix} 1 & 2 \\ 4 & 1 \end{vmatrix} = 9 \cdot 5 - 1 \cdot (-15) + 1 \cdot (-7) = 53.$$

对于三元线性方程组

$$\begin{cases} a_{11}x_1 + a_{12}x_2 + a_{13}x_3 = b_1, \\ a_{21}x_1 + a_{22}x_2 + a_{23}x_3 = b_2, \\ a_{31}x_1 + a_{32}x_2 + a_{33}x_3 = b_3, \end{cases} \tag{5.10}$$

同样有克拉默法则成立：当 (5.10) 的系数行列式 $D \neq 0$ 时, 方程组 (5.10) 有唯一解 $x_i = D_i/D(i = 1, 2, 3)$, 其中 D_i 是系数行列式 D 的第 i 列由方程组 (5.10) 的常数项列代换而得.

5.3.2 一般阶行列式的定义

上面我们通过二阶行列式定义了三阶行列式, 自然可以设想, 用这种思想是否可以定义一般的高阶行列式.

定义 5.1 所谓 n **阶行列式**, 是由 n^2 个数 $a_{ij}(i = 1, 2, \cdots, n; j = 1, 2, \cdots, n)$ 组成的 n 行 n 列 $\begin{vmatrix} a_{11} & a_{12} & \cdots & a_{1n} \\ a_{21} & a_{22} & \cdots & a_{2n} \\ \vdots & \vdots & & \vdots \\ a_{n1} & a_{n2} & \cdots & a_{nn} \end{vmatrix}$ 的式子, 它表示一个数值, 即

$$D = \begin{vmatrix} a_{11} & a_{12} & \cdots & a_{1n} \\ a_{21} & a_{22} & \cdots & a_{2n} \\ \vdots & \vdots & & \vdots \\ a_{n1} & a_{n2} & \cdots & a_{nn} \end{vmatrix} = a_{11}A_{11} + a_{12}A_{12} + \cdots + a_{1n}A_{1n}, \tag{5.11}$$

其中, $a_{ij}(i = 1, 2, \cdots, n; j = 1, 2, \cdots, n)$ 为行列式的第 i 行、第 j 列的元素, $A_{1j} = (-1)^{1+j}M_{1j}(j = 1, 2, \cdots, n)$, M_{1j} 为 D 中划掉第一行和第 j 列的全部元素后, 按原顺序排成的 $n-1$ 阶行列式

$$M_{1j} = \begin{vmatrix} a_{21} & \cdots & a_{2j-1} & a_{2j+1} & \cdots & a_{2n} \\ a_{31} & \cdots & a_{3j-1} & a_{3j+1} & \cdots & a_{3n} \\ \vdots & & \vdots & \vdots & & \vdots \\ a_{n1} & \cdots & a_{nj-1} & a_{nj+1} & \cdots & a_{nn} \end{vmatrix},$$

并称 M_{1j} 为元素 a_{1j} 的**余子式**, A_{1j} 为元素 a_{1j} 的**代数余子式**.

在式 (5.11) 中, $a_{11}, a_{22}, \cdots, a_{nn}$ 所在的对角线称为行列式的主对角线.

例 5.6 计算 n 阶行列式

$$D_n = \begin{vmatrix} a_1 & & & \\ & a_2 & & \\ & & \ddots & \\ & & & a_n \end{vmatrix},$$

这种行列式称为 n **阶对角形行列式**(行列式中未写元素的位置表示该元素为零).

解 根据行列式的定义

$$D_2 = \begin{vmatrix} a_1 & \\ & a_2 \end{vmatrix} = a_1 \cdot a_2,$$

$$D_3 = \begin{vmatrix} a_1 & & \\ & a_2 & \\ & & a_3 \end{vmatrix} = a_1 \cdot a_2 \cdot a_3,$$

$$D_n = \begin{vmatrix} a_1 & & & \\ & a_2 & & \\ & & \ddots & \\ & & & a_n \end{vmatrix} = a_1 \cdot \begin{vmatrix} a_2 & & & \\ & a_3 & & \\ & & \ddots & \\ & & & a_n \end{vmatrix} = \cdots = a_1 \cdot a_2 \cdots a_n.$$

因此, 对角形行列式的值为主对角线元素之积, $D_n = a_1 a_2 \cdots a_n$.

例 5.7 计算 n 阶行列式

$$D_n = \begin{vmatrix} a_{11} & & & \\ a_{21} & a_{22} & & \\ \vdots & \vdots & \ddots & \\ a_{n1} & a_{n2} & \cdots & a_{nn} \end{vmatrix},$$

这种行列式称为 (n 阶) **下三角行列式**.

解 根据行列式的定义

$$D_2 = \begin{vmatrix} a_{11} & \\ a_{21} & a_{22} \end{vmatrix} = a_{11} \cdot a_{22},$$

$$D_3 = \begin{vmatrix} a_{11} & & \\ a_{21} & a_{22} & \\ a_{31} & a_{32} & a_{33} \end{vmatrix} = a_{11} \cdot a_{22} \cdot a_{33},$$

$$D_n = \begin{vmatrix} a_{11} & & & \\ a_{21} & a_{22} & & \\ \vdots & \vdots & \ddots & \\ a_{n1} & a_{n2} & \cdots & a_{nn} \end{vmatrix} = a_{11} \begin{vmatrix} a_{22} & & & \\ a_{32} & a_{33} & & \\ \vdots & \vdots & \ddots & \\ a_{n2} & a_{n3} & \cdots & a_{nn} \end{vmatrix} = \cdots = a_{11} \cdot a_{22} \cdots a_{nn}.$$

因此, 下三角行列式的值为主对角线元素之积, $D_n = a_{11} \cdot a_{22} \cdots a_{nn}$.

例 5.8 计算行列式

$$D_n = \begin{vmatrix} & & & b_n \\ & & b_{n-1} & \\ & \cdot^{\cdot^{\cdot}} & & \\ b_1 & & & \end{vmatrix}.$$

解 根据行列式的定义

$$D_2 = \begin{vmatrix} & b_2 \\ b_1 & \end{vmatrix} = -b_1 b_2,$$

$$D_n = (-1)^{1+n} b_n \begin{vmatrix} & & & b_{n-1} \\ & & b_{n-2} & \\ & \cdot^{\cdot^{\cdot}} & & \\ b_1 & & & \end{vmatrix} = (-1)^{1+n} b_n D_{n-1} = (-1)^{n-1} b_n D_{n-1}.$$

由上述递推关系, 有

$$\begin{aligned} D_n &= (-1)^{n-1} b_n D_{n-1} = (-1)^{n-1} b_n D_{n-1} \cdot (-1)^{n-2} b_{n-1} D_{n-2} \\ &= (-1)^{n-1} \cdot (-1)^{n-2} \cdots (-1)^2 b_n \cdot b_{n-1} \cdots b_3 D_2 \\ &= (-1)^{n-1} \cdot (-1)^{n-2} \cdots (-1)^2 \cdot (-1) b_n \cdot b_{n-1} \cdots b_3 \cdot b_2 \cdot b_1 \\ &= (-1)^{(n-1)+(n-2)+\cdots+2+1} b_n \cdot b_{n-1} \cdots b_3 \cdot b_2 \cdot b_1. \end{aligned}$$

例如, 取 $n = 4, n = 5$ 可以得到

$$D_4 = b_1 b_2 b_3 b_4,$$

$$D_5 = b_1 b_2 b_3 b_4 b_5.$$

5.3.3 行列式的性质

利用行列式的定义计算高阶行列式一般比较烦琐, 下面将给出行列式的一些性质, 为行列式的计算做准备.

设

$$D=\begin{vmatrix} a_{11} & a_{12} & \cdots & a_{1n} \\ a_{21} & a_{22} & \cdots & a_{2n} \\ \vdots & \vdots & & \vdots \\ a_{n1} & a_{n2} & \cdots & a_{nn} \end{vmatrix}, \quad D^{\mathrm{T}}=\begin{vmatrix} a_{11} & a_{21} & \cdots & a_{n1} \\ a_{12} & a_{22} & \cdots & a_{n2} \\ \vdots & \vdots & & \vdots \\ a_{1n} & a_{2n} & \cdots & a_{nn} \end{vmatrix}$$

称行列式 D^{T} 为 D 的**转置行列式**. D^{T} 可以看成是 D 的元素沿着主对角线旋转 180° 所得, 也可看成是将 D 的所有行 (列) 按序写成所有列 (行) 所得 (即所谓行列互换).

性质 5.1 行列式的值与其转置行列式的值相等, 即

$$\begin{vmatrix} a_{11} & a_{12} & \cdots & a_{1n} \\ a_{21} & a_{22} & \cdots & a_{2n} \\ \vdots & \vdots & & \vdots \\ a_{n1} & a_{n2} & \cdots & a_{nn} \end{vmatrix}=\begin{vmatrix} a_{11} & a_{21} & \cdots & a_{n1} \\ a_{12} & a_{22} & \cdots & a_{n2} \\ \vdots & \vdots & & \vdots \\ a_{1n} & a_{2n} & \cdots & a_{nn} \end{vmatrix}.$$

将等式两端行列式分别记作 D 和 D^{T}, 该性质可对行列式的阶数用数学归纳法证明.

由该性质, 行列式中关于行所具有的性质, 关于列也同样具有. 因而, 下面关于行列式的性质将仅对行叙述.

例 5.9 计算 n 阶行列式

$$D=\begin{vmatrix} a_{11} & a_{12} & \cdots & a_{1n-1} & a_{1n} \\ 0 & a_{22} & \cdots & a_{2n-1} & a_{2n} \\ \vdots & \vdots & & \vdots & \vdots \\ 0 & 0 & \cdots & a_{n-1n-1} & a_{n-1n} \\ 0 & 0 & \cdots & 0 & a_{nn} \end{vmatrix}.$$

这是一个主对角线 (即左上角到右下角这条连线) 之下的元素都是 0 的行列式, 这样的行列式称为**上三角 (形) 行列式**.

解 由性质 5.1 和例 5.7 知, $D=a_{11}\cdot a_{22}\cdots a_{nn}$.

性质 5.2 对行列式 (5.11) 中的任一行按下式展开, 其值相等, 即等于行列式的值.

$$D=\begin{vmatrix} a_{11} & a_{12} & \cdots & a_{1n} \\ a_{21} & a_{22} & \cdots & a_{2n} \\ \vdots & \vdots & & \vdots \\ a_{n1} & a_{n2} & \cdots & a_{nn} \end{vmatrix}=a_{i1}A_{i1}+a_{i2}A_{i2}+\cdots+a_{in}A_{in}, \quad i=1,2,\cdots,n, \quad (5.12)$$

其中 $A_{ij}=(-1)^{i+j}M_{ij}$, M_{ij} 为 D 中划掉第 i 行和第 j 列的全部元素后, 按原顺序排成的 $n-1$ 阶行列式, 即

$$M_{ij}=\begin{vmatrix} a_{11} & \cdots & a_{1j-1} & a_{1j+1} & \cdots & a_{1n} \\ \vdots & & \vdots & \vdots & & \vdots \\ a_{i-11} & \cdots & a_{i-1j-1} & a_{i-1j+1} & \cdots & a_{i-1n} \\ a_{i+11} & \cdots & a_{i+1j-1} & a_{i+1j+1} & \cdots & a_{i+1n} \\ \vdots & & \vdots & \vdots & & \vdots \\ a_{n1} & \cdots & a_{nj-1} & a_{nj+1} & \cdots & a_{nn} \end{vmatrix},$$

并称 M_{ij} 为元素 a_{ij} 的**余子式**, A_{ij} 为元素 a_{ij} 的**代数余子式**.

该性质可以对行列式的阶数用数学归纳法证明.

例 5.10 在行列式 $D=\begin{vmatrix} 0 & 2 & 0 & 3 \\ 1 & -1 & 2 & 0 \\ 0 & 2 & 0 & 0 \\ 3 & 0 & 5 & 9 \end{vmatrix}$ 中, 位置 (1, 2), (1, 4) 及 (3, 2) 的余子式分别为 $M_{12}=\begin{vmatrix} 1 & 2 & 0 \\ 0 & 0 & 0 \\ 3 & 5 & 9 \end{vmatrix}$, $M_{14}=\begin{vmatrix} 1 & -1 & 2 \\ 0 & 2 & 0 \\ 3 & 0 & 5 \end{vmatrix}$, $M_{32}=\begin{vmatrix} 0 & 0 & 3 \\ 1 & 2 & 0 \\ 3 & 5 & 9 \end{vmatrix}$, 而相应的代数余子式分别为

$$A_{12}=(-1)^{1+2}M_{12}=-\begin{vmatrix} 1 & 2 & 0 \\ 0 & 0 & 0 \\ 3 & 5 & 9 \end{vmatrix},$$

$$A_{14}=(-1)^{1+4}M_{14}=-\begin{vmatrix} 1 & -1 & 2 \\ 0 & 2 & 0 \\ 3 & 0 & 5 \end{vmatrix},$$

$$A_{32}=(-1)^{3+2}M_{32}=-\begin{vmatrix} 0 & 0 & 3 \\ 1 & 2 & 0 \\ 3 & 5 & 9 \end{vmatrix}.$$

由性质 5.2 可得

$$D=\begin{vmatrix} 0 & 2 & 0 & 3 \\ 1 & -1 & 2 & 0 \\ 0 & 2 & 0 & 0 \\ 3 & 0 & 5 & 9 \end{vmatrix}=2A_{12}+3A_{14}=2A_{32}.$$

性质 5.3 行列式可以按行提取公因子, 即

$$\begin{vmatrix} a_{11} & a_{12} & \cdots & a_{1n} \\ \vdots & \vdots & & \vdots \\ ka_{i1} & ka_{i2} & \cdots & ka_{in} \\ \vdots & \vdots & & \vdots \\ a_{n1} & a_{n2} & \cdots & a_{nn} \end{vmatrix} = k \begin{vmatrix} a_{11} & a_{12} & \cdots & a_{1n} \\ \vdots & \vdots & & \vdots \\ a_{i1} & a_{i2} & \cdots & a_{in} \\ \vdots & \vdots & & \vdots \\ a_{n1} & a_{n2} & \cdots & a_{nn} \end{vmatrix}. \tag{5.13}$$

利用性质 5.2, 把式 (5.13) 中等号两端的行列式按第 i 行展开, 左边提出 k 即得.

推论 5.1 行列式中某一行元素全为零时, 值为零.

性质 5.4 拆行相加性, 即

$$\begin{aligned} &(\text{第 } i \text{ 行}) \begin{vmatrix} a_{11} & a_{12} & \cdots & a_{1n} \\ \vdots & \vdots & & \vdots \\ b_1+c_1 & b_2+c_2 & \cdots & b_n+c_n \\ \vdots & \vdots & & \vdots \\ a_{n1} & a_{n2} & \cdots & a_{nn} \end{vmatrix} \\ &= \begin{vmatrix} a_{11} & a_{12} & \cdots & a_{1n} \\ \vdots & \vdots & & \vdots \\ b_1 & b_2 & \cdots & b_n \\ \vdots & \vdots & & \vdots \\ a_{n1} & a_{n2} & \cdots & a_{nn} \end{vmatrix} + \begin{vmatrix} a_{11} & a_{12} & \cdots & a_{1n} \\ \vdots & \vdots & & \vdots \\ c_1 & c_2 & \cdots & c_n \\ \vdots & \vdots & & \vdots \\ a_{n1} & a_{n2} & \cdots & a_{nn} \end{vmatrix} (\text{第 } i \text{ 行}), \end{aligned} \tag{5.14}$$

其中 $1 \leqslant i \leqslant n$.

利用性质 5.2, 把式 (5.14) 中等号两端的行列式都按第 i 行展开, 整理即得证明.

性质 5.5 行列式两行相同值为零, 即

$$D = \begin{vmatrix} a_{11} & a_{12} & \cdots & a_{1n} \\ \vdots & \vdots & & \vdots \\ a_{k1} & a_{k2} & \cdots & a_{kn} \\ \vdots & \vdots & & \vdots \\ a_{l1} & a_{l2} & \cdots & a_{ln} \\ \vdots & \vdots & & \vdots \\ a_{n1} & a_{n2} & \cdots & a_{nn} \end{vmatrix} = 0 \quad (1 \leqslant k < l \leqslant n), \tag{5.15}$$

其中 $a_{ki} = a_{li} (i = 1, 2, \cdots, n)$.

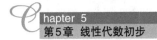

利用数学归纳法可以证明.

推论 5.2 行列式两行成比例值为零, 即

$$D=\begin{vmatrix} a_{11} & a_{12} & \cdots & a_{1n} \\ \vdots & \vdots & & \vdots \\ a_{i1} & a_{i2} & \cdots & a_{in} \\ \vdots & \vdots & & \vdots \\ ka_{i1} & ka_{i2} & \cdots & ka_{in} \\ \vdots & \vdots & & \vdots \\ a_{n1} & a_{n2} & \cdots & a_{nn} \end{vmatrix}\begin{matrix} \\ \\ \leftarrow 第\ i\ 行 \\ \\ \leftarrow 第\ j\ 行 \\ \\ \\ \end{matrix}$$

$$=0 \quad (1 \leqslant i < j \leqslant n).$$

利用性质 5.3 和性质 5.5 即得.

推论 5.3 设行列式 $D=|a_{ij}|_n$, 则

$$\sum_{k=1}^{n} a_{ik}A_{jk}=a_{i1}A_{j1}+a_{i2}A_{j2}+\cdots+a_{in}A_{jn}=D\cdot\delta_{ij},$$

其中 $\delta_{ij}=\begin{cases} 1, & 当\ i=j\ 时, \\ 0, & 当\ i\neq j\ 时 \end{cases}$ 称为克罗内克符号.

应用性质 5.2 和性质 5.5 即可证明.

推论 5.3 说明了行列式某一行的元素与另一行的代数余子式对应乘积之和为零.

以上对行的结果可自然地对列描述如下:

推论 5.4 设 $D=|a_{ij}|_n$, 则

$$\sum_{k=1}^{n} a_{ki}A_{kj}=a_{1i}A_{1j}+a_{2i}A_{2j}+\cdots+a_{ni}A_{nj}=D\cdot\delta_{ij}.$$

性质 5.6 行列式某行的倍数加到另一行值不变, 即

$$\begin{vmatrix} a_{11} & a_{12} & \cdots & a_{1n} \\ \vdots & \vdots & & \vdots \\ a_{i1} & a_{i2} & \cdots & a_{in} \\ \vdots & \vdots & & \vdots \\ a_{j1} & a_{j2} & \cdots & a_{jn} \\ \vdots & \vdots & & \vdots \\ a_{n1} & a_{n2} & \cdots & a_{nn} \end{vmatrix}=\begin{vmatrix} a_{11} & a_{12} & \cdots & a_{1n} \\ \vdots & \vdots & & \vdots \\ a_{i1} & a_{i2} & \cdots & a_{in} \\ \vdots & \vdots & & \vdots \\ ka_{i1}+a_{j1} & ka_{i2}+a_{j2} & \cdots & ka_{in}+a_{jn} \\ \vdots & \vdots & & \vdots \\ a_{n1} & a_{n2} & \cdots & a_{nn} \end{vmatrix} \quad (i\neq j).$$

利用性质 5.3 和性质 5.5 即可证明.

性质 5.7 行列式两行互换值反号, 即

$$\begin{vmatrix} a_{11} & a_{12} & \cdots & a_{1n} \\ \vdots & \vdots & & \vdots \\ a_{i1} & a_{i2} & \cdots & a_{in} \\ \vdots & \vdots & & \vdots \\ a_{j1} & a_{j2} & \cdots & a_{jn} \\ \cdots & \cdots & \cdots & \cdots \\ a_{n1} & a_{n2} & \cdots & a_{nn} \end{vmatrix} = -\begin{vmatrix} a_{11} & a_{12} & \cdots & a_{1n} \\ \vdots & \vdots & & \vdots \\ a_{j1} & a_{j2} & \cdots & a_{jn} \\ \vdots & \vdots & & \vdots \\ a_{i1} & a_{i2} & \cdots & a_{in} \\ \vdots & \vdots & & \vdots \\ a_{n1} & a_{n2} & \cdots & a_{nn} \end{vmatrix} \quad (i \neq j).$$

应用性质 5.6 可得证.

以上介绍了行列式的七个基本性质, 它们对于计算、分析行列式是很有帮助的. 在具体求解行列式问题时, 根据行列式的不同特点需要灵活运用行列式的性质, 采取不同的方法.

5.3.4 行列式的计算

例 5.11 计算 4 阶行列式

$$D_4 = \begin{vmatrix} 2 & -5 & 1 & 2 \\ -3 & 7 & -1 & 4 \\ 5 & -9 & 2 & 7 \\ 4 & -6 & 1 & 2 \end{vmatrix}.$$

解 先将 1, 3 两列对换, 得

$$D_4 = -\begin{vmatrix} 1 & -5 & 2 & 2 \\ -1 & 7 & -3 & 4 \\ 2 & -9 & 5 & 7 \\ 1 & -6 & 4 & 2 \end{vmatrix} \xlongequal[r_3-2r_1]{\substack{r_4-r_1 \\ r_2+r_1}} -\begin{vmatrix} 1 & -5 & 2 & 2 \\ 0 & 2 & -1 & 6 \\ 0 & 1 & 1 & 3 \\ 0 & -1 & 2 & 0 \end{vmatrix}$$

$$\xlongequal{r_2 \leftrightarrow r_3} \begin{vmatrix} 1 & -5 & 2 & 2 \\ 0 & 1 & 1 & 3 \\ 0 & 2 & -1 & 6 \\ 0 & -1 & 2 & 0 \end{vmatrix} \xlongequal[r_4+r_2]{r_3-2r_2} \begin{vmatrix} 1 & -5 & 2 & 2 \\ 0 & 1 & 1 & 3 \\ 0 & 0 & -3 & 0 \\ 0 & 0 & 3 & 3 \end{vmatrix}$$

$$\xlongequal{r_4+r_3} \begin{vmatrix} 1 & -5 & 2 & 2 \\ 0 & 1 & 1 & 3 \\ 0 & 0 & -3 & 0 \\ 0 & 0 & 0 & 3 \end{vmatrix} = -9.$$

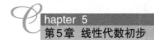

例 5.12 计算 n 阶行列式

$$D=\begin{vmatrix} a & b & \cdots & b \\ b & a & \cdots & b \\ \vdots & \vdots & & \vdots \\ b & b & \cdots & a \end{vmatrix}_n .$$

解 该行列式的特点是：主对角线上的元素都相等，主对角线之外的元素也都相等. 从第 2 列起，将每列加到第 1 列 (性质 5.6)，然后再将第 1 行的 (-1) 倍加到其他各行 (性质 5.6)，有

$$D=\begin{vmatrix} a+(n-1)b & b & \cdots & b \\ a+(n-1)b & a & \cdots & b \\ \vdots & \vdots & & \vdots \\ a+(n-1)b & b & \cdots & a \end{vmatrix}_n = \begin{vmatrix} a+(n-1)b & b & \cdots & b \\ 0 & a-b & \cdots & 0 \\ \vdots & \vdots & & \vdots \\ 0 & 0 & \cdots & a-b \end{vmatrix}_n .$$

上式第二个行列式是上三角形的，因此

$$D=[a+(n-1)b](a-b)^{n-1}.$$

例 5.13 计算 n 阶行列式

$$D_n=\begin{vmatrix} 2 & 1 & & & \\ 1 & 2 & 1 & & \\ & 1 & \ddots & \ddots & \\ & & \ddots & 2 & 1 \\ & & & 1 & 2 \end{vmatrix}_n .$$

解 该行列式主对角线上的元素全为 2，沿主对角线上、下两条斜线上的元素全是 1，其余位置上的元素都是 0. 将 D_n 按第 1 行展开，有

$$D_n=2\cdot M_{11}-1\cdot M_{12}.$$

注意到 $M_{11}=D_{n-1}$，如果再将 M_{12} 按第 1 列展开后立即有 $M_{12}=D_{n-2}$. 于是我们得到了一个递推公式

$$D_n=2D_{n-1}-D_{n-2}.$$

现在，转而考虑数列 $\{D_n\}$. 由 $D_n-D_{n-1}=D_{n-1}-D_{n-2}$，该数列是一个等差数列，公差是 $D_2-D_1=3-2=1$，首项为 $D_1=2$，从而第 n 项 $D_n=n+1$. 该题的求解过程是有趣的，它将行列式的计算划归为了简单的数列项的计算.

5.3.5 克拉默法则

本小节将给出 n 个未知数, n 个方程的克拉默法则.

设 n 元线性方程组为

$$\begin{cases} a_{11}x_1+a_{12}x_2+\cdots+a_{1n}x_n=b_1, \\ a_{21}x_1+a_{22}x_2+\cdots+a_{2n}x_n=b_2, \\ \qquad\cdots\cdots \\ a_{n1}x_1+a_{n2}x_2+\cdots+a_{nn}x_n=b_n, \end{cases} \tag{5.16}$$

其系数行列式为

$$D=\begin{vmatrix} a_{11} & a_{12} & \cdots & a_{1n} \\ a_{21} & a_{22} & \cdots & a_{2n} \\ \vdots & \vdots & & \vdots \\ a_{n1} & a_{n2} & \cdots & a_{nn} \end{vmatrix}.$$

若将系数行列式 D 中的第 i 列去掉换成方程组的常数项列 $b_1,b_2,\cdots,b_n$, 就得到了一个新的行列式, 记为 D_i. 显然有

$$D_1=\begin{vmatrix} b_1 & a_{12} & \cdots & a_{1n} \\ b_2 & a_{22} & \cdots & a_{2n} \\ \vdots & \vdots & & \vdots \\ b_n & a_{n2} & \cdots & a_{nn} \end{vmatrix},\quad D_2=\begin{vmatrix} a_{11} & b_1 & \cdots & a_{1n} \\ a_{21} & b_2 & \cdots & a_{2n} \\ \vdots & \vdots & & \vdots \\ a_{n1} & b_n & \cdots & a_{nn} \end{vmatrix},\quad\cdots,$$

$$D_n=\begin{vmatrix} a_{11} & a_{12} & \cdots & b_1 \\ a_{21} & a_{22} & \cdots & b_2 \\ \vdots & \vdots & & \vdots \\ a_{n1} & a_{n2} & \cdots & b_n \end{vmatrix}.$$

定理 5.1 (克拉默法则) 若线性方程组 (5.16) 的系数行列式 $D\neq 0$, 则该方程组有唯一解

$$x_i=\frac{D_i}{D}\quad(i=1,2,\cdots,n).$$

此定理说明了方程组解的存在性和唯一性. 部分回答了方程组的基本问题.

推论 5.5 若 (5.16) 所对应的齐次线性方程组的系数行列式不为零时, 方程组只有零解.

例 5.14 解线性方程组

$$\begin{cases} x_1+2x_2-x_3=1, \\ 2x_1+x_2+3x_3=-2, \\ x_1-2x_2-x_3=0. \end{cases}$$

解 该方程组的系数行列式 D 以及 D_1, D_2 和 D_3 分别为

$$D=\begin{vmatrix} 1 & 2 & -1 \\ 2 & 1 & 3 \\ 1 & -2 & -1 \end{vmatrix}=20,\quad D_1=\begin{vmatrix} 1 & 2 & -1 \\ -2 & 1 & 3 \\ 0 & -2 & -1 \end{vmatrix}=-3,$$

$$D_2=\begin{vmatrix} 1 & 1 & -1 \\ 2 & -2 & 3 \\ 1 & 0 & -1 \end{vmatrix}=5,\quad D_3=\begin{vmatrix} 1 & 2 & 1 \\ 2 & 1 & -2 \\ 1 & -2 & 0 \end{vmatrix}=-13.$$

由于 $D\neq 0$, 故方程组有唯一解

$$x_1=\frac{D_1}{D}=-\frac{3}{20},\quad x_2=\frac{D_2}{D}=\frac{5}{20}=\frac{1}{4},\quad x_3=\frac{D_3}{D}=-\frac{13}{20}.$$

5.4 线性代数模型

5.4.1 食谱营养模型

食谱中往往要加入多种食品, 而每种食品供应了人体所需的各种成分, 但各种成分的比例各不相同. 例如, 脱脂牛奶是蛋白质的主要来源, 但包含过多的钙, 而大豆粉用来作为蛋白质的来源, 它包含较少量的钙. 然而, 大豆粉包含过多的脂肪, 因而加上乳清, 因它含脂肪较少. 然而乳清又含有过多的碳水化合物 ……

下例说明这个问题小规模的情形. 表 5.1 是 3 种食物的食谱以及 100g 每种食物成分含有某些营养素的数量.

表 5.1 3 种食物成分含量 (单位: g)

营养素	100g 成分所含营养素			食谱供应量
	脱脂牛奶	大豆粉	乳清	
蛋白质	36	51	13	33
碳水化合物	52	34	74	45
脂肪	0	7	1.1	3

例 5.15 求出脱脂牛奶、大豆粉和乳清的某种组合, 使该食谱每天能供给表 5.1 中规定的蛋白质、碳水化合物和脂肪的含量.

解 设 x_1, x_2 和 x_3 分别表示这些食物的数量 (以 100g 为单位). 导出方程的一种方法是对每种营养素分别列出方程. 例如, 乘积

$$\{x_1 \text{ 单位的脱脂牛奶}\}\,\{\text{每单位脱脂牛奶所含蛋白质}\}$$

给出了 x_1 单位脱脂牛奶供给的蛋白质. 类似地加上大豆粉和乳清所含蛋白质, 就应该等于所需的蛋白质. 类似的计算对每种成分都可进行.

更有效的方法是考虑每种食物的“营养素向量”而建立向量方程.x_1 单位的脱脂牛奶供给的营养素是下列标量乘法:

$$\{x_1\text{ 单位的脱脂牛奶}\}\ \{\text{每单位脱脂牛奶所含蛋白质}\}=x_1a_1, \tag{5.17}$$

其中, a_1 是表 5.1 的第一列, 设 a_2 和 a_3 分别为大豆粉和乳清的对应向量, b 为所需要的营养素总量的向量 (表中最后一列). 则 x_2a_2 和 x_3a_3 分别给出由 x_2 单位大豆粉和 x_3 单位乳清给出的营养素, 所以所需的方程为

$$x_1a_1 + x_2a_2 + x_3a_3 = b. \tag{5.18}$$

把对应的方程组的增广矩阵行变换得

$$\begin{bmatrix} 36 & 51 & 13 & 33 \\ 52 & 34 & 74 & 45 \\ 0 & 7 & 1.1 & 3 \end{bmatrix} \sim \cdots \sim \begin{bmatrix} 1 & 0 & 0 & 0.277 \\ 0 & 1 & 0 & 0.392 \\ 0 & 0 & 1 & 0.233 \end{bmatrix}$$

精确到 3 位小数, 该食谱需要 0.277 单位脱脂牛奶、0.392 单位大豆粉、0.233 单位乳清, 这样就可供给所需要的蛋白质、碳水化合物和脂肪.

重要的是, 求出的 x_1,x_2 和 x_3 的值是非负的, 这使求出的解有实际意义 (你如何用 -0.233 单位乳清?). 由于对许多营养素都有要求, 可能使用多种食物, 以得到有“非负解”的方程组.

由食谱构造问题产生线性方程 (5.18), 因为由食物供给的营养素可写成一个向量的数量倍, 如式 (5.17) 所示, 即某种食物供给的营养素与加入到食谱中的此种食物的数量成比例, 同时, 混合物中的营养素是各种食物中营养素之和.

5.4.2 差分方程

在生态学、经济学和工程技术等领域中, 需要研究随时间变化的动力系统, 这种系统通常在离散的时刻测量, 得到一个向量序列 $x_0, x_1, x_2, \cdots$, 向量 x_k 的各个元素给出该系统在第 k 次测量中的状态的信息.

如果有矩阵 $\boldsymbol{A}$ 使 $\boldsymbol{x}_1 = \boldsymbol{A}\boldsymbol{x}_0$, $\boldsymbol{x}_2 = \boldsymbol{A}\boldsymbol{x}_1$, 一般地,

$$\boldsymbol{x}_{k+1} = \boldsymbol{A}\boldsymbol{x}_k, \quad k = 0, 1, 2, \cdots \tag{5.19}$$

则式 (5.19) 称为**线性差分方程** (或**递归关系**). 给定这样一种关系, 就可以由已知的 x_0 计算 x_1,x_2 等. 下面讨论说明导致差分方程问题产生的原因.

地理学家对人口的迁移很有兴趣. 这里仅考虑人口在某一城市和郊区的人口数. 令 x_0 表示人口向量

$$\boldsymbol{x}_0 = \begin{bmatrix} r_0 \\ s_0 \end{bmatrix},$$

对 2001 年与以后各年, 把人口向量表示为

$$\boldsymbol{x}_1=\begin{bmatrix} r_1 \\ s_1 \end{bmatrix},\quad \boldsymbol{x}_2=\begin{bmatrix} r_2 \\ s_2 \end{bmatrix},\quad \boldsymbol{x}_3=\begin{bmatrix} r_3 \\ s_3 \end{bmatrix},\cdots$$

我们的目的是在数学上表示出它们的关系.

设每年约有 5%的城市人口移居郊区 (其他 95%留在城市), 而 3%的郊区人口移居城市 (其他 97%留在郊区). 一年后, 原来城市中的人口 r_0 在城市和郊区的分布为

$$\begin{bmatrix} 0.95r_0 \\ 0.05r_0 \end{bmatrix}=r_0\begin{bmatrix} 0.95 \\ 0.05 \end{bmatrix}\text{(参考 6.1.1 节)}, \tag{5.20}$$

郊区 2000 年的人口 s_0 一年后的分配为

$$s_0\begin{bmatrix} 0.03 \\ 0.97 \end{bmatrix}, \tag{5.21}$$

向量 (5.20) 和 (5.21) 组成 2001 年的全部人口, 因为

$$\begin{bmatrix} r_1 \\ s_1 \end{bmatrix}=r_0\begin{bmatrix} 0.95 \\ 0.05 \end{bmatrix}+s_0\begin{bmatrix} 0.03 \\ 0.97 \end{bmatrix}=\begin{bmatrix} 0.95 & 0.03 \\ 0.05 & 0.97 \end{bmatrix}\begin{bmatrix} r_0 \\ s_0 \end{bmatrix}\text{(参考 6.1.2 节)},$$

即

$$\boldsymbol{x}_1=\boldsymbol{M}\boldsymbol{x}_0, \tag{5.22}$$

其中 $\boldsymbol{M}$ 是移民矩阵, 由

$$\begin{bmatrix} 0.95 & 0.03 \\ 0.05 & 0.97 \end{bmatrix}$$

确定.

方程 (5.22) 表示人口由 2000 年到 2001 年的变化. 若移民比例保持常数, 则由 2000 年到 2001 年的改变为

$$\boldsymbol{x}_2=\boldsymbol{M}\boldsymbol{x}_1,$$

由 2002 年到 2003 年以及以后的各年的变化都是类似的. 一般地

$$\boldsymbol{x}_{k+1}=\boldsymbol{M}\boldsymbol{x}_k,\quad k=0,1,2,\cdots \tag{5.23}$$

向量序列 $\{\boldsymbol{x}_0,\boldsymbol{x}_1,\boldsymbol{x}_2,\cdots\}$ 描述了若干年中城市、郊区人口变化的状况.

例 5.16 设 2000 年城市人口为 600000, 郊区人口为 400000, 求上述区域 2001 年到 2002 年的人口.

解 2000 年的人口为 $\boldsymbol{x}_0=\begin{bmatrix} 600000 \\ 400000 \end{bmatrix}$, 对 2001 年,

$$\boldsymbol{x}_1=\begin{bmatrix} 0.95 & 0.03 \\ 0.05 & 0.97 \end{bmatrix}\begin{bmatrix} 600000 \\ 400000 \end{bmatrix}=\begin{bmatrix} 582000 \\ 418000 \end{bmatrix};$$

对 2002 年,

$$x_2 = \begin{bmatrix} 0.95 & 0.03 \\ 0.05 & 0.97 \end{bmatrix} \begin{bmatrix} 582000 \\ 418000 \end{bmatrix} = \begin{bmatrix} 565440 \\ 434560 \end{bmatrix}.$$

式 (5.23) 的人口迁移模型是线性的, 因为对应 $x_k \to x_{k+1}$ 是线性变换. 这依赖于两个事实: 从一个地区迁往另一个地区的人口与该地区原有的人口成正比, 如 (5.21) 和 (5.22) 所示, 而这些人口迁移选择的累积效果是不同区域的人口迁移的叠加.

数学重要历史人物 —— 高斯

一、人物简介

卡尔·弗里德里希·高斯 (Johann Carl Friedrich Gauss, 1777~1855), 1777 年 4 月 30 日生于德国不伦瑞克, 1855 年 2 月 23 日卒于德国哥廷根, 是德国著名数学家、物理学家、天文学家、大地测量学家. 他有 "数学王子" 的美誉, 并被誉为历史上伟大的数学家之一, 与阿基米德、牛顿同享盛名.

高斯出生于一个工匠家庭, 幼时家境贫困, 但聪敏异常, 受一贵族资助才进学校受教育. 1795~1798 年在哥廷根大学学习, 1798 年转入黑尔姆施泰特大学, 翌年因证明代数基本定理获博士学位. 从 1807 年起担任哥廷根大学教授兼哥廷根天文台台长直至逝世.

高斯的成就遍及数学的各个领域, 在数论、非欧几里得几何、微分几何、超几何级数、复变函数论以及椭圆函数论等方面均有开创性贡献. 他十分注重数学的应用, 并且在对天文学、大地测量学和磁学的研究中也偏重于用数学方法进行研究.

1792 年, 15 岁的高斯进入 Braunschweig 学院. 在那里, 高斯开始对高等数学作研究. 独立发现了二项式定理的一般形式、数论上的 "二次互反律"、"质数分布定理" 及 "算术几何平均".

1795 年高斯进入哥廷根大学. 1796 年, 19 岁的高斯得到了一个数学史上极重要的结果, 就是《正十七边形尺规作图之理论与方法》. 5 年以后, 高斯又证明了形如 "Fermat 素数" 边数的正多边形可以由尺规作出.

1855 年 2 月 23 日清晨, 高斯在哥廷根于睡梦中去世.

二、生平事迹

年少时期, 高斯是一对普通夫妇的儿子. 他的母亲是一个贫穷石匠的女儿, 虽然十分聪明, 但却没有接受过教育, 近似于文盲. 在她成为高斯父亲的第二个妻子之前, 她从事女佣工作. 他的父亲曾做过园丁、工头、商人的助手和一个小保险公司的评估师. 当高斯三岁时便能够纠正他父亲的借债账目中的错误, 已经成为一个轶事流传至今. 他曾说, 他在麦仙翁堆上学会计算. 能够在头脑中进行复杂的计算, 是上帝赐予他一生的天赋.

高斯用很短的时间计算出了小学老师布置的任务: 对自然数从 1 到 100 的求和. 他所使用的方法是: 对 50 对构造成和为 101 的数列求和为 $(1+100, 2+99, 3+98, \cdots)$, 同时得到结果 5050. 这一年, 高斯 9 岁. 但是据更为精细的数学史书记载, 高斯所解的并不止 1 加到 100 那么简单, 而是 $81297+81495+\cdots+100899$(公差 198, 项数 100) 的一个等差数列.

当高斯 12 岁时, 已经开始怀疑元素几何学中的基础证明. 当他 16 岁时, 预测在欧氏几何之外必然会产生一门完全不同的几何学. 他导出了二项式定理的一般形式, 将其成功地运用在无穷级数, 并发展了数学分析的理论.

青年时期, 高斯的老师 Bruettner 与他助手 Martin Bartels 很早就认识到了高斯在数学上异乎寻常的天赋, 同时 Herzog Carl Wilhelm Ferdinand von Braunsohweig 也对这个天才儿童留下了深刻印象. 于是他们从高斯 14 岁起, 便资助其学习与生活. 这也使高斯能够于 1792~1795 年在 Carolinum 学院 (今天 Braunschweig 学院的前身) 学习. 18 岁时, 高斯转入哥廷根大学学习. 在他 19 岁时, 第一个成功地用尺规构造出了规则的十七角形.

成年时期, 1807 年高斯成为哥廷根大学的教授和当地天文台的台长. 虽然高斯作为一个数学家而闻名于世, 但这并不意味着他热爱教书. 尽管如此, 他越来越多的学生成为有影响的数学家, 如后来闻名于世的 Richard Dedekind 和黎曼, 黎曼创立了黎曼几何学.

三、历史贡献

1. 高斯分布

通过对足够多的测量数据的处理后, 可以得到一个新的、概率性质的测量结果, 从而, 18 岁的高斯发现了质数分布定理和最小二乘法. 同时, 高斯专注于曲面与曲线的计算, 并成功得到高斯钟形曲线, 其函数被命名为标准正态分布 (或高斯分布), 并在概率计算中大量使用.

在高斯 19 岁时, 仅用没有刻度的尺子与圆规构造出了正 17 边形. 并为流传了 2000 年的欧氏几何提供了自古希腊时代以来的第一次重要补充.

2. 三角形全等定理

高斯在计算的谷神星轨迹时总结了复数的应用, 并且严格证明了每一个 n 阶的代数方程必有 n 个复数解. 在他的著作《数论》中, 作出了二次互反律的证明, 成为数论继续发展的重要基础. 在这部著作的第一章, 导出了三角形全等定理的概念.

3. 天体运动论

高斯在他的建立在最小二乘法基础上的测量平差理论的帮助下, 结算出天体的运行轨迹, 发现了谷神星的运行轨迹. 奥地利天文学家 Heinrich Olbers 在高斯计算出的轨道上成功发现了这颗小行星. 从此高斯名扬天下. 高斯将这种方法著述在著作《天体运动论》中.

4. 地理测量

高斯设计的汉诺威大地测量的三角网为了获知任意一年中复活节的日期, 高斯推导了复活节日期的计算公式.

高斯亲自参加野外测量工作. 他白天观测, 夜晚计算. 五六年间, 经他亲自计算过的大地测量数据, 推导了由椭圆面向圆球面投影的公式, 并作出了详细证明, 这套理论在今天仍有应用价值.

高斯试图在汉诺威公国的大地测量中通过测量 Harz 的 Brocken—Thuringer Wald 的 Inselsberg— 哥廷根的 Hohen Hagen 三个山头所构成的三角形的内角和, 以验证非欧氏几何的正确性, 但未成功. 1840 年, 罗巴切夫斯基又用德文写了《平行线理论的几何研究》一文. 这篇论文发表后, 引起了高斯的注意, 最终高斯成为和微分几何的始祖 (高斯、雅诺斯、罗巴切夫斯基) 中最重要的一人.

5. 日光反射仪

出于对实际应用的兴趣, 高斯发明了日光反射仪. 日光反射仪可以将光束反射至大约 450km 外的地方. 高斯后来不止一次地为原先的设计作出改进, 试制成功了后来被广泛应用于大地测量的镜式六分仪.

6. 磁强计

19 世纪 30 年代, 高斯发明了磁强计, 辞去了天文台的工作, 而转向物理研究. 他与韦伯 (1804~1891) 在电磁学的领域共同工作. 他比韦伯年长 27 岁, 以亦师亦友的身份进行合作. 1833 年, 通过受电磁影响的罗盘指针, 他向韦伯发送了电报. 这不仅仅是从韦伯的实验室与天文台之间的第一个电话电报系统, 也是世界首创. 尽管线路长才 8km. 1840 年他和韦伯画出了世界第一张地球磁场图, 而且定出了地球磁南极和磁北极的位置, 并于次年得到美国科学家的证实.

习 题 5

1. 解下列方程组:

(1) $\begin{cases} x_2 + 4x_3 = -5, \\ x_1 + 3x_2 + 5x_3 = -2, \\ 3x_1 + 7x_2 + 7x_3 = 6; \end{cases}$　　(2) $\begin{cases} x_1 - 3x_2 + 4x_3 = -4, \\ 3x_1 - 7x_2 + 7x_3 = -8, \\ -4x_1 + 6x_2 - x_3 = 7; \end{cases}$

(3) $\begin{cases} x_1 - 3x_3 = 8, \\ 2x_1 + 2x_2 + 9x_3 = 7, \\ x_2 + 5x_3 = -2; \end{cases}$ (4) $\begin{cases} x_1 - 3x_2 = 5, \\ -x_1 + x_2 + 5x_3 = 2, \\ x_2 + x_3 = 0. \end{cases}$

2. 计算下列行列式:

(1) $\begin{vmatrix} 1 & 2 & 3 \\ 2 & 3 & 1 \\ 3 & 1 & 2 \end{vmatrix}$; (2) $\begin{vmatrix} 0 & x & y \\ -x & 0 & z \\ -y & -z & 0 \end{vmatrix}$;

(3) $\begin{vmatrix} 1 & 5 & -6 \\ -1 & -4 & 4 \\ -2 & -7 & 9 \end{vmatrix}$; (4) $\begin{vmatrix} 1 & 5 & -3 \\ 3 & -3 & 3 \\ 2 & 13 & 7 \end{vmatrix}$;

(5) $\begin{vmatrix} 1 & 3 & 0 & 2 \\ -2 & -5 & 7 & 4 \\ 3 & 5 & 2 & 1 \\ 1 & -1 & 2 & -3 \end{vmatrix}$; (6) $\begin{vmatrix} 1 & 3 & 3 & -4 \\ 0 & 1 & 2 & -5 \\ 2 & 5 & 4 & -3 \\ -3 & -7 & -5 & 2 \end{vmatrix}$;

(7) $\begin{vmatrix} 1 & 3 & -1 & 0 & -2 \\ 0 & 2 & -4 & -1 & -6 \\ -2 & -6 & 2 & 3 & 9 \\ 3 & 7 & -3 & 8 & -7 \\ 3 & 5 & 5 & 2 & 7 \end{vmatrix}$.

3. 利用克拉默法则求解下列方程组:

(1) $\begin{cases} 5x + 7y = 3, \\ 2x + 4y = 1; \end{cases}$ (2) $\begin{cases} 4x + y = 6, \\ 5x + 2y = 7; \end{cases}$

(3) $\begin{cases} 3x - 2y = 7, \\ -5x + 6y = -7; \end{cases}$ (4) $\begin{cases} -5x + 3y = 9, \\ 3x - y = -5; \end{cases}$

(5) $\begin{cases} 2x_1 + x_2 = 7, \\ -3x_1 + x_3 = -8, \\ x_2 + 2x_3 = -3; \end{cases}$ (6) $\begin{cases} 2x_1 + x_2 + x_3 = 4, \\ -x_1 + 2x_3 = 2, \\ 3x_1 + x_2 + 3x_3 = -2. \end{cases}$

4. 假设在一个大城市中的总人口是固定的, 人口的分布则因居民在市区和郊区之间的迁徙而变化. 每年有 6%的市区居民搬到郊区去住, 而有 2%的郊区居民搬到市区. 若开始时有 30%的居民住在市区, 70%的居民住在郊区, 问十年后市区和郊区的居民人口比例是多少? 30 年或 50 年之后又如何?

5. 某工厂有两个生产部门 P_1, P_2 和三个管理部门 M_1, M_2, M_3. 每个管理部门的总费用要分摊给生产部门及其他管理部门, 分摊份额根据管理服务量按比例确定, 有下表所示的数据 (最后一列为各管理部门自身费用):

管理部门	$M_1/\%$	$M_2/\%$	$M_3/\%$	$P_1/\%$	$P_2/\%$	自身费用/元
M_1	0	0.10	0.05	0.40	0.45	40000
M_2	0.10	0	0.10	0.40	0.40	30000
M_3	0.20	0.05	0	0.35	0.40	20000

试求：(1) 各管理部门总费用应满足的方程组;

(2) 各管理部门的总费用;

(3) 各生产部门所负担各管理部门总费用的数额.

6. 某公司生产两种产品, 每美元价值的产品 B, 公司需耗费 0.45 美元材料、0.25 美元劳动、0.15 美元管理费用; 对每美元价值的产品 C, 公司需耗费 0.40 美元材料、0.30 美元劳动、0.15 美元管理费用, 设

$$\boldsymbol{b}=\begin{bmatrix}0.45\\0.25\\0.15\end{bmatrix},\quad \boldsymbol{c}=\begin{bmatrix}0.40\\0.30\\0.15\end{bmatrix}.$$

则 $\boldsymbol{b}$ 和 $\boldsymbol{c}$ 称为两种产品的 "单位美元产出成本". 设公司希望生产 x_1 美元产品 B 和 x_2 美元产品 C. 给出描述该公司花费的各部分成本 (材料、劳动、管理费用) 的向量.

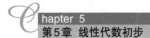

Chapter 6

第6章 矩阵与线性方程组

6.1 矩阵的基本运算

设 $\boldsymbol{A}$ 是 $m\times n$ 矩阵, 即有 m 行 n 列的矩阵 (式 (6.1)), $\boldsymbol{A}$ 的第 i 行第 j 列的元素用 a_{ij} 表示, 称为 $\boldsymbol{A}$ 的 (i,j) 元素. 矩阵 $\boldsymbol{A}$ 可以简记为 $\boldsymbol{A}=[\boldsymbol{a}_{ij}]_{m\times n}$ 或 $\boldsymbol{A}=[\boldsymbol{a}_{ij}]$, $\boldsymbol{A}$ 的各列是 $\mathbf{R}^n$ 中的向量, 用 $a_1,\cdots,a_n$ 表示. 矩阵 $\boldsymbol{A}$ 也可写成 $\boldsymbol{A}=[a_1\quad a_2\quad\cdots\quad a_n]$, a_{ij} 是第 j 个列向量 a_j 的第 i 个元素.

$$\boldsymbol{A}=\begin{pmatrix} a_{11} & \cdots & a_{1j} & \cdots & a_{1n} \\ \vdots & & \vdots & & \vdots \\ a_{i1} & \cdots & a_{ij} & \cdots & a_{in} \\ \vdots & & \vdots & & \vdots \\ a_{m1} & \cdots & a_{mj} & \cdots & a_{mn} \end{pmatrix} \tag{6.1}$$

元素全是零的 $m\times n$ 矩阵称为零矩阵, 记为 $\mathbf{0}_{m\times n}$.

行数和列数相同的矩阵称为**方阵**.

对于方阵, 与行列式类似, 从方阵左上角到右下角所画出的线段称为方阵的**主对角线**. 方阵 $\boldsymbol{A}=[a_{ij}]$ 的主对角线元素是 $a_{11},a_{22},\cdots,a_{nn}$ 主对角线之外的元素全是 0 的方阵称为**对角矩阵**. 主对角线元素全是 1 的对角矩阵称为**单位矩阵**, 通常记为 $\boldsymbol{I}$, $\boldsymbol{n}\times\boldsymbol{n}$ 单位矩阵也记为 $\boldsymbol{I}_n$.

6.1.1 矩阵加法与数量乘法

若两个矩阵有相同的维数 (即有相同的行数和列数), 而且对应元素相等, 则称这**两个矩阵相等**. 若 $\boldsymbol{A}$ 与 $\boldsymbol{B}$ 都是 $m\times n$ 矩阵, 则和 $\boldsymbol{A}+\boldsymbol{B}$ 也是 $m\times n$ 矩阵. 仅当 $\boldsymbol{A}$ 与 $\boldsymbol{B}$ 有相同维数, $\boldsymbol{A}+\boldsymbol{B}$ 才有定义.

例 6.1 设 $\boldsymbol{A}=\begin{bmatrix} 4 & 0 & 5 \\ -1 & 3 & 2 \end{bmatrix}$, $\boldsymbol{B}=\begin{bmatrix} 1 & 1 & 1 \\ 3 & 5 & 7 \end{bmatrix}$, $\boldsymbol{C}=\begin{bmatrix} 2 & -3 \\ 0 & 1 \end{bmatrix}$, 则

$$\boldsymbol{A}+\boldsymbol{B}=\begin{bmatrix} 5 & 1 & 6 \\ 2 & 8 & 9 \end{bmatrix}.$$

由于 $\boldsymbol{A}$ 与 $\boldsymbol{C}$ 的维数不同, 因此 $\boldsymbol{A}+\boldsymbol{C}$ 没有定义.

若 r 是数量, $\boldsymbol{A}$ 是矩阵, 则数量乘法 $r\boldsymbol{A}$ 是一个矩阵, 它的每一元素是 $\boldsymbol{A}$ 的对应元素的 r 倍. 同时定义 $-\boldsymbol{A}$ 为 $(-1)\boldsymbol{A}$ 而 $\boldsymbol{A}-\boldsymbol{B}$ 为 $\boldsymbol{A}+(-1)\boldsymbol{B}$.

例 6.2 设 $\boldsymbol{A}$ 与 $\boldsymbol{B}$ 如例 6.1, 则

$$2\boldsymbol{B}=2\begin{bmatrix}1&1&1\\3&5&7\end{bmatrix}=\begin{bmatrix}2&2&2\\6&10&14\end{bmatrix},$$

$$\boldsymbol{A}-2\boldsymbol{B}=\begin{bmatrix}4&0&5\\-1&3&2\end{bmatrix}-\begin{bmatrix}2&2&2\\6&10&14\end{bmatrix}=\begin{bmatrix}2&-2&3\\-7&-7&-12\end{bmatrix}.$$

在例 6.2 中, 计算 $\boldsymbol{A}-2\boldsymbol{B}$ 时, 不必化为 $\boldsymbol{A}+(-2)\boldsymbol{B}$, 因为通常的代数法则对矩阵的和与数量乘法仍然适用, 如下列定理所示.

定理 6.1 设 $\boldsymbol{A},\boldsymbol{B},\boldsymbol{C}$ 是相同维数的矩阵, r 与 s 为数, 则有

a. $\boldsymbol{A}+\boldsymbol{B}=\boldsymbol{B}+\boldsymbol{A}$;

b. $(\boldsymbol{A}+\boldsymbol{B})+\boldsymbol{C}=\boldsymbol{A}+(\boldsymbol{B}+\boldsymbol{C})$;

c. $\boldsymbol{A}+\boldsymbol{0}=\boldsymbol{A}$, 其中 $\boldsymbol{0}$ 与 $\boldsymbol{A}$ 是同维数的零矩阵;

d. $r(\boldsymbol{A}+\boldsymbol{B})=r\boldsymbol{A}+r\boldsymbol{B}$;

e. $(r+s)\boldsymbol{A}=r\boldsymbol{A}+s\boldsymbol{A}$;

f. $r(s\boldsymbol{A})=(rs)\boldsymbol{A}$.

6.1.2 矩阵乘法

设 $\boldsymbol{A}=[a_{ij}]_{m\times n}$, $\boldsymbol{B}=[b_{ij}]_{n\times p}$. 记 $c_{ij}=\sum\limits_{k=1}^{n}a_{ik}b_{kj}(i=1,2,\cdots,m;\ j=1,2,\cdots,p)$, 称 $\boldsymbol{C}=[\boldsymbol{c}_{ij}]_{m\times p}$ 为矩阵 $\boldsymbol{A}$ 与 $\boldsymbol{B}$ 的乘积, 记 $\boldsymbol{C}=\boldsymbol{AB}$.

注意, 两个矩阵可乘的唯一条件是: 前一矩阵的列数等于后一矩阵的行数. 当可乘时, 所得积的矩阵的行数为前一矩阵的行数, 列数为后一矩阵的列数, 其第 (i,j) 位置上的元素为前矩阵第 i 行上的元素与后矩阵第 j 列上的元素对应乘积和.

例 6.3 设 $\boldsymbol{A}=\begin{bmatrix}1&2&3\\4&5&6\end{bmatrix}_{2\times3}$, $\boldsymbol{B}=\begin{bmatrix}7&10&0\\8&11&1\\9&12&0\end{bmatrix}_{3\times3}$, 则

$$\boldsymbol{AB}=\begin{bmatrix}1\times7+2\times8+3\times9&1\times10+2\times11+3\times12&1\times0+2\times1+3\times0\\4\times7+5\times8+6\times9&4\times10+5\times11+6\times12&4\times0+5\times1+6\times0\end{bmatrix}$$

$$\doteq\begin{bmatrix}50&68&2\\122&167&5\end{bmatrix}.$$

定理 6.2 设 $\boldsymbol{A}$ 为 $m\times n$ 矩阵, $\boldsymbol{B},\boldsymbol{C}$ 的维数使下列各式有意义, 则有

a. $(AB)C = A(BC)$(结合律);

b. $A(B+C) = AB + AC$(左分配律);

c. $(A+B)C = AC + BC$(右分配律);

d. $k(AB) = (kA)B = A(kB)$(其中 k 是实数).

例 6.4　设 $A = \begin{bmatrix} 1 & 1 \\ -1 & -1 \end{bmatrix}$, $B = \begin{bmatrix} 2 & 0 \\ 1 & 1 \end{bmatrix}$, $C = \begin{bmatrix} 1 & 1 \\ 2 & 0 \end{bmatrix}$, $M = \begin{bmatrix} 1 & -1 \\ -1 & 1 \end{bmatrix}$.

则 $A \neq 0$, $B \neq 0$, $B \neq C$. 但却有 $AB = AC = \begin{bmatrix} 3 & 1 \\ -3 & -1 \end{bmatrix}$, 及 $AM = \begin{bmatrix} 0 & 0 \\ 0 & 0 \end{bmatrix} = \mathbf{0}$.

例 6.5　若 A 是 3×5 矩阵, B 是 5×2 矩阵, AB 和 BA 是否有定义? 若有定义, 是什么矩阵?

解　因 A 有 5 列, B 有 5 行, 乘积 AB 由定义且是 3×2 矩阵:

$$
\begin{array}{ccc}
A & B & AB \\
\begin{bmatrix} * & * & * & * & * \\ * & * & * & * & * \\ * & * & * & * & * \end{bmatrix} & \begin{bmatrix} * & * \\ * & * \\ * & * \\ * & * \\ * & * \end{bmatrix} = & \begin{bmatrix} * & * \\ * & * \\ * & * \end{bmatrix} \\
3 \times 5 & 5 \times 2 & 3 \times 2
\end{array}
$$

乘积 BA 没有定义, 因 B 为 2 列, A 为 3 行.

例 6.6　求矩阵 A 与矩阵 B 的成积 AB 及 BA, 其中

$$A = \begin{bmatrix} 2 & -5 & 0 \\ -1 & 3 & -4 \end{bmatrix}, \quad B = \begin{bmatrix} 4 & -6 \\ 7 & 1 \\ 3 & 2 \end{bmatrix}.$$

解　由矩阵乘法法则, 得

$$AB = \begin{bmatrix} 2 & -5 & 0 \\ -1 & 3 & -4 \end{bmatrix}\begin{bmatrix} 4 & -6 \\ 7 & 1 \\ 3 & 2 \end{bmatrix} = \begin{bmatrix} -27 & -17 \\ 5 & 1 \end{bmatrix},$$

$$BA = \begin{bmatrix} 4 & -6 \\ 7 & 1 \\ 3 & 2 \end{bmatrix}\begin{bmatrix} 2 & -5 & 0 \\ -1 & 3 & -4 \end{bmatrix} = \begin{bmatrix} 14 & -38 & 24 \\ 13 & -32 & -4 \\ 4 & -9 & -8 \end{bmatrix}.$$

例 6.7 设 $\boldsymbol{A}=\begin{bmatrix}5&1\\3&-2\end{bmatrix}, \boldsymbol{B}=\begin{bmatrix}2&0\\4&3\end{bmatrix}$, 证明它们不可交换, 即证明 $\boldsymbol{AB}\neq\boldsymbol{BA}$.

解

$$\boldsymbol{AB}=\begin{bmatrix}5&1\\3&-2\end{bmatrix}\begin{bmatrix}2&0\\4&3\end{bmatrix}=\begin{bmatrix}14&3\\-2&-6\end{bmatrix},$$

$$\boldsymbol{BA}=\begin{bmatrix}2&0\\4&3\end{bmatrix}\begin{bmatrix}5&1\\3&-2\end{bmatrix}=\begin{bmatrix}10&2\\29&-2\end{bmatrix}.$$

需要注意的是, 矩阵乘法没有交换律, 即 $\boldsymbol{AB}\neq\boldsymbol{BA}$. 这是因为: 首先, $\boldsymbol{A}, \boldsymbol{B}$ 可乘, 但 $\boldsymbol{B}, \boldsymbol{A}$ 未必一定可乘 (如例 6.5); 其次, 即使 $\boldsymbol{A}, \boldsymbol{B}$ 及 $\boldsymbol{B}, \boldsymbol{A}$ 都可乘, 其积 $\boldsymbol{AB}$ 与 $\boldsymbol{BA}$ 的阶数也未必相同 (如例 6.6); 再者, 即使 $\boldsymbol{AB}$ 与 $\boldsymbol{BA}$ 阶数都相同, 对应位置上的元素也未必都一定相等 (如例 6.7). 由此可知, 能够满足矩阵乘法可交换的条件将是相当苛刻的.

乘法一般不可交换是矩阵代数与普通代数的重要差别, 注意:

(1) 一般情况下 $\boldsymbol{AB}\neq\boldsymbol{BA}$.

(2) 消去律对矩阵乘法不成立, 即若 $\boldsymbol{AB}=\boldsymbol{AC}$, 一般情况下, $\boldsymbol{B}=\boldsymbol{C}$ 并不成立.

(3) 若乘积 $\boldsymbol{AB}$ 是零矩阵, 一般情况下, 不能断定 $\boldsymbol{A}=\boldsymbol{0}$ 或 $\boldsymbol{B}=\boldsymbol{0}$.

矩阵的乘幂: 若 $\boldsymbol{A}$ 是 $n\times n$ 矩阵, k 是正整数, 则 $\boldsymbol{A}^k$ 表示 k 个 $\boldsymbol{A}$ 的乘积, 即

$$\boldsymbol{A}^k=\underbrace{\boldsymbol{A}\cdots\boldsymbol{A}}_{k个}.$$

矩阵乘幂在理论和应用中都很有用处.

6.1.3 矩阵的转置

给定 $m\times n$ 矩阵 $\boldsymbol{A}$, 则 $\boldsymbol{A}$ 的转置是一个 $n\times m$ 矩阵, 用 $\boldsymbol{A}^{\mathrm{T}}$ 表示, 它的列是由 $\boldsymbol{A}$ 的对应行构成的.

例 6.8 设 $\boldsymbol{A}=\begin{bmatrix}a&b\\c&d\end{bmatrix}, \boldsymbol{B}=\begin{bmatrix}-5&2\\1&-3\\0&4\end{bmatrix}, \boldsymbol{C}=\begin{bmatrix}1&1&1&1\\-3&5&-2&7\end{bmatrix}$,

则

$$\boldsymbol{A}^{\mathrm{T}}=\begin{bmatrix}a&c\\b&d\end{bmatrix},\quad \boldsymbol{B}^{\mathrm{T}}=\begin{bmatrix}-5&1&0\\2&-3&4\end{bmatrix},\quad \boldsymbol{C}^{\mathrm{T}}=\begin{bmatrix}1&-3\\1&5\\1&-2\\1&7\end{bmatrix}$$

定理 6.3 设 $\boldsymbol{A}$ 与 $\boldsymbol{B}$ 表示矩阵, 其维数使下列和与积有定义, 则

a. $(\boldsymbol{A}^{\mathrm{T}})^{\mathrm{T}}=\boldsymbol{A}$.

b. $(\boldsymbol{A}+\boldsymbol{B})^{\mathrm{T}}=\boldsymbol{A}^{\mathrm{T}}+\boldsymbol{B}^{\mathrm{T}}$.

c. 对任意数 $r, (r\boldsymbol{A})^{\mathrm{T}}=r\boldsymbol{A}^{\mathrm{T}}$.

d. $(\boldsymbol{AB})^{\mathrm{T}}=\boldsymbol{B}^{\mathrm{T}}\boldsymbol{A}^{\mathrm{T}}$.

通常 $(\boldsymbol{AB})^{\mathrm{T}}$ 不等于 $\boldsymbol{A}^{\mathrm{T}}\boldsymbol{B}^{\mathrm{T}}$, 即使乘积 $\boldsymbol{A}^{\mathrm{T}}\boldsymbol{B}^{\mathrm{T}}$ 是有定义的.

6.2 矩阵的逆

6.2.1 矩阵逆的概念

矩阵代数提供了对矩阵方程进行运算的工具以及许多与普通的实数代数相似的有用公式. 本节研究矩阵中与实数的倒数 (即乘法逆) 类似的问题.

实数 3 的乘法逆是 1/3 或 3^{-1}, 它满足方程

$$3\cdot 3^{-1}=1,\quad 3^{-1}\cdot 3=1.$$

矩阵对逆的一般化也要求两个方程同时成立, 因矩阵乘法不可交换, 应避免使用斜线记号表示除法.

一个 $n\times n$ 矩阵 $\boldsymbol{A}$ 是可逆的, 若存在一个 $n\times n$ 矩阵 $\boldsymbol{C}$ 使

$$\boldsymbol{AC}=\boldsymbol{I},\quad \boldsymbol{CA}=\boldsymbol{I}.$$

这里 $\boldsymbol{I}$ 是 $n\times n$ 单位矩阵, 此时, 称 $\boldsymbol{C}$ 是 $\boldsymbol{A}$ 的**逆阵**.

实际上, $\boldsymbol{C}$ 由 $\boldsymbol{A}$ 唯一确定, 因为若 $\boldsymbol{B}$ 是另一个 $\boldsymbol{A}$ 的逆阵, 那么有

$$\boldsymbol{B}=\boldsymbol{BI}=\boldsymbol{B}(\boldsymbol{AC})=(\boldsymbol{BA})\boldsymbol{C}=\boldsymbol{IC}=\boldsymbol{C}.$$

于是, 若 $\boldsymbol{A}$ 可逆, 它的逆是唯一的, 记为 $\boldsymbol{A}^{-1}$, 于是 $\boldsymbol{AA}^{-1}=\boldsymbol{I}, \boldsymbol{A}^{-1}\boldsymbol{A}=\boldsymbol{I}$.

不可逆矩阵有时称为奇异矩阵, 而可逆矩阵也称为非奇异矩阵.

下列定理给出的三个有用事实.

定理 6.4 可逆矩阵的结论:

a. 若 $\boldsymbol{A}$ 是可逆矩阵, 则 $\boldsymbol{A}^{-1}$ 也可逆, 而且 $(\boldsymbol{A}^{-1})^{-1}=\boldsymbol{A}$;

b. 若 $\boldsymbol{A}$ 和 $\boldsymbol{B}$ 都是 $n\times n$ 可逆矩阵, $\boldsymbol{AB}$ 也可逆, 且其逆是 $\boldsymbol{A}$ 和 $\boldsymbol{B}$ 的逆矩阵按相反顺序的乘积, 即

$$(\boldsymbol{AB})^{-1}=\boldsymbol{B}^{-1}\boldsymbol{A}^{-1};$$

c. 若 $\boldsymbol{A}$ 可逆, 则 $\boldsymbol{A}^{\mathrm{T}}$ 也可逆, 且其逆是 $\boldsymbol{A}^{-1}$ 的转置, 即 $\left(\boldsymbol{A}^{\mathrm{T}}\right)^{-1}=(\boldsymbol{A}^{-1})^{\mathrm{T}}$.

6.2.2 由伴随矩阵求矩阵的逆

伴随矩阵 设 $\boldsymbol{A}$ 为 n 阶方阵, 且 A_{ij} 是元素 a_{ij} 的代数余子式, 则矩阵

$$\boldsymbol{A}^* = \begin{bmatrix} A_{11} & A_{21} & \dots & A_{n1} \\ A_{12} & A_{22} & \dots & A_{n2} \\ \vdots & \vdots & & \vdots \\ A_{1n} & A_{2n} & \dots & A_{nn} \end{bmatrix}$$

为 $\boldsymbol{A}$ 的伴随矩阵.

定理 6.5 n 阶方阵 $\boldsymbol{A}$ 可逆的充要条件是 $|\boldsymbol{A}| \neq 0$, 且当 $\boldsymbol{A}$ 可逆时, 有

$$\boldsymbol{A}^{-1} = \frac{1}{|\boldsymbol{A}|}\boldsymbol{A}^*$$

事实上, 该结果可由 $\boldsymbol{A}\boldsymbol{A}^* = |\boldsymbol{A}|\,\boldsymbol{I}$ 直接推出.

例 6.9 求 $\boldsymbol{A} = \begin{bmatrix} 3 & 4 \\ 5 & 6 \end{bmatrix}$ 的逆.

解 有 $|\boldsymbol{A}| = 3\times 6 - 4\times 5 = -2 \neq 0$, 因此 $\boldsymbol{A}$ 可逆且

$$\boldsymbol{A}^{-1} = \frac{1}{-2}\begin{bmatrix} 6 & -4 \\ -5 & 3 \end{bmatrix} = \begin{bmatrix} 6/(-2) & -4/(-2) \\ -5/(-2) & 3/(-2) \end{bmatrix} = \begin{bmatrix} -3 & 2 \\ 5/2 & -3/2 \end{bmatrix}.$$

6.2.3 由初等矩阵求矩阵的逆

在可逆矩阵与矩阵的行变换之间有一种重要的联系, 这样可以通过初等行变换引出计算逆矩阵的一种方法.

把单位矩阵进行一次行变换, 就得到初等矩阵. 下面通过例子说明三种初等矩阵的作用.

例 6.10 设

$$\boldsymbol{E}_1 = \begin{bmatrix} 1 & 0 & 0 \\ 0 & 1 & 0 \\ -4 & 0 & 1 \end{bmatrix}, \quad \boldsymbol{E}_2 = \begin{bmatrix} 0 & 1 & 0 \\ 1 & 0 & 0 \\ 0 & 0 & 1 \end{bmatrix}, \quad \boldsymbol{E}_3 = \begin{bmatrix} 1 & 0 & 0 \\ 0 & 1 & 0 \\ 0 & 0 & 5 \end{bmatrix}, \quad \boldsymbol{A} = \begin{bmatrix} a & b & c \\ d & e & f \\ g & h & i \end{bmatrix},$$

计算 $\boldsymbol{E}_1\boldsymbol{A}, \boldsymbol{E}_2\boldsymbol{A}$ 和 $\boldsymbol{E}_3\boldsymbol{A}$, 说明这些乘积可由 $\boldsymbol{A}$ 进行变换得到.

解 计算矩阵的乘积

$$\boldsymbol{E}_1\boldsymbol{A} = \begin{bmatrix} a & b & c \\ d & e & f \\ g-4a & h-4b & i-4c \end{bmatrix}, \quad \boldsymbol{E}_2\boldsymbol{A} = \begin{bmatrix} d & e & f \\ a & b & c \\ g & h & i \end{bmatrix}, \quad \boldsymbol{E}_3\boldsymbol{A} = \begin{bmatrix} a & b & c \\ d & e & f \\ 5g & 5h & 5i \end{bmatrix}.$$

把 $\boldsymbol{A}$ 的第 1 行乘 -4 加到第 3 行得 $\boldsymbol{E}_1\boldsymbol{A}$(这是倍加行变换), 交换 $\boldsymbol{A}$ 的第 1 行与第 2 行得到 $\boldsymbol{E}_2\boldsymbol{A}$, 把 $\boldsymbol{A}$ 的第 3 行乘以 5 得 $\boldsymbol{E}_3\boldsymbol{A}$.

可以验证, 把 $3\times n$ 的矩阵左边乘以例 6.10 中的 $\boldsymbol{E}_1$ 也有相同的结果, 即把第一行的 -4 倍加到第 3 行. 于是由例 6.10 引出了下列关于初等矩阵的一般事实.

若对 $m\times n$ 矩阵 $\boldsymbol{A}$ 进行某种初等行变换, 所得矩阵可写成 $\boldsymbol{EA}$, 其中 $\boldsymbol{E}$ 是由 $\boldsymbol{I}_m$ 进行同一行变换所得的矩阵.

因为行变换是可逆的, 因此初等矩阵也是可逆的. 若 $\boldsymbol{E}$ 是由 $\boldsymbol{I}$ 进行变换所得, 则有同一类型的另一变换把 $\boldsymbol{E}$ 变回 $\boldsymbol{I}$. 这样, 有初等矩阵 $\boldsymbol{F}$ 使 $\boldsymbol{FE}=\boldsymbol{I}$, 因 $\boldsymbol{E}$ 和 $\boldsymbol{F}$ 对应互逆的变换, 所以也有 $\boldsymbol{EF}=\boldsymbol{I}$.

例 6.11 求 $\boldsymbol{E}_1=\begin{bmatrix}1&0&0\\0&1&0\\-4&0&1\end{bmatrix}$ 的逆.

解 为把 $\boldsymbol{E}_1$ 变成 $\boldsymbol{I}$, 把第 1 行的 4 倍加上第 3 行, 这相应于初等矩阵

$$\boldsymbol{E}_1^{-1}=\begin{bmatrix}1&0&0\\0&1&0\\+4&0&1\end{bmatrix}.$$

下列定理给出了判断矩阵可逆的方法, 也给出了计算逆矩阵的方法.

定理 6.6 如果 $n\times n$ 矩阵 $\boldsymbol{A}$ 可逆, 则把 $\boldsymbol{A}$ 变为 $\boldsymbol{I}_n$ 的一系列初等行变换同时把 $\boldsymbol{I}_n$ 变成 $\boldsymbol{A}^{-1}$.

证 若 $\boldsymbol{A}\sim\boldsymbol{I}_n$, 因每一步行变换对应于左乘一个初等矩阵, 就是说, 存在初等矩阵 $\boldsymbol{E}_1,\cdots,\boldsymbol{E}_p$ 使

$$\boldsymbol{A}\sim\boldsymbol{E}_1\boldsymbol{A}\sim\boldsymbol{E}_2\left(\boldsymbol{E}_1\boldsymbol{A}\right)\sim\cdots\sim\boldsymbol{E}_p\left(\boldsymbol{E}_{p-1}\cdots\boldsymbol{E}_1\boldsymbol{A}\right)=\boldsymbol{I}_n,$$

即

$$\boldsymbol{E}_p\boldsymbol{E}_{p-1}\cdots\boldsymbol{E}_1\boldsymbol{A}=\boldsymbol{I}_n. \tag{6.2}$$

因为 $\boldsymbol{E}_1,\cdots,\boldsymbol{E}_p$ 是可逆矩阵的乘积, 因此也是可逆矩阵, 由式 (6.2) 推出

$$\left(\boldsymbol{E}_p\cdots\boldsymbol{E}_1\right)^{-1}\left(\boldsymbol{E}_p\cdots\boldsymbol{E}_1\right)\boldsymbol{A}=\left(\boldsymbol{E}_p\cdots\boldsymbol{E}_1\right)^{-1}\boldsymbol{I}_n,$$

$$\boldsymbol{A}=\left(\boldsymbol{E}_p\cdots\boldsymbol{E}_1\right)^{-1}.$$

于是 $\boldsymbol{A}$ 是可逆的, 因它是可逆矩阵的逆, 同样有

$$\boldsymbol{A}^{-1}=\left[\left(\boldsymbol{E}_p\cdots\boldsymbol{E}_1\right)^{-1}\right]^{-1}=\boldsymbol{E}_p\cdots\boldsymbol{E}_1.$$

于是 $A^{-1}=E_p\cdots E_1\cdot I_n$, 即 A^{-1} 可依次以 $E_p\cdots E_1$ 作用于 I_n 得到, 它们就是式 (6.2) 中把 A 变为 I_n 的同一行变换序列.

若把 A 和 I 排在一起构成增广矩阵 $\left[A \vdots I\right]$, 则对此矩阵进行行变换时, A 和 I 受到同一变换, 由定理 6.6, 要么有一系列的行变换把 A 变成 I, 同时把 I 变成 A^{-1}, 要么 A 是不可逆的.

由此得到求 A^{-1} 的方法:

把增广矩阵 $\left[A \vdots I\right]$ 进行行化简, 若 A 行等价于 I, 则 $\left[A \vdots I\right]$ 行等价于 $[I \quad A^{-1}]$, 否则 A 没有逆.

例 6.12 如果矩阵 $A=\begin{bmatrix}0&1&2\\1&0&3\\4&-3&8\end{bmatrix}$ 的逆存在, 求它的逆.

解

$$\left[A \vdots I\right]=\left[\begin{array}{ccccc:c}0&1&2&1&0&0\\1&0&3&0&1&0\\4&-3&8&0&0&1\end{array}\right]\sim\begin{bmatrix}1&0&3&0&1&0\\0&1&2&1&0&0\\4&-3&8&0&0&1\end{bmatrix}$$

$$\sim\begin{bmatrix}1&0&3&0&1&0\\0&1&2&1&0&0\\0&-3&-4&0&-4&1\end{bmatrix}\sim\begin{bmatrix}1&0&3&0&1&0\\0&1&2&1&0&0\\0&0&2&3&-4&1\end{bmatrix}$$

$$\sim\begin{bmatrix}1&0&3&0&1&0\\0&1&2&1&0&0\\0&0&1&3/2&-2&1/2\end{bmatrix}\sim\begin{bmatrix}1&0&0&-9/2&7&-3/2\\0&1&0&-2&4&-1\\0&0&1&3/2&-2&1/2\end{bmatrix}.$$

因为 $A\sim I$, 由定理 6.6 知 A 可逆, 且

$$A^{-1}=\begin{bmatrix}-9/2&7&-3/2\\-2&4&-1\\3/2&-2&1/2\end{bmatrix}.$$

6.3 矩阵的秩

6.3.1 行阶梯形矩阵

引入两类重要的矩阵.

如果一个矩阵的每行第一个非零元素 (称为该行的**先导元素**) 的下方及左下方元素都是 0, 且零行都排在矩阵的最下面, 这样的矩阵称为行阶梯形矩阵, 也称矩阵为行阶梯形. 例如, 下列矩阵

$$\begin{bmatrix} 4 & 2 & 4 & 1 \\ 0 & 2 & 3 & 1 \\ 0 & 0 & 0 & 2 \end{bmatrix}, \begin{bmatrix} 0 & 2 & 4 & 1 \\ 0 & 0 & 3 & 1 \\ 0 & 0 & 0 & 0 \end{bmatrix}, \begin{bmatrix} 1 & 2 & 3 & 4 & 5 \\ 0 & 0 & 2 & 2 & 1 \\ 0 & 0 & 0 & 0 & 0 \\ 0 & 0 & 0 & 0 & 0 \end{bmatrix}$$

都是行阶梯形矩阵.

在行阶梯形矩阵中, 如果每行的先导元素均是 1, 且其所在列的其他元素都是 0, 这样的矩阵称为行最简形矩阵, 也称矩阵为行最简形. 例如, 下列矩阵

$$\begin{bmatrix} 1 & 0 & 0 & 29 \\ 0 & 1 & 0 & 16 \\ 0 & 0 & 1 & 3 \end{bmatrix}, \begin{bmatrix} 0 & 1 & 0 & -1 \\ 0 & 0 & 1 & 2 \\ 0 & 0 & 0 & 0 \end{bmatrix}, \begin{bmatrix} 1 & 0 & 0 & 4 \\ 0 & 1 & 0 & 5 \\ 0 & 0 & 1 & 4 \\ 0 & 0 & 0 & 0 \end{bmatrix}$$

都是行最简形矩阵. 再举一些例子:

例 6.13 下列矩阵都是阶梯形的, 先导元素用 ∇ 表示, 它们可取任意的非零值, 在 $*$ 位置的元素可取任意值, 包括零值.

$$\begin{bmatrix} \nabla & * & * & * \\ 0 & \nabla & * & * \\ 0 & 0 & 0 & 0 \\ 0 & 0 & 0 & 0 \end{bmatrix}, \begin{bmatrix} 0 & \nabla & * & * & * & * & * & * & * & * \\ 0 & 0 & 0 & \nabla & * & * & * & * & * & * \\ 0 & 0 & 0 & 0 & \nabla & * & * & * & * & * \\ 0 & 0 & 0 & 0 & 0 & \nabla & * & * & * & * \\ 0 & 0 & 0 & 0 & 0 & 0 & 0 & 0 & \nabla & * \end{bmatrix}.$$

下列矩阵是行最简形的, 因先导元素是 1, 且在每个先导元素 1 的上、下各元素都是 0.

$$\begin{bmatrix} 1 & 0 & * & * \\ 0 & 1 & * & * \\ 0 & 0 & 0 & 0 \\ 0 & 0 & 0 & 0 \end{bmatrix}, \begin{bmatrix} 0 & 1 & * & 0 & 0 & 0 & * & * & 0 & * \\ 0 & 0 & 0 & 1 & 0 & 0 & * & * & 0 & * \\ 0 & 0 & 0 & 0 & 1 & 0 & * & * & 0 & * \\ 0 & 0 & 0 & 0 & 0 & 1 & * & * & 0 & * \\ 0 & 0 & 0 & 0 & 0 & 0 & 0 & 0 & 1 & * \end{bmatrix}.$$

一个矩阵可以行化简 (用行初等变换) 变为阶梯形矩阵, 但用不同的方法可化为不同的阶梯形矩阵. 然而, 一个矩阵只能化为唯一的行最简形矩阵.

定理 6.7 每个矩阵行等价于唯一的行最简形矩阵.

若矩阵 $\boldsymbol{A}$ 等价于阶梯形矩阵 $\boldsymbol{U}$, 称 $\boldsymbol{U}$ 为 $\boldsymbol{A}$ 的阶梯形 (或行阶梯形); 若 $\boldsymbol{U}$ 是行最简形, 称 $\boldsymbol{U}$ 为 $\boldsymbol{A}$ 的行最简形.

主元位置 矩阵经行变换化为阶梯形后, 经进一步的行变换将矩阵化为行最简形时, 先导元素的位置并不改变. 因行最简形是唯一的, 当给定矩阵化为任何一个阶梯形时, 先导元素总是在相同的位置上. 这些先导元素对应于行最简形中的先导 1.

定义 6.1 矩阵中的主元位置是 $\boldsymbol{A}$ 中对应于它的阶梯形中先导元素的位置. 主元列是 $\boldsymbol{A}$ 的含有主元位置的列.

在例 6.13 中, 符号 ∇ 对应主元位置.

例 6.14 把下列矩阵 $\boldsymbol{A}$ 用行变换化为阶梯形, 并确定主元列.

$$\boldsymbol{A}=\begin{bmatrix} 0 & -3 & -6 & 4 & 9 \\ -1 & -2 & -1 & 3 & 1 \\ -2 & -3 & 0 & 3 & -1 \\ 1 & 4 & 5 & -9 & -7 \end{bmatrix}.$$

解 最左边的非零列的第一个元素就是第一个主元位置. 这个位置必须放一个非零元, 即主元素. 最好将第一行与第四行对换, 这样可以避免分数运算.

$$\begin{bmatrix} 1 & 4 & 5 & -9 & -7 \\ -1 & -2 & -1 & 3 & 1 \\ -2 & -3 & 0 & 3 & -1 \\ 0 & -3 & -6 & 4 & 9 \end{bmatrix}.$$

把第一行的倍数加到其他各行, 以使主元 1 下面各元素变成 0. 第二行的主元位置必须尽量靠左, 即在第二列. 我们选择这里的 2 作为第二个主元.

$$\begin{bmatrix} 1 & 4 & 5 & -9 & -7 \\ 0 & 2 & 4 & -6 & -6 \\ 0 & 5 & 10 & -15 & -15 \\ 0 & -3 & -6 & 4 & 9 \end{bmatrix}. \tag{6.3}$$

把第二行的 $-5/2$ 倍加到第三行, $3/2$ 倍加到第 4 行.

$$\begin{bmatrix} 1 & 4 & 5 & -9 & -7 \\ 0 & 2 & 4 & -6 & -6 \\ 0 & 0 & 0 & 0 & 0 \\ 0 & 0 & 0 & -5 & 0 \end{bmatrix}. \tag{6.4}$$

没有办法在 (6.4) 中的矩阵第 3 列中找到先导元素, 不能利用第一行或第二行, 否则会破坏已产生的阶梯形的先导元素的排列. 然而若对换第 3 行和第 4 行, 可在第 4 列产生先导元素.

$$\begin{bmatrix} 1 & 4 & 5 & -9 & -7 \\ 0 & 2 & 4 & -6 & -6 \\ 0 & 0 & 0 & -5 & 0 \\ 0 & 0 & 0 & 0 & 0 \end{bmatrix}, \quad \text{一般形式} \begin{bmatrix} \nabla & * & * & * & * \\ 0 & \nabla & * & * & * \\ 0 & 0 & 0 & \nabla & * \\ 0 & 0 & 0 & 0 & 0 \end{bmatrix}.$$

此矩阵已是阶梯形, 第 1, 2, 4 列是主元列.

$$
\boldsymbol{A}=\begin{bmatrix} 0 & -3 & -6 & 4 & 9 \\ -1 & -2 & -1 & 3 & 1 \\ -2 & -3 & 0 & 3 & -1 \\ 1 & 4 & 5 & -9 & -7 \end{bmatrix}. \tag{6.5}
$$

如例 6.14 所示, 主元就是在主元位置上的非零元素, 用来通过行变换把下面的元素化为 0, 例 6.14 中的主元是 1, 2, −5, 注意这些元素与矩阵 $\boldsymbol{A}$ 中同一位置的元素不相同, 如式 (6.5) 所示. 事实上, 用不同的行变换可能产生不同的主元. 为方便, 常把矩阵的各行乘以一个数使先导元素变成 1.

行化简算法

下列算法包含四个步骤, 它产生一个阶梯形矩阵, 第五步产生行最简形矩阵, 这里用一个实例来说明这一算法.

例 6.15 用行初等变换把下列矩阵先化为阶梯形, 再化为行最简形.

$$
\begin{bmatrix} 0 & 3 & -6 & 6 & 4 & -5 \\ 3 & -7 & 8 & -5 & 8 & 9 \\ 3 & -9 & 12 & -9 & 6 & 15 \end{bmatrix}.
$$

解 第一步, 由最左的非零列开始. 这是一个主元列, 主元位置在该列顶端.

$$
\begin{bmatrix} 0 & 3 & -6 & 6 & 4 & -5 \\ 3 & -7 & 8 & -5 & 8 & 9 \\ 3 & -9 & 12 & -9 & 6 & 15 \end{bmatrix}.
$$

第二步, 在主元列中选取一个非零元作为主元. 若有必要的话, 对换两行使这个元素移到主元位置上. 对换第 1, 3 两行 (也可对换 1, 2 两行).

$$
\begin{bmatrix} 3 & -9 & 12 & -9 & 6 & 15 \\ 3 & -7 & 8 & -5 & 8 & 9 \\ 0 & 3 & -6 & 6 & 4 & -5 \end{bmatrix}.
$$

第三步, 用倍加行变换将主元下面的元素变成 0. 当然可以把第 1 行除以主元 3. 但这里第 1 列有两个 3, 只需把第 1 行的 −1 倍加到第 2 行.

$$
\begin{bmatrix} 3 & -9 & 12 & -9 & 6 & 15 \\ 0 & 2 & -4 & 4 & 2 & -6 \\ 0 & 3 & -6 & 6 & 4 & -5 \end{bmatrix}.
$$

第四步, 暂时不管包含主元位置的行以及它上面的各行, 对剩下的子矩阵使用上述的三个步骤直到没有非零行需要处理为止.

暂不看第一行, 第一步指出, 第 2 列是下一个主元列. 第二步, 选择该列中 "顶端" 的元素作为主元

$$\begin{bmatrix} 3 & -9 & 12 & -9 & 6 & 15 \\ 0 & 2 & -4 & 4 & 2 & -6 \\ 0 & 3 & -6 & 6 & 4 & -5 \end{bmatrix}.$$

对第三步, 可先把子矩阵的 "顶行" 除以主元 2. 不过也可以把这一行的 $-3/2$ 加下面的一行. 这就得到

$$\begin{bmatrix} 3 & -9 & 12 & -9 & 6 & 15 \\ 0 & 2 & -4 & 4 & 2 & -6 \\ 0 & 0 & 0 & 0 & 1 & 4 \end{bmatrix}.$$

暂不看第二个主元所在的行, 我们剩下一个只有一行的新子矩阵

$$\begin{bmatrix} 3 & -9 & 12 & -9 & 6 & 15 \\ 0 & 2 & -4 & 4 & 2 & -6 \\ 0 & 0 & 0 & 0 & 1 & 4 \end{bmatrix}.$$

此时已得到整个矩阵的阶梯形. 若需要行最简形, 进行下一个步骤.

第五步, 由最右面的主元开始, 把每个主元上方的各元素变成 0. 若某个主元不是 1, 用倍乘变换将它变成 1.

$$\begin{bmatrix} 3 & -9 & 12 & -9 & 0 & -9 \\ 0 & 2 & -4 & 4 & 0 & -14 \\ 0 & 0 & 0 & 0 & 1 & 4 \end{bmatrix}.$$

下一个主元在第 2 行, 将这行除以这个主元

$$\begin{bmatrix} 3 & -9 & 12 & -9 & 0 & -9 \\ 0 & 1 & -2 & 2 & 0 & -7 \\ 0 & 0 & 0 & 0 & 1 & 4 \end{bmatrix}.$$

将第 2 行的 9 倍加到第 1 行

$$\begin{bmatrix} 3 & 0 & -6 & 9 & 0 & -72 \\ 0 & 1 & -2 & 2 & 0 & -7 \\ 0 & 0 & 0 & 0 & 1 & 4 \end{bmatrix}.$$

最后将第一行除以主元 3

$$\begin{bmatrix} 1 & 0 & -2 & 3 & 0 & -24 \\ 0 & 1 & -2 & 2 & 0 & -7 \\ 0 & 0 & 0 & 0 & 1 & 4 \end{bmatrix}.$$

这就是原矩阵的行最简形.

6.3.2 矩阵的秩的定义

定义 6.2 设 $\boldsymbol{A}$ 是一个 $m\times n$ 阶矩阵, 在 $\boldsymbol{A}$ 中任取 k 行, k 列 $(1\leqslant k\leqslant \min(m,n))$, 把位于这些行列相交处的元素按原来的次序组成一个 k 阶方阵, 称这个 k 阶方阵为矩阵 $\boldsymbol{A}$ 的一个 k 阶子矩阵. 该方阵对应的行列式称为矩阵 $\boldsymbol{A}$ 的 k 阶子式, 矩阵 $\boldsymbol{A}$ 的不等于零的子式的最高阶数称为矩阵 $\boldsymbol{A}$ 的**秩**, 记为 $r(\boldsymbol{A})$.

例 6.16 设

$$\boldsymbol{A}=\begin{bmatrix} 2 & -1 & 3 & 6 \\ 0 & 5 & 1 & 7 \\ 0 & 0 & 4 & -2 \\ 0 & 0 & 0 & 0 \end{bmatrix},$$

求矩阵 $\boldsymbol{A}$ 的秩.

解 由于 $\boldsymbol{A}$ 仅有 3 个非零行, 所以, $\boldsymbol{A}$ 的任一 4 阶子式有一行为 0. 从而 $\boldsymbol{A}$ 的 4 阶子式为 0. 但 $\boldsymbol{A}$ 中至少有一个 3 阶子式不等于 0. 例如,

$$\begin{vmatrix} 2 & -1 & 3 \\ 0 & 5 & 1 \\ 0 & 0 & 4 \end{vmatrix}=40\neq 0,$$

因此, $r(\boldsymbol{A})=3$.

可以证明: 对矩阵进行初等行变换, 不改变矩阵的秩. 因此, 在求矩阵的秩时, 对给定的矩阵, 若其不是阶梯形矩阵, 则可以先利用初等行变换将其化为阶梯形矩阵, 再由阶梯形矩阵的非 0 行的个数即可求出矩阵的秩.

例如, 例 6.15 中矩阵 $\begin{bmatrix} 0 & 3 & -6 & 6 & 4 & -5 \\ 3 & -7 & 8 & -5 & 8 & 9 \\ 3 & -9 & 12 & -9 & 6 & 15 \end{bmatrix}$ 的秩为 3.

6.4 n 维向量及其线性相关性

6.4.1 n 维向量及其线性运算

定义 6.3 n 个有次序的数 $a_1,a_2,\cdots,a_n$ 所组成的有序数组称为 n 维向量, 其中 $a_i\ (i=1,2,\cdots,n)$ 称为第 i 个分量.

称 $\boldsymbol{\alpha}=[a_1,a_2,\cdots,a_n]$ 为 n 维行向量, 也是 $1\times n$ 矩阵.

称 $\boldsymbol{\alpha}^{\mathrm{T}}=[a_1,a_2,\cdots,a_n]^{\mathrm{T}}$ 为 n 维列向量, 也是 $n\times 1$ 矩阵.

下面不加声明, 我们讨论的 n 维向量均为**列向量**.

定义 6.4 设 $\boldsymbol{\beta}=[b_1,b_2,\cdots,b_n]^{\mathrm{T}}$.

若 $a_i=0,(i=1,2,\cdots,n)$, 称 $\boldsymbol{\alpha}$ 为**零向量**, 记作 $\mathbf{0}=[0,0,\cdots,0]^{\mathrm{T}}$.

若 $a_i=b_i(i=1,2,\cdots,n)$, 称 $\boldsymbol{\alpha}$ 与 $\boldsymbol{\beta}$**相等**, 记作 $\boldsymbol{\alpha}=\boldsymbol{\beta}$.

$\boldsymbol{\alpha}$ 与 $\boldsymbol{\beta}$ 的和记作 $\boldsymbol{\alpha}+\boldsymbol{\beta}$, 且 $\boldsymbol{\alpha}+\boldsymbol{\beta}=[a_1+b_1,a_2+b_2,\cdots,a_n+b_n]^{\mathrm{T}}$.

λ 为数, 数乘向量记作 $\lambda\boldsymbol{\alpha}$, 且 $\lambda\boldsymbol{\alpha}=[\lambda a_1,\lambda a_2,\cdots,\lambda a_n]^{\mathrm{T}}$.

$\boldsymbol{\alpha}$ 的负向量记作 $-\boldsymbol{\alpha}$, 且 $-\boldsymbol{\alpha}=[-a_1,-a_2,\cdots,-a_n]^{\mathrm{T}}$.

向量的加法和数乘运算 (称为线性运算), 满足以下八条运算律 ($\boldsymbol{\alpha},\boldsymbol{\beta},\boldsymbol{\gamma}$ 为 n 维向量, λ,μ 为常数).

(1) $\boldsymbol{\alpha}+\boldsymbol{\beta}=\boldsymbol{\beta}+\boldsymbol{\alpha}$;

(2) $(\boldsymbol{\alpha}+\boldsymbol{\beta})+\boldsymbol{\gamma}=\boldsymbol{\alpha}+(\boldsymbol{\beta}+\boldsymbol{\gamma})$;

(3) $\boldsymbol{\alpha}+\mathbf{0}=\boldsymbol{\alpha}$;

(4) $\boldsymbol{\alpha}+(-\boldsymbol{\alpha})=\mathbf{0}$;

(5) $\lambda(\boldsymbol{\alpha}+\boldsymbol{\beta})=\lambda\boldsymbol{\alpha}+\lambda\boldsymbol{\beta}$;

(6) $(\lambda+\mu)\boldsymbol{\alpha}=\lambda\boldsymbol{\alpha}+\mu\boldsymbol{\alpha}$;

(7) $(\lambda\mu)\boldsymbol{\alpha}=\lambda(\mu\boldsymbol{\alpha})$;

(8) $1\cdot\boldsymbol{\alpha}=\boldsymbol{\alpha}$.

定义 6.5 若 $\boldsymbol{\alpha}_1,\boldsymbol{\alpha}_2,\cdots,\boldsymbol{\alpha}_s$ 是 s 个 n 维向量, $\lambda_1,\lambda_2,\cdots,\lambda_s$ 是一组数, 则称 $\boldsymbol{\beta}=\lambda_1\boldsymbol{\alpha}_1+\lambda_2\boldsymbol{\alpha}_2+\cdots+\lambda_s\boldsymbol{\alpha}_s$ 为向量组 $\boldsymbol{\alpha}_1,\boldsymbol{\alpha}_2,\cdots,\boldsymbol{\alpha}_s$ 的一个**线性组合**, 或称 $\boldsymbol{\beta}$ 可由向量组 $\boldsymbol{\alpha}_1,\boldsymbol{\alpha}_2,\cdots,\boldsymbol{\alpha}_s$**线性表示**.

我们把一组向量中能不能有一个向量可由其余向量线性表示的这种性质, 称为**向量组的线性相关性**.

6.4.2 向量组线性相关性

定义 6.6 对于 n 维向量组 $\boldsymbol{\alpha}_1,\boldsymbol{\alpha}_2,\cdots,\boldsymbol{\alpha}_s$, 若存在不全为零的数 $\lambda_1,\lambda_2,\cdots,\lambda_s$, 使 $\lambda_1\boldsymbol{\alpha}_1+\lambda_2\boldsymbol{\alpha}_2+\cdots+\lambda_s\boldsymbol{\alpha}_s=\mathbf{0}$, 则称向量组 $\boldsymbol{\alpha}_1,\boldsymbol{\alpha}_2,\cdots,\boldsymbol{\alpha}_s$**线性相关**. 若只有当 $\lambda_1=\lambda_2=\cdots=\lambda_s=0$ 时, 才能使 $\lambda_1\boldsymbol{\alpha}_1+\lambda_2\boldsymbol{\alpha}_2+\cdots+\lambda_s\boldsymbol{\alpha}_s=\mathbf{0}$ 成立, 则称向量组 $\boldsymbol{\alpha}_1,\boldsymbol{\alpha}_2,\cdots,\boldsymbol{\alpha}_s$**线性无关**.

对于给定的向量组, 不是线性相关, 就是线性无关. 对于向量组的相关性, 容易得到下面的结论:

(1) 一个向量 $\boldsymbol{\alpha}$ 线性相关的充分必要条件是 $\boldsymbol{\alpha}=\mathbf{0}$; 一个向量 $\boldsymbol{\alpha}$ 线性无关的充分必要条件是 $\boldsymbol{\alpha}\neq\mathbf{0}$.

(2) 两个向量线性相关的充分必要条件是它们对应分量成比例.

(3) 线性相关的向量组增加向量个数仍然线性相关; 线性无关的向量组减少向量个数仍然线性无关.

例 6.17 讨论向量组 $\boldsymbol{\alpha}_1=[1,1,1]^{\mathrm{T}}$, $\boldsymbol{\alpha}_2=[1,-1,2]^{\mathrm{T}}$, $\boldsymbol{\alpha}_3=[3,1,4]^{\mathrm{T}}$ 的线性相关性.

解 设有三个数 $\lambda_1,\lambda_2,\lambda_3$, 使

$$\lambda_1\boldsymbol{\alpha}_1+\lambda_2\boldsymbol{\alpha}_2+\lambda_3\boldsymbol{\alpha}_3=\mathbf{0}.$$

即

$$[\lambda_1+\lambda_2+3\lambda_3,\lambda_1-\lambda_2+\lambda_3,\lambda_1+2\lambda_2+4\lambda_3]^{\mathrm{T}}=[0,0,0]^{\mathrm{T}}.$$

亦即

$$\begin{cases}\lambda_1+\lambda_2+3\lambda_3=0,\\ \lambda_1-\lambda_2+\lambda_3=0,\\ \lambda_1+2\lambda_2+4\lambda_3=0.\end{cases}$$

由于方程组的系数行列式

$$D=\begin{vmatrix}1&1&3\\1&-1&1\\1&2&4\end{vmatrix}=0.$$

所以该方程组有非零解, 即有不全为零的数 $\lambda_1,\lambda_2,\lambda_3$, 使 $\lambda_1\boldsymbol{\alpha}_1+\lambda_2\boldsymbol{\alpha}_2+\lambda_3\boldsymbol{\alpha}_3=\mathbf{0}$ 成立. 故向量组 $\boldsymbol{\alpha}_1,\boldsymbol{\alpha}_2,\boldsymbol{\alpha}_3$ 线性相关.

例 6.18 已知向量组 $\boldsymbol{\alpha}_1,\boldsymbol{\alpha}_2,\boldsymbol{\alpha}_3$ 线性无关, 试证向量组 $\boldsymbol{\beta}_1=\boldsymbol{\alpha}_1+\boldsymbol{\alpha}_2,\boldsymbol{\beta}_2=\boldsymbol{\alpha}_2+\boldsymbol{\alpha}_3,\boldsymbol{\beta}_3=\boldsymbol{\alpha}_1+\boldsymbol{\alpha}_3$ 也线性无关.

证 设存在一组数 $\lambda_1,\lambda_2,\lambda_3$, 使

$$\lambda_1\boldsymbol{\beta}_1+\lambda_2\boldsymbol{\beta}_2+\lambda_3\boldsymbol{\beta}_3=\mathbf{0}.$$

即

$$\lambda_1(\boldsymbol{\alpha}_1+\boldsymbol{\alpha}_2)+\lambda_2(\boldsymbol{\alpha}_2+\boldsymbol{\alpha}_3)+\lambda_3(\boldsymbol{\alpha}_1+\boldsymbol{\alpha}_3)=\mathbf{0}.$$

整理得

$$(\lambda_1+\lambda_3)\boldsymbol{\alpha}_1+(\lambda_1+\lambda_2)\boldsymbol{\alpha}_2+(\lambda_2+\lambda_3)\boldsymbol{\alpha}_3=\mathbf{0}.$$

因为 $\boldsymbol{\alpha}_1,\boldsymbol{\alpha}_2,\boldsymbol{\alpha}_3$ 线性无关, 所以有

$$\begin{cases}\lambda_1+\lambda_3=0,\\ \lambda_1+\lambda_2=0,\\ \lambda_2+\lambda_3=0,\end{cases}$$

即

$$\lambda_1=\lambda_2=\lambda_3=0.$$

故 $\boldsymbol{\beta}_1,\boldsymbol{\beta}_2,\boldsymbol{\beta}_3$ 线性无关.

定理 6.8 n 维向量组 $\boldsymbol{\alpha}_1,\boldsymbol{\alpha}_2,\cdots,\boldsymbol{\alpha}_s$ 线性相关的充分必要条件是 $r(\boldsymbol{A})<s$. 其中 $\boldsymbol{A}_{n\times s}=[\boldsymbol{\alpha}_1,\boldsymbol{\alpha}_2,\cdots,\boldsymbol{\alpha}_s]$. n 维向量组 $\boldsymbol{\alpha}_1,\boldsymbol{\alpha}_2,\cdots,\boldsymbol{\alpha}_s$ 线性无关的充分必要条件是 $r(\boldsymbol{A})=s$.

推论 6.1 n 个 n 维向量组 $\boldsymbol{\alpha}_1,\boldsymbol{\alpha}_2,\cdots,\boldsymbol{\alpha}_n$ 线性相关 $\Leftrightarrow |\boldsymbol{\alpha}_1,\boldsymbol{\alpha}_2,\cdots,\boldsymbol{\alpha}_n|=0$.

推论 6.2 当 $m>n$ 时,m 个 n 维向量必线性相关.

该定理和推论在判定向量组线性相关性时十分实用.

例 6.19 已知 $\boldsymbol{\alpha}_1=[1,-1,0,0]^{\mathrm{T}}$, $\boldsymbol{\alpha}_2=[0,1,1,-1]^{\mathrm{T}}$, $\boldsymbol{\alpha}_3=[-1,3,2,1]^{\mathrm{T}}$, $\boldsymbol{\alpha}_4=[-2,6,4,1]^{\mathrm{T}}$, 判定向量组 $\boldsymbol{\alpha}_1,\boldsymbol{\alpha}_2,\boldsymbol{\alpha}_3,\boldsymbol{\alpha}_4$ 及向量组 $\boldsymbol{\alpha}_1,\boldsymbol{\alpha}_2,\boldsymbol{\alpha}_3$ 的线性相关性.

解

$$\boldsymbol{A}=\begin{bmatrix}1&0&-1&-2\\-1&1&3&6\\0&1&2&4\\0&-1&1&1\end{bmatrix}\rightarrow\begin{bmatrix}1&0&-1&-2\\0&1&2&4\\0&1&2&4\\0&-1&1&1\end{bmatrix}\rightarrow\begin{bmatrix}1&0&-1&-2\\0&1&2&4\\0&0&0&0\\0&0&3&5\end{bmatrix}$$
$$\rightarrow\begin{bmatrix}1&0&-1&-2\\0&1&2&4\\0&0&3&5\\0&0&0&0\end{bmatrix}.$$

所以 $r(\boldsymbol{A})=3<4$, 向量组线性相关. 而 $r(\boldsymbol{\alpha}_1,\boldsymbol{\alpha}_2,\boldsymbol{\alpha}_3)=3$, 故向量组线性无关.

定理 6.9 r 维向量组的每个向量增加 $n-r$ 个分量, 成为 n 维向量组. 若 r 维向量组线性无关, 则 n 维向量组也线性无关. 反之, 若 n 维向量组线性相关, 则 r 维向量组也线性相关.

定理 6.10 向量组 $\boldsymbol{\alpha}_1,\boldsymbol{\alpha}_2,\cdots,\boldsymbol{\alpha}_s(s\geqslant 2)$ 线性相关的充分必要条件是其中至少有一个向量可由其余向量线性表示.

证 必要性 若 $\boldsymbol{\alpha}_1,\boldsymbol{\alpha}_2,\cdots,\boldsymbol{\alpha}_s$ 线性相关, 则存在一组不全为零的数 $\lambda_1,\lambda_2,\cdots,\lambda_s$, 使 $\lambda_1\boldsymbol{\alpha}_1+\lambda_2\boldsymbol{\alpha}_2+\cdots+\lambda_s\boldsymbol{\alpha}_s=\mathbf{0}$. 不妨设 $\lambda_1\neq 0$, 则

$$\boldsymbol{\alpha}_1=-\frac{\lambda_2}{\lambda_1}\boldsymbol{\alpha}_2-\cdots-\frac{\lambda_s}{\lambda_1}\boldsymbol{\alpha}_s.$$

即 $\boldsymbol{\alpha}_1$ 可由 $\boldsymbol{\alpha}_2,\boldsymbol{\alpha}_3,\cdots,\boldsymbol{\alpha}_s$ 线性表示.

充分性 若 $\boldsymbol{\alpha}_1,\boldsymbol{\alpha}_2,\cdots,\boldsymbol{\alpha}_s$ 中有一个向量可由其余向量线性表示, 不妨设为 $\boldsymbol{\alpha}_1$, 则有

$$\boldsymbol{\alpha}_1=\lambda_2\boldsymbol{\alpha}_2+\lambda_3\boldsymbol{\alpha}_3+\cdots+\lambda_s\boldsymbol{\alpha}_s.$$

于是

$$-\boldsymbol{\alpha}_1+\lambda_2\boldsymbol{\alpha}_2+\lambda_3\boldsymbol{\alpha}_3+\cdots+\lambda_s\boldsymbol{\alpha}_s=\mathbf{0}.$$

其中 $-1,\lambda_2,\lambda_3,\cdots,\lambda_s$ 不全为零. 故 $\boldsymbol{\alpha}_1,\boldsymbol{\alpha}_2,\cdots,\boldsymbol{\alpha}_s$ 线性相关.

定理 6.11 若 n 维向量组 $\boldsymbol{\alpha}_1,\boldsymbol{\alpha}_2,\cdots,\boldsymbol{\alpha}_s$ 线性无关, 而 $\boldsymbol{\alpha}_1,\boldsymbol{\alpha}_2,\cdots,\boldsymbol{\alpha}_s,\boldsymbol{\beta}$ 线性相关, 则 $\boldsymbol{\beta}$ 一定可由 $\boldsymbol{\alpha}_1,\boldsymbol{\alpha}_2,\cdots,\boldsymbol{\alpha}_s$ 线性表示, 且表示式是唯一的.

证 因 $\boldsymbol{\alpha}_1,\boldsymbol{\alpha}_2,\cdots,\boldsymbol{\alpha}_s,\boldsymbol{\beta}$ 线性相关, 故存在一组不全为零的数 $\lambda_1,\lambda_2,\cdots,\lambda_s,\lambda$, 使

$$\lambda_1\boldsymbol{\alpha}_1+\lambda_2\boldsymbol{\alpha}_2+\cdots+\lambda_s\boldsymbol{\alpha}_s+\lambda\boldsymbol{\beta}=\mathbf{0}.$$

如果 $\lambda=0$, 则存在不全为零的数 $\lambda_1,\lambda_2,\cdots,\lambda_s$, 使

$$\lambda_1\boldsymbol{\alpha}_1+\lambda_2\boldsymbol{\alpha}_2+\cdots+\lambda_s\boldsymbol{\alpha}_s=\mathbf{0}.$$

这与已知 $\boldsymbol{\alpha}_1,\boldsymbol{\alpha}_2,\cdots,\boldsymbol{\alpha}_s$ 线性无关相矛盾. 故 $\lambda\neq0$. 从而

$$\boldsymbol{\beta}=-\frac{\lambda_1}{\lambda}\boldsymbol{\alpha}_1-\frac{\lambda_2}{\lambda}\boldsymbol{\alpha}_2-\cdots-\frac{\lambda_s}{\lambda}\boldsymbol{\alpha}_s,$$

即 $\boldsymbol{\beta}$ 可由 $\boldsymbol{\alpha}_1,\boldsymbol{\alpha}_2,\cdots,\boldsymbol{\alpha}_s$ 线性表示.

再证表示式唯一. 设有两个表示式

$$\boldsymbol{\beta}=k_1\boldsymbol{\alpha}_1+k_2\boldsymbol{\alpha}_2+\cdots+k_s\boldsymbol{\alpha}_s,$$

$$\boldsymbol{\beta}=l_1\boldsymbol{\alpha}_1+l_2\boldsymbol{\alpha}_2+\cdots+l_s\boldsymbol{\alpha}_s.$$

两式相减得

$$(k_1-l_1)\boldsymbol{\alpha}_1+(k_2-l_2)\boldsymbol{\alpha}_2+\cdots+(k_s-l_s)\boldsymbol{\alpha}_s=\mathbf{0}.$$

因 $\boldsymbol{\alpha}_1,\boldsymbol{\alpha}_2,\cdots,\boldsymbol{\alpha}_s$ 线性无关, 所以 $k_i-l_i=0$, 即 $k_i=l_i(i=1,2,\cdots,s)$. 故表示式唯一.

6.5 向量组的秩及最大线性无关组

上节讨论向量组的相关性时, 矩阵的秩起到了十分重要的作用, 本节将引进向量组秩的概念.

6.5.1 向量组的等价

定义 6.7 设有向量组

$$\boldsymbol{A}:\ \boldsymbol{\alpha}_1,\boldsymbol{\alpha}_2,\cdots,\boldsymbol{\alpha}_s$$
$$\boldsymbol{B}:\ \boldsymbol{\beta}_1,\boldsymbol{\beta}_2,\cdots,\boldsymbol{\beta}_t$$

若向量组 $\boldsymbol{A}$ 中的每一个向量都可以由向量组 $\boldsymbol{B}$ 线性表示, 则称**向量组$\boldsymbol{A}$可由向量组 $\boldsymbol{B}$ 线性表示**. 若向量组 $\boldsymbol{A}$ 和向量组 $\boldsymbol{B}$ 可以互相线性表示, 则称**向量组$\boldsymbol{A}$和$\boldsymbol{B}$等价**. 记作 $\boldsymbol{A}\sim\boldsymbol{B}$. 容易验证, 等价的向量组具有下列性质:

(1) 反身性: $\boldsymbol{A} \sim \boldsymbol{A}$

(2) 对称性: 如果 $\boldsymbol{A} \sim \boldsymbol{B}$, 则 $\boldsymbol{B} \sim \boldsymbol{A}$

(3) 传递性: 如果 $\boldsymbol{A} \sim \boldsymbol{B}$, $\boldsymbol{B} \sim \boldsymbol{C}$, 则 $\boldsymbol{A} \sim \boldsymbol{C}$.

定理 6.12 如果向量组 $\boldsymbol{\alpha}_1, \boldsymbol{\alpha}_2, \cdots, \boldsymbol{\alpha}_s$ 可由向量组 $\boldsymbol{\beta}_1, \boldsymbol{\beta}_2, \cdots, \boldsymbol{\beta}_t$ 线性表示, 且 $s > t$, 则向量组 $\boldsymbol{\alpha}_1, \boldsymbol{\alpha}_2, \cdots, \boldsymbol{\alpha}_s$ 线性相关.

由此定理可得如下结论:

(1) 如果向量组 $\boldsymbol{\alpha}_1, \boldsymbol{\alpha}_2, \cdots, \boldsymbol{\alpha}_s$ 线性无关, 且可由向量组 $\boldsymbol{\beta}_1, \boldsymbol{\beta}_2, \cdots, \boldsymbol{\beta}_t$ 线性表示, 则 $s \leqslant t$.

(2) 如果向量组 $\boldsymbol{\alpha}_1, \boldsymbol{\alpha}_2, \cdots, \boldsymbol{\alpha}_s$ 与向量组 $\boldsymbol{\beta}_1, \boldsymbol{\beta}_2, \cdots, \boldsymbol{\beta}_t$ 等价, 且都线性无关, 则 $s = t$.

6.5.2 向量组的秩

定义 6.8 如果一个向量组的部分组 $\boldsymbol{\alpha}_1, \boldsymbol{\alpha}_2, \cdots, \boldsymbol{\alpha}_r$ 满足下列条件:

(1) $\boldsymbol{\alpha}_1, \boldsymbol{\alpha}_2, \cdots, \boldsymbol{\alpha}_r$ 线性无关;

(2) 向量组中每一个向量都可由 $\boldsymbol{\alpha}_1, \boldsymbol{\alpha}_2, \cdots, \boldsymbol{\alpha}_r$ 线性表示,

则称 $\boldsymbol{\alpha}_1, \boldsymbol{\alpha}_2, \cdots, \boldsymbol{\alpha}_r$ 为向量组的一个**最大线性无关组**(简称**最大无关组**).

一般说来, 一个向量组的最大无关组不是唯一的.

例如, 向量组 $\boldsymbol{\alpha}_1 = [1,0]^{\mathrm{T}}, \boldsymbol{\alpha}_2 = [0,1]^{\mathrm{T}}, \boldsymbol{\alpha}_3 = [1,1]^{\mathrm{T}}$, 其中 $\boldsymbol{\alpha}_1, \boldsymbol{\alpha}_2$ 是该向量组的最大无关组, $\boldsymbol{\alpha}_1, \boldsymbol{\alpha}_3; \boldsymbol{\alpha}_2, \boldsymbol{\alpha}_3$ 显然也是它的最大无关组. 这些最大无关组所含向量个数是相同的.

定义 6.9 向量组 $\boldsymbol{\alpha}_1, \boldsymbol{\alpha}_2, \cdots, \boldsymbol{\alpha}_s$ 的最大无关组所含向量的个数称为**向量组的秩**, 记作 $r(\boldsymbol{\alpha}_1, \boldsymbol{\alpha}_2, \cdots, \boldsymbol{\alpha}_s)$.

只含零向量的向量组没有最大无关组, 规定它的秩为零.

由定义易知下述结论成立:

(1) $\boldsymbol{\alpha}_1, \boldsymbol{\alpha}_2, \cdots, \boldsymbol{\alpha}_s$ 线性无关 $\Leftrightarrow r(\boldsymbol{\alpha}_1, \boldsymbol{\alpha}_2, \cdots, \boldsymbol{\alpha}_s) = s$.

$\boldsymbol{\alpha}_1, \boldsymbol{\alpha}_2, \cdots, \boldsymbol{\alpha}_s$线性相关 $\Leftrightarrow r(\boldsymbol{\alpha}_1, \boldsymbol{\alpha}_2, \cdots, \boldsymbol{\alpha}_s) < s$.

(2) 如果向量组的秩为 $r(r > 0)$, 则向量组中任意 r 个线性无关的向量都是它的一个最大无关组.

定理 6.13 向量组与它的任意一个最大无关组等价.

推论 6.3 一个向量组的任意两个最大无关组等价.

推论 6.4 一个向量组的秩是唯一确定的.

定理 6.14 若向量组 $\boldsymbol{A}$ 能由向量组 $\boldsymbol{B}$ 线性表示, 则向量组 $\boldsymbol{A}$ 的秩不大于向量组 $\boldsymbol{B}$ 的秩.

定理 6.15 等价向量组的秩相同.

6.5.3 向量组的秩与矩阵的秩的关系

定义 6.10 矩阵 $\boldsymbol{A}$ 的行向量组的秩称为 $\boldsymbol{A}$ 的行秩, $\boldsymbol{A}$ 的列向量组的秩称为 $\boldsymbol{A}$ 的列秩.

例 6.20 设矩阵

$$\boldsymbol{A}=\begin{bmatrix}1&1&1\\0&1&2\\0&0&0\end{bmatrix},$$

求 $\boldsymbol{A}$ 的行秩和列秩.

解 显然 $\boldsymbol{A}$ 的秩为 2, $\boldsymbol{A}$ 的行向量组为

$$\boldsymbol{\alpha}_1=[1,1,1],\quad \boldsymbol{\alpha}_2=[0,1,2],\quad \boldsymbol{\alpha}_3=[0,0,0].$$

$\boldsymbol{\alpha}_1,\boldsymbol{\alpha}_2$ 是 $\boldsymbol{A}$ 的行向量组的一个最大无关组, 因此 $\boldsymbol{A}$ 的行秩为 2. 又 $\boldsymbol{A}$ 的列向量组为

$$\boldsymbol{\beta}_1=[1,0,0]^{\mathrm{T}},\quad \boldsymbol{\beta}_2=[1,1,0]^{\mathrm{T}},\quad \boldsymbol{\beta}_3=[1,2,0]^{\mathrm{T}}.$$

$\boldsymbol{\beta}_1,\boldsymbol{\beta}_2$ 是 $\boldsymbol{A}$ 的列向量组的一个最大无关组, 因此 $\boldsymbol{A}$ 的列秩为 2. 即 $\boldsymbol{A}$ 的行秩等于列秩. 那么对于一般矩阵, 是否也有上述结论? 下面的定理回答了这个问题.

定理 6.16 矩阵 $\boldsymbol{A}$ 的秩 $=\boldsymbol{A}$ 的行秩 $=\boldsymbol{A}$ 的列秩.

前面曾经给出了一种求矩阵秩的方法, 即利用行初等变换将矩阵化为梯矩阵. 实质上就是求出该矩阵的行秩, 同时也给出了一种求向量组的最大无关组的方法.

例 6.21 设向量组

$$\boldsymbol{\alpha}_1=[-1,-1,0,0]^{\mathrm{T}},\quad \boldsymbol{\alpha}_2=[1,2,1,-1]^{\mathrm{T}},\quad \boldsymbol{\alpha}_3=[0,1,1,-1]^{\mathrm{T}},$$
$$\boldsymbol{\alpha}_4=[1,3,2,1]^{\mathrm{T}},\quad \boldsymbol{\alpha}_5=[2,6,4,-1]^{\mathrm{T}}.$$

(1) 求向量组的秩并判定向量组的相关性.

(2) 求向量组的一个最大无关组, 并将其余向量用最大无关组线性表示.

解 作矩阵 $\boldsymbol{A}=[\boldsymbol{\alpha}_1,\boldsymbol{\alpha}_2,\boldsymbol{\alpha}_3,\boldsymbol{\alpha}_4,\boldsymbol{\alpha}_5]$, 对 $\boldsymbol{A}$ 做初等变换化为阶梯型矩阵

$$\boldsymbol{A}=\begin{bmatrix}-1&1&0&1&2\\-1&2&1&3&6\\0&1&1&2&4\\0&-1&-1&1&-1\end{bmatrix}\to\begin{bmatrix}-1&1&0&1&2\\0&1&1&2&4\\0&1&1&2&4\\0&-1&-1&1&-1\end{bmatrix}\to\begin{bmatrix}1&-1&0&1&2\\0&1&1&2&4\\0&0&0&0&0\\0&0&0&3&3\end{bmatrix}$$

$$\to\begin{bmatrix}1&-1&0&1&2\\0&1&1&2&4\\0&0&0&1&1\\0&0&0&0&0\end{bmatrix}=[\boldsymbol{\beta}_1,\boldsymbol{\beta}_2,\boldsymbol{\beta}_3,\boldsymbol{\beta}_4,\boldsymbol{\beta}_5]=\boldsymbol{B}.$$

显然 $r(\boldsymbol{A})=3<5$. 故向量组线性相关.

而 $\boldsymbol{A}$ 的列向量组的最大无关组含 3 个列向量, 所以在 $\boldsymbol{A}$ 的第 1, 2, 4 列中存在一个 3 阶子式

$$\boldsymbol{D}=\begin{vmatrix} 1 & -1 & 1 \\ 0 & 1 & 2 \\ 0 & 0 & 1 \end{vmatrix}\neq 0.$$

从而 $\boldsymbol{\alpha}_1,\boldsymbol{\alpha}_2,\boldsymbol{\alpha}_4$ 是 $\boldsymbol{A}$ 的一个最大无关组.

为了把 $\boldsymbol{\alpha}_3,\boldsymbol{\alpha}_5$ 用 $\boldsymbol{\alpha}_1,\boldsymbol{\alpha}_2,\boldsymbol{\alpha}_4$, 线性表示, 再把 $\boldsymbol{B}$ 化为行最简形矩阵

$$\boldsymbol{B}=\begin{bmatrix} 1 & -1 & 0 & -1 & -2 \\ 0 & 1 & 1 & 2 & 4 \\ 0 & 0 & 0 & 1 & 1 \\ 0 & 0 & 0 & 0 & 0 \end{bmatrix}\xrightarrow[r_2-2r_3]{r_1+r_3}\begin{bmatrix} 1 & -1 & 0 & 0 & -1 \\ 0 & 1 & 1 & 0 & 2 \\ 0 & 0 & 0 & 1 & 1 \\ 0 & 0 & 0 & 0 & 0 \end{bmatrix}$$

$$\xrightarrow{r_1+r_2}\begin{bmatrix} 1 & 0 & 1 & 0 & 1 \\ 0 & 1 & 1 & 0 & 2 \\ 0 & 0 & 0 & 1 & 1 \\ 0 & 0 & 0 & 0 & 0 \end{bmatrix},$$

即得

$$\begin{aligned} \boldsymbol{\alpha}_3 &= \boldsymbol{\alpha}_1+\boldsymbol{\alpha}_2, \\ \boldsymbol{\alpha}_5 &= \boldsymbol{\alpha}_1+2\boldsymbol{\alpha}_2+\boldsymbol{\alpha}_4. \end{aligned}$$

6.6 线性方程组的解

6.6.1 解线性方程组

行化简算法应用于方程组求解时, 可得出线性方程组解集的一种表示方法.

例如, 设某一个线性方程组的增广矩阵已经化为等价的行最简形

$$\begin{bmatrix} 1 & 0 & -5 & 1 \\ 0 & 1 & 1 & 4 \\ 0 & 0 & 0 & 0 \end{bmatrix},$$

因增广矩阵有 4 列, 所以有 3 个未知数, 对应的线性方程组是

$$\begin{aligned} x_1-5x_3 &= 1, \\ x_2+x_3 &= 4, \\ 0 &= 0. \end{aligned} \tag{6.6}$$

对应于主元列的变量 x_1 和 x_2 称为基本变量. 其他变量如 x_3, 称为自由变量.

称**一个线性方程组是相容的**, 是指如方程组 (6.6) 的解 (基本变量) 可以用自由变量表示出来. 由于行最简形使每个基本变量仅包含在一个方程中. 在方程组 (6.6) 中, 可由第一个方程解出 x_1, 第 2 个方程解出 x_2(第 3 个方程对未知数没有任何限制, 可以不管它). 在方程组 (6.6) 中, 当 x_3 的值选定后, 由 (6.6) 中的前两个方程就可以确定 x_1 和 x_2 的值, 例如, 当 $x_3=0$, 得出解 (1,4,0); 当 $x_3=1$, 得出解 (6, 3, 1), x_3 的不同选择确定了方程组的不同解, 方程组的每个解由 x_3 的值的选择来确定. 即 x_3 可取任意的值, 因此, 我们称 x_3 为自由变量. 从而有

$$\begin{cases} x_1 = 1 + 5x_3, \\ x_2 = 4 - x_3, \\ x_3\text{是自由变量}. \end{cases} \tag{6.7}$$

式 (6.7) 给出的解称为**方程组的通解**, 因而它给出了方程组所有解.

例 6.22 求方程组的解, 该方程组的增广矩阵已经化为

$$\begin{bmatrix} 1 & 6 & 2 & -5 & -2 & -4 \\ 0 & 0 & 2 & -8 & -1 & 3 \\ 0 & 0 & 0 & 0 & 1 & 7 \end{bmatrix}.$$

解 该矩阵已是阶梯形, 但在解出基本变量前仍需把它化为行最简形.

$$\begin{bmatrix} 1 & 6 & 2 & -5 & -2 & -4 \\ 0 & 0 & 2 & -8 & -1 & 3 \\ 0 & 0 & 0 & 0 & 1 & 7 \end{bmatrix} \sim \begin{bmatrix} 1 & 6 & 2 & -5 & 0 & 10 \\ 0 & 0 & 2 & -8 & 0 & 10 \\ 0 & 0 & 0 & 0 & 1 & 7 \end{bmatrix}$$

$$\sim \begin{bmatrix} 1 & 6 & 2 & -5 & 0 & 10 \\ 0 & 0 & 1 & -4 & 0 & 5 \\ 0 & 0 & 0 & 0 & 1 & 7 \end{bmatrix} \sim \begin{bmatrix} 1 & 6 & 0 & 3 & 0 & 0 \\ 0 & 0 & 1 & -4 & 0 & 5 \\ 0 & 0 & 0 & 0 & 1 & 7 \end{bmatrix}.$$

增广矩阵有 6 列, 所以原方程组有 5 个变量, 对应的方程组为

$$\begin{cases} x_1 + 6x_2 + 3x_4 = 0, \\ x_3 - 4x_4 = 5, \\ x_5 = 7. \end{cases} \tag{6.8}$$

矩阵的主元列是第 1, 3, 5 列, 基本变量为 x_1,x_3,x_5, 剩下的变量 x_2 和 x_4 为自由变

量, 解出基本变量, 得通解为

$$\begin{cases} x_1 = -6x_2 - 3x_4, \\ x_2\text{为自由变量}, \\ x_3 = 5 + 4x_4 \\ x_4\text{为自由变量}, \\ x_5 = 7. \end{cases} \tag{6.9}$$

注意, 由方程组 (6.9) 的第 3 个方程中 x_5 的值是确定的.

解集的参数表示: 解集的表示式 (6.7) 和 (6.9) 称为解集的参数表示, 其中自由变量作为参数. 解方程组就是要求出解集的这种参数表示或确定它无解.

当一个方程组是相容的, 且具有自由变量, 则它的解集具有多种参数表示. 例如, 在方程组 (6.6) 中, 可以把方程 2 的 5 倍加到方程 1, 得等价方程组

$$\begin{cases} x_1 + 5x_2 = 21, \\ x_2 + x_3 = 4. \end{cases}$$

这时可把 x_2 看作参数, 用 x_2 表示 x_1,x_3, 得到解集的第一种表示法. 不过, 可以约定使用自由变量作为参数来表示解集.

当方程组是不相容时, 解集是空集, 无论方程组是否有自由变量, 此时, 解集无参数表示.

6.6.2 存在与唯一性问题

虽然非简化的阶梯形并不适于解线性方程组, 但是这种形式完全可以回答 5.1 节中提出的两个基本问题.

例 6.23 确定下列线性方程组的解是否存在且唯一

$$\begin{cases} 3x_2 - 6x_3 + 6x_4 + 4x_5 = -5, \\ 3x_1 - 7x_2 + 8x_3 - 5x_4 + 8x_5 = 9, \\ 3x_1 - 9x_2 + 12x_3 - 9x_4 + 6x_5 = 15. \end{cases}$$

解 该方程组的增广矩阵在例 7.15 中化简为

$$\begin{bmatrix} 3 & -9 & 12 & -9 & 6 & 15 \\ 0 & 2 & -4 & 4 & 2 & -6 \\ 0 & 0 & 0 & 0 & 1 & 4 \end{bmatrix}. \tag{6.10}$$

基本变量是 x_1,x_2 和 x_5, 自由变量是 x_3 和 x_4. 这里没有类似 $0 = 1$ 的造成不相容方程组的方程. 但解的存在性在方程 (6.10) 中已经清楚了. 同时, 解不是唯一的, 因为有自由变量存在. x_3 和 x_4 的每一种选择都确定一组解, 所以此方程组有无穷多组解.

当一个方程组化为阶梯形, 且不包含形如 $0=b$ 的方程, 其中 $b\neq 0$, 每个方程包含一个基本变量, 它的系数非零. 或者这些基本变量已完全确定 (此时无自由变量), 或者至少有一个基本变量可用一个或多个自由变量表示, 对前一种情形, 有唯一的解; 对后一种情形, 有无穷多个解 (对应自由变量的每一个选择都有一个解).

以上讨论证明了以下定理:

定理 6.17(存在与唯一性定理)　线性方程组相容的充要条件是增广矩阵与系数矩阵的秩相等. 或者增广矩阵的最右列不是主元列.

若线性方程组相容, 它的解集可能有两种情形：

(i) 当没有自由变量时, 有唯一解;

(ii) 若至少有一个自由变量, 有无穷解.

以下是应用行化简算法解线性方程组的步骤:

(1) 写出方程组的增广矩阵.

(2) 应用行化简算法把增广矩阵化为阶梯形. 确定方程组是否有解, 如果没有解则停止; 否则进行下一步.

(3) 继续行化简算法得到它的行最简形.

(4) 写出由第 3 步所得矩阵对应的方程组.

(5) 把第 4 步所得的每个方程改写为用自由变量表示基本变量的形式.

以上利用矩阵的初等行变换讨论了线性方程组的解, 下面利用矩阵的秩以及向量组线性相关性的理论进一步讨论线性方程组的解的结构, 从而完善线性方程组的理论.

6.6.3 齐次线性方程组

设 n 元齐次线性方程组

$$\begin{cases} a_{11}x_1+a_{12}x_2+\cdots+a_{1n}x_n=0, \\ a_{21}x_1+a_{22}x_2+\cdots+a_{2n}x_n=0, \\ \quad\cdots\cdots \\ a_{m1}x_1+a_{m2}x_2+\cdots+a_{mn}x_n=0, \end{cases} \tag{6.11}$$

记系数矩阵

$$\boldsymbol{A}=\begin{bmatrix} a_{11} & a_{12} & \cdots & a_{1n} \\ a_{21} & a_{22} & \cdots & a_{2n} \\ \vdots & \vdots & & \vdots \\ a_{m1} & a_{m2} & \cdots & a_{mn} \end{bmatrix}, \quad \boldsymbol{x}=\begin{bmatrix} x_1 \\ x_2 \\ \vdots \\ x_n \end{bmatrix},$$

则 (6.11) 可写成矩阵形式

$$\boldsymbol{A}\boldsymbol{x}=\mathbf{0} \tag{6.12}$$

定理 6.18　n 元齐次线性方程组 (6.11) 有非零解 $\Leftrightarrow r(\boldsymbol{A})=r<n$.

下面给出齐次线性方程组解的性质.

性质 6.1 若 $\boldsymbol{x}=\boldsymbol{\xi}_1$, $\boldsymbol{x}=\boldsymbol{\xi}_2$ 是方程组 (6.12) 的解, 则 $\boldsymbol{x}=\boldsymbol{\xi}_1+\boldsymbol{\xi}_2$ 也是方程组 (6.12) 的解.

证 由 $\boldsymbol{A}\boldsymbol{\xi}_1=\mathbf{0}$, $\boldsymbol{A}\boldsymbol{\xi}_2=\mathbf{0}$ 即知

$$\boldsymbol{A}(\boldsymbol{\xi}_1+\boldsymbol{\xi}_2)=\boldsymbol{A}\boldsymbol{\xi}_1+\boldsymbol{A}\boldsymbol{\xi}_2=\mathbf{0}.$$

所以 $\boldsymbol{x}=\boldsymbol{\xi}_1+\boldsymbol{\xi}_2$ 是方程组 (6.12) 的解.

性质 6.2 若 $\boldsymbol{x}=\boldsymbol{\xi}$ 是方程组 (6.12) 的解, k 为实数, 则 $\boldsymbol{x}=k\boldsymbol{\xi}$ 也是方程组 (6.12) 的解.

证 由 $\boldsymbol{A}\boldsymbol{\xi}_1=\mathbf{0}$ 知 $\boldsymbol{A}(k\boldsymbol{\xi})=k(\boldsymbol{A}\boldsymbol{\xi})=\mathbf{0}$, 所以 $k\boldsymbol{\xi}$ 是 (6.12) 的解.

由性质 6.1 和性质 6.2 可推出, 如果 $\boldsymbol{\xi}_1,\boldsymbol{\xi}_2,\cdots,\boldsymbol{\xi}_t$ 均为 $\boldsymbol{A}\boldsymbol{x}=\mathbf{0}$ 的解, 则它们的线性组合 $c_1\boldsymbol{\xi}_1+c_2\boldsymbol{\xi}_2+\cdots+c_t\boldsymbol{\xi}_t(c_1,c_2,\cdots,c_t$ 为任意常数) 也是 $\boldsymbol{A}\boldsymbol{x}=\mathbf{0}$ 的解.

定义 6.11 如果 $\boldsymbol{\xi}_1,\boldsymbol{\xi}_2,\cdots,\boldsymbol{\xi}_s$ 为 $\boldsymbol{A}\boldsymbol{x}=\mathbf{0}$ 的解向量组的一个最大无关组, 则称 $\boldsymbol{\xi}_1,\boldsymbol{\xi}_2,\cdots,\boldsymbol{\xi}_s$ 为该方程组的一个基础解系.

显然, 只有当 $\boldsymbol{A}\boldsymbol{x}=\mathbf{0}$ 有非零解时, 才会存在基础解系.

定理 6.19 若 n 元齐次线性方程组 $\boldsymbol{A}\boldsymbol{x}=\mathbf{0}$ 的系数矩阵 $\boldsymbol{A}$ 的秩 $r(\boldsymbol{A})=r<n$, 则该方程组必存在基础解系, 并且它的任意一个基础解系均由 $n-r$ 个解向量组成.

下面给出的证明是一种构造性证明, 即在证明中给出了一种求基础解系的方法.

证 设方程组 $\boldsymbol{A}\boldsymbol{x}=\mathbf{0}$ 的系数矩阵 $\boldsymbol{A}$ 的秩为 r, 不妨设 $\boldsymbol{A}$ 的前 r 个列向量线性无关, 对 $\boldsymbol{A}$ 施行初等行变换, 得到 $\boldsymbol{A}$ 的行最简形矩阵为

$$\boldsymbol{A}_1=\begin{bmatrix} 1 & \cdots & 0 & c_{11} & \cdots & c_{1,n-1} \\ \vdots & & \vdots & \vdots & & \vdots \\ 0 & \cdots & 1 & c_{r1} & \cdots & c_{r,n-r} \\ 0 & \cdots & 0 & 0 & \cdots & 0 \\ \vdots & & \vdots & \vdots & & \vdots \\ 0 & \cdots & 0 & 0 & \cdots & 0 \end{bmatrix}$$

与 $\boldsymbol{A}_1$ 对应的方程组为

$$\begin{cases} x_1=-c_{11}x_{r+1}-\cdots-c_{1,n-r}x_n, \\ x_2=-c_{11}x_{r+1}-\cdots-c_{2,n-r}x_n, \\ \qquad\cdots\cdots \\ x_r=-c_{r1}x_{r+1}-\cdots-c_{r,n-r}x_n. \end{cases} \tag{6.13}$$

由于方程组 (6.11) 与 (6.13) 同解, 在 (6.13) 中任给 $x_{r+1},\cdots,x_n$ 一组值 (此时称 $x_{r+1},\cdots,x_n$ 为自由未知量), 就可唯一确定 $x_1,\cdots,x_r$ 的值. 从而得到 (6.13) 的一个解.

也就是 (6.11) 的解. 现在令 $x_{r+1},\cdots,x_n$ 分别取下列 $n-r$ 组数, 有

$$\begin{bmatrix} x_{r+1} \\ x_{r+2} \\ \vdots \\ x_n \end{bmatrix} = \begin{bmatrix} 1 \\ 0 \\ \vdots \\ 0 \end{bmatrix}, \begin{bmatrix} 0 \\ 1 \\ \vdots \\ 0 \end{bmatrix}, \cdots, \begin{bmatrix} 0 \\ 0 \\ \vdots \\ 1 \end{bmatrix}.$$

由 (6.13) 依次可得

$$\begin{bmatrix} x_1 \\ x_2 \\ \vdots \\ x_r \end{bmatrix} = \begin{bmatrix} -c_{11} \\ -c_{21} \\ \vdots \\ -c_{r1} \end{bmatrix}, \begin{bmatrix} -c_{12} \\ -c_{22} \\ \vdots \\ -c_{r2} \end{bmatrix}, \cdots, \begin{bmatrix} -c_{1,n-r} \\ -c_{2,n-r} \\ \vdots \\ -c_{r,n-r} \end{bmatrix}.$$

从而求得 (6.13) 的 $n-r$ 个解. 即方程组 (6.11) 的 $n-r$ 个解

$$\boldsymbol{\xi}_1 = \begin{bmatrix} -c_{11} \\ \vdots \\ -c_{r1} \\ 1 \\ 0 \\ \vdots \\ 0 \end{bmatrix}, \boldsymbol{\xi}_2 = \begin{bmatrix} -c_{12} \\ \vdots \\ -c_{r2} \\ 0 \\ 1 \\ \vdots \\ 0 \end{bmatrix}, \cdots, \boldsymbol{\xi}_{n-r} = \begin{bmatrix} -c_{1,n-r} \\ \vdots \\ -c_{r,n-r} \\ 0 \\ 0 \\ \vdots \\ 1 \end{bmatrix}.$$

下面证明 $\boldsymbol{\xi}_1,\boldsymbol{\xi}_2,\cdots,\boldsymbol{\xi}_{n-r}$ 就是方程组 (6.11) 的基础解系.

(1) 由于 $n-r$ 个 $n-r$ 维向量

$$\begin{bmatrix} 1 \\ 0 \\ \vdots \\ 0 \end{bmatrix}, \begin{bmatrix} 0 \\ 1 \\ \vdots \\ 0 \end{bmatrix}, \cdots, \begin{bmatrix} 0 \\ 0 \\ \vdots \\ 1 \end{bmatrix}$$

线性无关, 所以每个向量前添加 r 个分量而得到的 $n-r$ 个 n 维向量 $\boldsymbol{\xi}_1,\boldsymbol{\xi}_2,\cdots,\boldsymbol{\xi}_{n-r}$ 也线性无关.

(2) 设 $\boldsymbol{\xi}=\begin{bmatrix} b_1 \\ \vdots \\ b_r \\ b_{r+1} \\ \vdots \\ b_n \end{bmatrix}$ 是方程组 (6.11) 的任一解. 因为 $\boldsymbol{\xi}_1,\boldsymbol{\xi}_2,\cdots,\boldsymbol{\xi}_{n-r}$ 都是 (6.11) 的解, 所以 $\boldsymbol{\eta}=b_{r+1}\boldsymbol{\xi}_1+b_{r+2}\boldsymbol{\xi}_2+\cdots+b_n\boldsymbol{\xi}_{n-r}$ 也是方程组 (6.11) 的解. 比较 $\boldsymbol{\eta}$ 和 $\boldsymbol{\xi}$ 知它们的后 $n-r$ 个分量对应相等. 由于它们都满足方程组 (6.13), 从而知它们的前面 r 个分量也对应相等. 因此 $\boldsymbol{\xi}=\boldsymbol{\eta}=b_{r+1}\boldsymbol{\xi}_1+b_{r+2}\boldsymbol{\xi}_2+\cdots+b_n\boldsymbol{\xi}_{n-r}$, 即方程组 (6.11) 的任一解 $\boldsymbol{\xi}$ 可由 $\boldsymbol{\xi}_1,\boldsymbol{\xi}_2,\cdots,\boldsymbol{\xi}_{n-r}$ 线性表示.

由 (1)(2) 可知 $\boldsymbol{\xi}_1,\boldsymbol{\xi}_2,\cdots,\boldsymbol{\xi}_{n-r}$ 是方程组 (6.11) 的基础解系.

对于给定的齐次线性方程组, 当存在非零解时, 即可按定理的证明中给出的求基础解系的方法, 求出该方程组的一个基础解系 $\boldsymbol{\xi}_1,\boldsymbol{\xi}_2,\cdots,\boldsymbol{\xi}_{n-r}$, 此时, 方程组的全部解均可表为下述形式

$$\boldsymbol{x}=k_1\boldsymbol{\xi}_1+k_2\boldsymbol{\xi}_2+\cdots+k_{n-r}\boldsymbol{\xi}_{n-r}\quad(k_1,k_2,\cdots,k_{n-r}\text{为任意常数}).$$

综上所述, 对齐次线性方程组 $\boldsymbol{Ax}=\mathbf{0}$, 有:

(1) 当 $r(\boldsymbol{A})=n$ 时, 方程组只有零解, 无基础解系.

(2) 当 $r(\boldsymbol{A})=r<n$ 时, 方程组有无穷多解, 此时方程组 (6.11) 的基础解系由 $n-r$ 个解向量 $\boldsymbol{\xi}_1,\boldsymbol{\xi}_2,\cdots,\boldsymbol{\xi}_{n-r}$ 组成. 其通解可以表示成

$$\boldsymbol{x}=k_1\boldsymbol{\xi}_1+k_2\boldsymbol{\xi}_2+\cdots+k_{n-r}\boldsymbol{\xi}_{n-r}\quad(k_1,k_2,\cdots,k_{n-r}\text{为任意常数}).$$

例 6.24 求齐次线性方程组 $\begin{cases} x_1+2x_2+x_3-x_4=0, \\ 3x_1+6x_2-x_3-3x_4=0, \\ 5x_1+10x_2+x_3-5x_4=0 \end{cases}$ 的一个基础解系及通解.

解 对系数矩阵施行初等行变换, 化为阶梯形

$$\boldsymbol{A}=\begin{bmatrix} 1 & 2 & 1 & -1 \\ 3 & 6 & -1 & -3 \\ 5 & 10 & 1 & -5 \end{bmatrix}\to\begin{bmatrix} 1 & 2 & 1 & -1 \\ 0 & 0 & -4 & 0 \\ 0 & 0 & -4 & 0 \end{bmatrix}\to\begin{bmatrix} 1 & 2 & 1 & -1 \\ 0 & 0 & 1 & 0 \\ 0 & 0 & 0 & 0 \end{bmatrix},$$

得 $r(\boldsymbol{A})=2<4$. 方程组有非零解. 并且基础解系由 $n-r=2$ 个解向量组成.

注意到 x_1,x_3 对应的系数行列式. 可选择 x_2,x_4 为自由未知量, 便得

$$\begin{cases} x_1+x_3=-2x_2+x_4, \\ x_3=0. \end{cases}$$

取 $\begin{bmatrix} x_2 \\ x_4 \end{bmatrix} = \begin{bmatrix} 1 \\ 0 \end{bmatrix}, \begin{bmatrix} 0 \\ 1 \end{bmatrix}$ 得 $\begin{bmatrix} x_1 \\ x_3 \end{bmatrix} = \begin{bmatrix} -2 \\ 0 \end{bmatrix}, \begin{bmatrix} 1 \\ 0 \end{bmatrix}$, 从而得基础解系

$$\boldsymbol{\xi}_1 = \begin{bmatrix} -2 \\ 1 \\ 0 \\ 0 \end{bmatrix}, \quad \boldsymbol{\xi}_2 = \begin{bmatrix} 1 \\ 0 \\ 0 \\ 1 \end{bmatrix}.$$

原方程组的通解为

$$\boldsymbol{x} = k_1 \begin{bmatrix} -2 \\ 1 \\ 0 \\ 0 \end{bmatrix} + k_2 \begin{bmatrix} 1 \\ 0 \\ 0 \\ 1 \end{bmatrix} \quad (\text{其中} k_1, k_2 \text{是任意常数}).$$

6.6.4 非齐次线性方程组

设非齐次方程组

$$\begin{cases} a_{11}x_1 + a_{12}x_2 + \cdots + a_{1n}x_n = b_1, \\ a_{21}x_1 + a_{22}x_2 + \cdots + a_{2n}x_n = b_2, \\ \quad\cdots\cdots \\ a_{m1}x_1 + a_{m2}x_2 + \cdots + a_{mn}x_n = b_m \end{cases} \tag{6.14}$$

的系数矩阵为 $\boldsymbol{A}$, $\boldsymbol{b} = [b_1, b_2, \cdots, b_m]^{\mathrm{T}}$, 则有矩阵形式

$$\boldsymbol{Ax} = \boldsymbol{b}. \tag{6.15}$$

非齐次线性方程组有解 $\Leftrightarrow$ 系数矩阵 $\boldsymbol{A}$ 的秩与增广矩阵 $\boldsymbol{B}$ 的秩相等, 即 $r(\boldsymbol{A}) = r(\boldsymbol{B})$.

非齐次线性方程组的解具有如下性质:

(1) 当 $r(\boldsymbol{A}) = r(\boldsymbol{B}) = n$ 时, $\boldsymbol{Ax} = \boldsymbol{b}$ 有唯一解.

(2) 当 $r(\boldsymbol{A}) = r(\boldsymbol{B}) < n$ 时, $\boldsymbol{Ax} = \boldsymbol{b}$ 有无穷多解.

性质 6.3 设 $\boldsymbol{x} = \boldsymbol{\eta}_1, \boldsymbol{x} = \boldsymbol{\eta}_2$ 都是方程组 $\boldsymbol{Ax} = \boldsymbol{b}$ 的解. 则 $\boldsymbol{x} = \boldsymbol{\eta}_1 - \boldsymbol{\eta}_2$ 是对应齐次方程组 $\boldsymbol{Ax} = \boldsymbol{0}$ 的解.

证 由于 $\boldsymbol{A\eta}_1 = \boldsymbol{b}, \boldsymbol{A\eta}_2 = \boldsymbol{b}$, 所以

$$\boldsymbol{A}(\boldsymbol{\eta}_1 - \boldsymbol{\eta}_2) = \boldsymbol{A\eta}_1 - \boldsymbol{A\eta}_2 = \boldsymbol{0},$$

即 $\boldsymbol{x} = \boldsymbol{\eta}_1 - \boldsymbol{\eta}_2$ 是 $\boldsymbol{Ax} = \boldsymbol{0}$ 的解.

性质 6.4 设 $\boldsymbol{x} = \boldsymbol{\xi}$ 是 $\boldsymbol{Ax} = \boldsymbol{0}$ 的解, $\boldsymbol{x} = \boldsymbol{\eta}$ 是 $\boldsymbol{Ax} = \boldsymbol{b}$ 的解, 则 $\boldsymbol{x} = \boldsymbol{\xi} + \boldsymbol{\eta}$ 是 $\boldsymbol{Ax} = \boldsymbol{b}$ 的解.

证 由于 $\boldsymbol{A\xi}=\mathbf{0}$, $\boldsymbol{A\eta}=\boldsymbol{b}$, 所以

$$\boldsymbol{A}(\boldsymbol{\xi}+\boldsymbol{\eta})=\boldsymbol{A\xi}+\boldsymbol{A\eta}=\boldsymbol{b},$$

即 $\boldsymbol{x}=\boldsymbol{\xi}+\boldsymbol{\eta}$ 是 $\boldsymbol{Ax}=\boldsymbol{b}$ 的解.

定理 6.20 设 $\boldsymbol{\eta}^*$ 是非齐次线性方程组 $\boldsymbol{Ax}=\boldsymbol{b}$ 的一个解. $\boldsymbol{\xi}_1,\boldsymbol{\xi}_2,\cdots,\boldsymbol{\xi}_{n-r}$ 是对应齐次方程组 $\boldsymbol{Ax}=\mathbf{0}$ 的基础解系, 则 $\boldsymbol{Ax}=\boldsymbol{b}$ 的通解为

$$\boldsymbol{x}=k_1\boldsymbol{\xi}_1+k_2\boldsymbol{\xi}_2+\cdots+k_{n-r}\boldsymbol{\xi}_{n-r}+\boldsymbol{\eta}^* \quad (\text{其中}k_1,k_2,\cdots k_{n-r}\text{为任意实数}).$$

证 设 $\boldsymbol{x}$ 是 $\boldsymbol{Ax}=\boldsymbol{b}$ 的任意一个解, 由于 $\boldsymbol{A\eta}^*=\boldsymbol{b}$, 故 $\boldsymbol{x}-\boldsymbol{\eta}^*$ 是 $\boldsymbol{Ax}=\mathbf{0}$ 的解, 而 $\boldsymbol{\xi}_1,\boldsymbol{\xi}_2,\cdots,\boldsymbol{\xi}_{n-r}$ 是 $\boldsymbol{Ax}=\mathbf{0}$ 的基础解系, 故

$$\boldsymbol{x}-\boldsymbol{\eta}^*=k_1\boldsymbol{\xi}_1+k_2\boldsymbol{\xi}_2+\cdots+k_{n-r}\boldsymbol{\xi}_{n-r},$$

即

$$\boldsymbol{x}=k_1\boldsymbol{\xi}_1+k_2\boldsymbol{\xi}_2+\cdots+k_{n-r}\boldsymbol{\xi}_{n-r}+\boldsymbol{\eta}^* \quad (\text{其中}k_1,k_2,\cdots,k_{n-r}\text{为任意实数})$$

定理 6.20 表明, 非齐次线性方程组的通解为对应的齐次线性方程组的通解加上它本身的一个解所构成.

例 6.25 求解线性方程组

$$\begin{cases} x_1+2x_2-x_3-2x_4=0, \\ 2x_1-x_2-x_3+x_4=1, \\ 3x_1+x_2-2x_3-x_4=1. \end{cases}$$

解 对增广矩阵施行初等行变换

$$\boldsymbol{B}=\begin{bmatrix} 1 & 2 & -1 & -2 & 0 \\ 2 & -1 & -1 & 1 & 1 \\ 3 & 1 & -2 & -1 & 1 \end{bmatrix} \to \begin{bmatrix} 1 & 2 & -1 & -2 & 0 \\ 0 & -5 & 1 & 5 & 1 \\ 0 & -5 & 1 & 5 & 1 \end{bmatrix}$$

$$\to \begin{bmatrix} 1 & 2 & -1 & -2 & 0 \\ 0 & -5 & 1 & 5 & 1 \\ 0 & 0 & 0 & 0 & 0 \end{bmatrix}$$

可见 $r(\boldsymbol{A})=r(\boldsymbol{B})=2<4$, 故方程组有无穷多解. 并有 $\begin{cases} x_1=3x_2-3x_4+1, \\ x_3=5x_2-5x_4+1, \end{cases}$ 取 $x_2=x_4=0$ 得 $x_1=x_3=1$. 得方程组的一个特解 $\boldsymbol{\eta}^*=\begin{bmatrix} 1 & 0 & 1 & 0 \end{bmatrix}^{\mathrm{T}}$. 在对应

的齐次线性方程组 $\begin{cases} x_1 = 3x_2 - 3x_4, \\ x_3 = 5x_2 - 5x_4 \end{cases}$ 中, 取 $\begin{bmatrix} x_2 \\ x_4 \end{bmatrix} = \begin{bmatrix} 1 \\ 0 \end{bmatrix}, \quad \begin{bmatrix} 0 \\ 1 \end{bmatrix}$, 得 $\begin{bmatrix} x_1 \\ x_3 \end{bmatrix} = \begin{bmatrix} 3 \\ 5 \end{bmatrix}, \quad \begin{bmatrix} -3 \\ -5 \end{bmatrix}$. 即对应的齐次线性方程组的基础解系为

$$\boldsymbol{\xi}_1 = \begin{bmatrix} 3 \\ 1 \\ 5 \\ 0 \end{bmatrix}, \quad \boldsymbol{\xi}_2 = \begin{bmatrix} -3 \\ 0 \\ -5 \\ 1 \end{bmatrix}.$$

故所求通解为

$$\boldsymbol{x} = k_1 \begin{bmatrix} 3 \\ 1 \\ 5 \\ 0 \end{bmatrix} + k_2 \begin{bmatrix} -3 \\ 0 \\ -5 \\ 1 \end{bmatrix} + \begin{bmatrix} 1 \\ 0 \\ 1 \\ 0 \end{bmatrix} \quad (k_1, k_2\text{为任意常数}).$$

6.7 应用举例

6.7.1 列昂季耶夫投入产出模型

在列昂季耶夫获得诺贝尔奖的工作中, 线性代数起着重要的作用.

设某国的经济体系分为 n 个部门, 这些部门生产商品和服务. 设 x 为 $\mathbf{R}^n$ 中产出向量, 得出了每一部门一年中的产出. 同时, 设经济体系的另一部分 (称为开放部门) 不生产产品或服务, 仅仅消费商品或服务, d 为最终需求向量, 它列出经济体系中的各种非生产部门所需求商品或服务, 此向量代表消费者需求、政府消费、超额生产或其他外部需求.

由于各部门生产商品以满足消费者需求, 生产者本身创造了中间需求, 需要这些产品作为生产部门的投入, 部门之间的关系是很复杂的, 而生产与最后需求之间的联系也还不清楚, 列昂季耶夫思考是否存在某一种生产水平 x 恰好满足这一生产水平的总需求 (x 称为供给), 那么

$$\{\text{总产出}x\} = \{\text{中间需求}\} + \{\text{最终需求}d\}$$

列昂季耶夫的投入产出模型的基本假设是, 对于每个部门, 有一个单位消费向量, 它列出了该部门的单位产出所需的投入, 所有的投入与产出都以百万美元作为单位, 而不用具体的单位如吨 (假设商品和服务的价格为常数).

作为一个简单的例子, 设经济体系由三个部门组成 —— 制造业、农业和服务业. 单位消费向量 $\boldsymbol{c}_1, \boldsymbol{c}_2, \boldsymbol{c}_3$ 如表 6.1 所示.

表 6.1　每单位产出消费的投入

	制造业	农业	服务业
制造业	0.50	0.40	0.20
农业	0.20	0.30	0.10
服务业	0.10	0.10	0.30
	↑	↑	↑
	$\boldsymbol{c}_1$	$\boldsymbol{c}_2$	$\boldsymbol{c}_3$

例 6.26　如果制造业决定生产 100 单位产品, 它将消费多少?

解　计算

$$100\boldsymbol{c}_1 = 100\begin{bmatrix} 0.50 \\ 0.20 \\ 0.10 \end{bmatrix} = \begin{bmatrix} 50 \\ 20 \\ 10 \end{bmatrix}.$$

为生产 100 单位产品, 制造业需要消费制造业其他部门的 50 单位新产品, 20 单位农业新产品, 10 单位服务业新产品.

若制造业决定生产 x_1 单位产出, 则在生产的过程中消费掉的中间需求是 $x_1\boldsymbol{c}_1$, 类似地, 若 x_2 和 x_3 表示农业和服务业的计划产出, 则 $x_2\boldsymbol{c}_2$ 和 $x_3\boldsymbol{c}_3$ 为它们的对应中间需求. 三个部门的中间需求为

$$\{\text{中间需求}\} = x_1\boldsymbol{c}_1 + x_2\boldsymbol{c}_2 + x_3\boldsymbol{c}_3 = \boldsymbol{C}\boldsymbol{x}, \tag{6.16}$$

其中 $\boldsymbol{C}$ 是**消耗矩阵** $\begin{bmatrix} \boldsymbol{c}_1 & \boldsymbol{c}_2 & \boldsymbol{c}_3 \end{bmatrix}$, 即

$$\boldsymbol{C} = \begin{bmatrix} 0.50 & 0.40 & 0.20 \\ 0.20 & 0.30 & 0.10 \\ 0.10 & 0.10 & 0.30 \end{bmatrix}. \tag{6.17}$$

方程 (6.16) 和 (6.17) 产生的列昂季耶夫模型.

列昂季耶夫投入产出模型或生产方程

$$\underset{\text{总产出}}{\boldsymbol{x}} = \underset{\text{中间需求}}{\boldsymbol{C}\boldsymbol{x}} + \underset{\text{最终需求}}{\boldsymbol{d}}. \tag{6.18}$$

把 $\boldsymbol{x}$ 写成 $\boldsymbol{I}\boldsymbol{x}$, 应用矩阵代数, 可把 (6.18) 重写为

$$\begin{aligned} \boldsymbol{I}\boldsymbol{x} - \boldsymbol{C}\boldsymbol{x} &= \boldsymbol{d}, \\ (\boldsymbol{I} - \boldsymbol{C})\,\boldsymbol{x} &= \boldsymbol{d}. \end{aligned} \tag{6.19}$$

例 6.27 考虑消耗矩阵为 (6.17) 的经济体系, 假设最终需求是制造业 50 单位, 农业 30 单位, 服务业 20 单位, 求生产水平 x.

解 式 (6.17) 中的系数矩阵为

$$\boldsymbol{I}-\boldsymbol{C}=\begin{bmatrix}1&0&0\\0&1&0\\0&0&1\end{bmatrix}-\begin{bmatrix}0.50&0.40&0.20\\0.20&0.30&0.10\\0.10&0.10&0.30\end{bmatrix}=\begin{bmatrix}0.50&-0.40&-0.20\\-0.20&0.70&-0.10\\-0.10&-0.10&0.70\end{bmatrix},$$

为解方程 (6.19), 对增广矩阵作行变换

$$\begin{bmatrix}0.50&-0.40&-0.20&50\\-0.20&0.70&-0.10&30\\-0.10&-0.10&0.70&20\end{bmatrix}\sim\begin{bmatrix}5&-4&-2&500\\-2&7&-1&300\\-1&-1&7&200\end{bmatrix}$$

$$\sim\cdots\sim\begin{bmatrix}1&0&0&226\\0&1&0&119\\0&0&1&78\end{bmatrix},$$

最后一列四舍五入到整数, 制造业需生产约 226 单位, 农业 119 单位, 服务业 78 单位.

若矩阵 $\boldsymbol{I}-\boldsymbol{C}$ 可逆, 则用 $\boldsymbol{I}-\boldsymbol{C}$ 代替 $\boldsymbol{A}$, 由方程 $(\boldsymbol{I}-\boldsymbol{C})\boldsymbol{x}=\boldsymbol{d}$ 得出 $\boldsymbol{x}=(\boldsymbol{I}-\boldsymbol{C})^{-1}\boldsymbol{d}$.

定理 6.21 设 $\boldsymbol{C}$ 为某一经济的消耗矩阵, $\boldsymbol{d}$ 为最终需求, 若 $\boldsymbol{C}$ 和 $\boldsymbol{d}$ 的元素非负, $\boldsymbol{C}$ 的每一列的和小于 1, 则 $(\boldsymbol{I}-\boldsymbol{C})^{-1}$ 存在, 而产出向量

$$\boldsymbol{x}=(\boldsymbol{I}-\boldsymbol{C})^{-1}\boldsymbol{d}$$

有非负元素, 且是下列方程的唯一解

$$\boldsymbol{x}=\boldsymbol{C}\boldsymbol{x}+\boldsymbol{d}.$$

6.7.2 交通流量问题

例 6.28 设如图 6.1 所示的是某一地区的公路交通网络图, 所有道路都是单行道, 且道上不能停车, 通行方向用箭头标明, 标示的数字为高峰期每小时进出网络的车辆数.

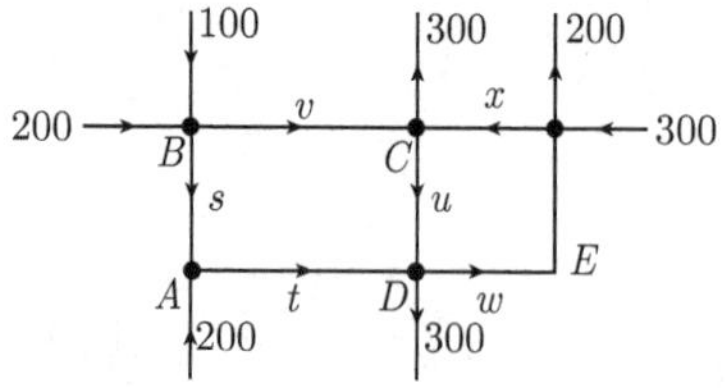

图 6.1 道路交通流量图

进入网络的车共有 800 辆等于离开网络的车辆总数. 另外, 进入每个交叉点的车辆数等于离开该交叉点车辆数, 这两个交通流量平衡的条件都得到满足. 若引入每小时通过图示各交通干道的车辆数 s,t,u,v,w 和 x(如 s 就是每小时通过干道 BA 的车辆数等), 则从交通流量平衡条件建立的线性代数方程组, 可得到网络交通流量的一些结论.

解 对每一个道路交叉点都可以写出一个流量平衡方程, 如对 A 点, 从图上看, 进入车辆数 $200+s$ 而离开车辆数为 t, 于是有

对 A 点：$200+s=t$;

对 B 点：$200+100=s+v$;

对 C 点：$v+x=300+u$;

对 D 点：$u+t=300+w$;

对 E 点：$300+w=200+x$.

这样得到一个描述网络交通流量的线性代数方程组

$$\begin{cases} s-t=-200, \\ s+v=300, \\ -u+v+x=300, \\ t+u-w=300, \\ -w+x=100. \end{cases}$$

由此可得

$$\begin{cases} s=300-v, \\ t=500-v, \\ u=-300+v+x, \\ w=-100+x, \end{cases}$$

其中 v,x 是可取任意值的. 事实上就是方程组的解, 当然也可将解写成

$$\begin{bmatrix} 300-k_1 \\ 500-k_1 \\ -300+k_1+k_2 \\ k_1 \\ -100+k_2 \\ k_2 \end{bmatrix}, \quad k_1,k_2\text{可取任意值.}$$

方程组有无限多个解.

需注意的是：方程组的解并非就是原问题的解, 对于原问题行驶经过某路段的车辆数, 必须顾及各变量的实际意义, 故必须非负整数, 从而由

$$\begin{aligned} &s=300-k_1\geqslant 0, \\ &u=-300+k_1+k_2\geqslant 0, \\ &v=k_1\geqslant 0, \\ &w=-100+k_2\geqslant 0, \\ &x=k_2\geqslant 0. \end{aligned}$$

可知 k_1 是不超过 300 的非负整数,k_2 是不小于 100 的正整数, 而且 k_1+k_2 不小于 300, 所以方程组的无限多个解中只有一部分是问题的解.

从上述讨论可知, 若每小时通过 BC 段的车辆过多, 超过 300 辆; 或者每小时通过 EC 段的车辆太少, 不超过 100 辆; 或者每小时通过 BC 及 EC 的车辆总数不到 300 辆, 则交通平衡将被破坏, 在一些路段可能会出现塞车等现象.

数学重要历史人物 —— 伯努利

一、人物简介

丹尼尔 · 伯努利 (Daniel Bernoulli, 1700~1782), 1700 年 2 月 8 日生于荷兰格罗宁根, 1782 年 3 月 17 日, 伯努利在瑞士巴塞尔逝世. 瑞士物理学家、数学家、医学家. 著名的伯努利家族中最杰出的一位. 他是数学家约翰 · 伯努利的次子, 和他的父辈一样, 违背家长要他经商的愿望, 坚持学医, 他曾在海得尔贝格、斯脱思堡和巴塞尔等大学学习哲学、论理学、医学. 1725, 伯努利被聘为圣彼得堡科学院的数学院士. 8 年后回到瑞士的巴塞尔, 先任解剖学教授, 后任动力学教授, 1750 年成为物理学教授.

二、生平事迹

约翰 · 伯努利想迫使他的第二个儿子丹尼尔去经商, 在丹尼尔不由自主地陷进数学之前, 曾宁可选择医学成为医生.

丹尼尔 1716 年获艺术硕士学位; 1721 年又获医学博士学位. 他曾申请解剖学和植物学教授职位, 但未成功.

丹尼尔受父兄影响, 一直很喜欢数学. 1724 年, 他在威尼斯旅途中发表《数学练习》, 引起学术界关注, 并被邀请到圣彼得堡科学院工作. 同年, 他还用变量分离法解决了微分方程中的里卡提方程. 1725 年, 25 岁的丹尼尔受聘为圣彼得堡的数学教授. 1727 年, 20 岁的欧拉, 到圣彼得堡成为丹尼尔的助手.

1733 年, 他返回巴塞尔, 成为解剖学和植物学教授, 后来成为物理学教授. 1734 年, 丹尼尔荣获巴黎科学院奖金, 以后又 10 次获得该奖金. 丹尼尔和欧拉保持了近 40 年的学术通信, 在科学史上留下一段佳话.

在伯努利家族中, 丹尼尔是涉及科学领域较多的人. 1738 年, 他出版了经典著作《流体动力学》; 研究弹性弦的横向振动问题 (1741~1743 年), 提出声音在空气中的传播规律 (1762 年). 他的论著还涉及天文学 (1734 年)、地球引力 (1728 年)、湖汐 (1740 年)、磁学 (1743 年、1746 年), 振动理论 (1747 年)、船体航行的稳定 (1753 年、1757 年) 和生理学 (1721 年、1728 年) 等. 凡尼尔的博学成为伯努利家族的代表.

丹尼尔于 1747 年当选为柏林科学院院士, 1748 年当选巴黎科学院院士, 1750 年当选英国皇家学会会员. 他一生获得过多项荣誉称号.

三、历史贡献

1. 在物理学方面

(1) 1738 年出版了《流体动力学》一书, 共 13 章. 这是他最重要的著作. 书中用能量守恒定律解决流体的流动问题, 写出了流体动力学的基本方程, 后人称其为 "伯努利方程", 提出了 "流速增加、压强降低" 的伯努利原理.

(2) 他还提出把气压看成气体分子对容器壁表面撞击而生的效应, 建立了分子运动理论和热学的基本概念, 并指出了压强和分子运动随温度增高而加强的事实.

(3) 从 1728 年起, 他和欧拉还共同研究柔韧而有弹性的链和梁的力学问题, 包括这些物体的平衡曲线, 还研究了弦和空气柱的振动.

(4) 他曾因天文测量、地球引力、潮汐、磁学、洋流、船体航行的稳定、土星和木星的不规则运动和振动理论等成果而获奖.

2. 在数学方面

(1) 在微积分、微分方程和概率论等方面, 伯努利做了大量而重要的工作.

(2) 伯努利定律: 在一个流体系统, 比如气流、水流中, 流速越快, 流体产生的压力就越小. 这就是被称为 "流体力学之父" 的丹尼尔 · 伯努利于 1738 年发现的 "伯努利定律". 这个压力产生的力量是巨大的, 空气能够托起沉重的飞机, 就是利用了伯努利定律. 飞机机翼的上表面是流畅的曲面, 下表面则是平面. 这样, 机翼上表面的气流速度就大于下表面的气流速度, 所以机翼下方气流产生的压力就大于上方气流的压力, 飞机就被这巨大的压力差 "托住" 了. 该压力的计算需要用到 "伯努利方程".

(3) 伯努利方程: 理想正压流体在力作用下做定常运动时, 运动方程 (即欧拉方程) 沿流线积分而得到的表达运动流体机械能守恒的方程.

$$\frac{1}{2}\rho v^2 + \rho g h + p = \text{const}.$$

其中, ρ, p, v 分别为流体的压强、密度和速度, h 为铅垂高度, g 为重力加速度.

据此方程, 测量流体的总压、静压即可求得速度, 成为皮托管测速的原理.

(4) 伯努利效应: 1726 年, 伯努利通过无数次实验, 发现了 "边界层表面效应": 流体速度加快时, 物体与流体接触的界面上的压力会减小, 反之压力会增加. 为纪念这位科学家的贡献, 这一发现被称为 "伯努利效应".

习 题 6

1. 设 $\boldsymbol{A} = \begin{bmatrix} 1 & -1 & 2 \\ 0 & 3 & 4 \end{bmatrix}$, $\boldsymbol{B} = \begin{bmatrix} 4 & 0 & -3 \\ -1 & -2 & 3 \end{bmatrix}$, $\boldsymbol{C} = \begin{bmatrix} 2 & -3 & 0 & 1 \\ 5 & -1 & -4 & 2 \\ -1 & 0 & 0 & 3 \end{bmatrix}$, $\boldsymbol{D} =$

$$\begin{bmatrix} 2 \\ -1 \\ 3 \end{bmatrix}.$$

(1) 求 $3\boldsymbol{A}-4\boldsymbol{B}$; (2) 求 $\boldsymbol{AC}, \boldsymbol{BD}$; (3) 求 $\boldsymbol{A}^{\mathrm{T}}, \boldsymbol{A}^{\mathrm{T}}\boldsymbol{B}, \boldsymbol{D}^{\mathrm{T}}\boldsymbol{D}, \boldsymbol{D}\boldsymbol{D}^{\mathrm{T}}$.

2. 求与 $\begin{bmatrix} 1 & 1 \\ 0 & 1 \end{bmatrix}$ 乘法可交换的所有矩阵 $\begin{bmatrix} x & y \\ z & w \end{bmatrix}$.

3. 设 $\boldsymbol{A}=\begin{bmatrix} 1 & 2 \\ 0 & 1 \end{bmatrix}$, 求 $\boldsymbol{A}^n$.

4. 设 $\boldsymbol{A}=\begin{bmatrix} 1 & 1 & 1 \\ -1 & 1 & 1 \\ 1 & -1 & 1 \end{bmatrix}, \boldsymbol{B}=\begin{bmatrix} 1 & 2 & 1 \\ 1 & 3 & -1 \\ 2 & 1 & 4 \end{bmatrix}$, 求

(1)$\boldsymbol{A}^2-\boldsymbol{B}^2$; (2)$(\boldsymbol{A}-\boldsymbol{B})(\boldsymbol{A}+\boldsymbol{B})$; (3) $\boldsymbol{AB}-\boldsymbol{BA}$.

5. 设 $\boldsymbol{A}=\begin{bmatrix} -1 & 1 & 1 & -1 \\ 1 & -1 & -1 & 1 \\ 1 & -1 & -1 & 1 \\ -1 & 1 & 1 & -1 \end{bmatrix}$, 求 $\boldsymbol{A}^6$.

6. 求下列各矩阵的逆矩阵:

(1) $\begin{bmatrix} \cos\alpha & -\sin\alpha \\ \sin\alpha & \cos\alpha \end{bmatrix}$;　　(2) $\begin{bmatrix} 1 & 2 & -3 \\ 0 & 1 & 2 \\ 0 & 0 & 1 \end{bmatrix}$;

(3) $\begin{bmatrix} 1 & -3 & 2 \\ -3 & 0 & 1 \\ 1 & 1 & -1 \end{bmatrix}$;　　(4) $\begin{bmatrix} 4 & 1 & 2 \\ 3 & 2 & 1 \\ 5 & -3 & 2 \end{bmatrix}$;

(5) $\begin{bmatrix} 1 & 0 & 1 & -1 \\ 2 & 0 & 1 & 0 \\ 3 & 1 & 2 & 0 \\ -3 & 1 & 0 & 4 \end{bmatrix}$;　　(6) $\begin{bmatrix} 1 & 1 & 1 & 1 \\ 1 & 1 & -1 & -1 \\ 1 & -1 & 1 & -1 \\ 1 & -1 & -1 & 1 \end{bmatrix}$.

7. 设 $\boldsymbol{A}=\begin{bmatrix} \frac{1}{2} & -\frac{\sqrt{3}}{2} \\ \frac{\sqrt{3}}{2} & \frac{1}{2} \end{bmatrix}$, 求 $\boldsymbol{A}^6$ 及 $\boldsymbol{A}^{11}$.

8. 解矩阵方程 $\begin{bmatrix} 0 & 1 & 0 \\ 1 & 0 & 0 \\ 0 & 0 & 1 \end{bmatrix}\boldsymbol{X}\begin{bmatrix} 1 & 0 & 0 \\ 0 & 0 & 1 \\ 0 & 1 & 0 \end{bmatrix}=\begin{bmatrix} 1 & -4 & 3 \\ 2 & 0 & -1 \\ 1 & -2 & 0 \end{bmatrix}$.

9. 设 $\boldsymbol{A}=\begin{bmatrix}1&2&1\\3&4&2\\1&2&2\end{bmatrix}$, $\boldsymbol{AB}=\boldsymbol{A}+\boldsymbol{B}$, 求 $\boldsymbol{B}$.

10. 已知 $\boldsymbol{AP}=\boldsymbol{PB}$, $\boldsymbol{B}=\begin{bmatrix}1&0&0\\0&0&0\\0&0&-1\end{bmatrix}$, $\boldsymbol{P}=\begin{bmatrix}1&0&0\\2&-1&0\\2&1&1\end{bmatrix}$, 求 $\boldsymbol{A},\boldsymbol{A}^5$.

11. $\boldsymbol{A}=\begin{bmatrix}4&9\\2&1\end{bmatrix}$, $\boldsymbol{P}=\begin{bmatrix}3&-3\\1&2\end{bmatrix}$, 求 $\left[\boldsymbol{P}^{-1}\boldsymbol{AP}\right]^n$, $\boldsymbol{A}^n$ (n 为正整数).

12. 求下列矩阵的秩:

(1) $\begin{bmatrix}2&1\\4&2\end{bmatrix}$;　　(2) $\begin{bmatrix}2&3\\1&-1\\-1&2\end{bmatrix}$;

(3) $\begin{bmatrix}1&3&-1&-2\\2&-1&2&3\\3&2&1&1\\1&-4&3&5\end{bmatrix}$;　　(4) $\begin{bmatrix}1&-1&2&1&0\\2&-2&4&-2&0\\3&0&6&-1&1\\2&1&4&2&1\end{bmatrix}$.

13. 求下列向量组的一个极大线性无关组, 并把其余向量用极大线性无关组线性表示.

$$\boldsymbol{\alpha}_1=[1,2,1,3]^{\mathrm{T}},\boldsymbol{\alpha}_2=[4,-1,-5,-6],\boldsymbol{\alpha}_3=[-1,-3,-4,-7]^{\mathrm{T}},\boldsymbol{\alpha}_4=[2,1,2,3]^{\mathrm{T}}$$

14. λ 为何值时, 线性方程组 $\begin{cases}x_1+2x_2-3x_3+x_4=1,\\3x_1+5x_2-6x_3+2x_4=5,\\2x_1+3x_2-3x_3+x_4=\lambda\end{cases}$ 有解? 并在有解时求出方程组的通解.

15. 某地区的交通网络如图 6.2 所示, 在高峰时间, 每小时进入网络的汽车是 900 辆, 等于离开网络的车辆数, 设网络内道路均单向通车, 不能停留, 在一道路交叉点处进入及离开的车辆数也相等, 试写出并求解网络内交通流量的方程组, 并对解作出符合实际意义的解释.

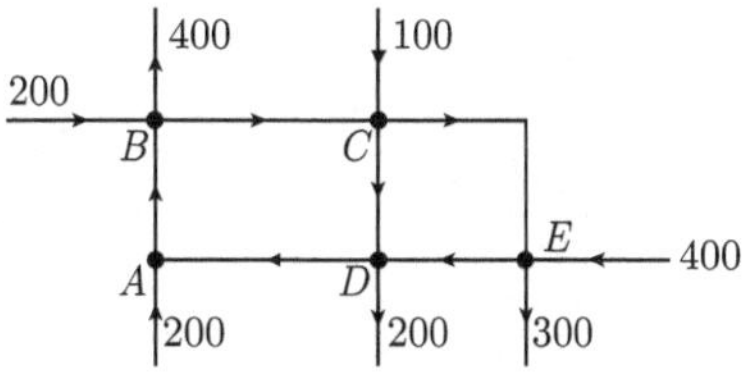

图 6.2　道路交通流量图

16. 一种早餐麦片的包装通常列出每份食用量包含的卡路里、蛋白质、碳水化合物与脂肪的量. 两种常见的麦片的营养素含量如下表.

营养素	巧克力	天然麦片
热量/cal	110	130
蛋白质/g	4	3
碳水化合物/g	20	18
脂肪/g	2	5

注 1 cal=4.1900J.

设这两种麦片的混合物要求含热量 295cal, 9g 蛋白质, 48g 碳水化合物和 8g 脂肪.

(1) 建立这个问题的一个向量方程, 并给出方程中变量表示的含义.

(2) 写出等价的矩阵方程, 并判断所希望的两种麦片的混合物是否可以制作出来.

17. 一份 (28g) 某种脆燕麦片含有 110cal 热量, 3g 脂肪. 一份脆片含有 110cal 热量, 2g 蛋白质、25g 碳水化合物、0.4g 脂肪.

(1) 列出矩阵 $\boldsymbol{B}$ 及向量 $\boldsymbol{u}$, 使 $\boldsymbol{Bu}$ 给出 3 份脆燕麦片和 2 份脆片所含热量、蛋白质、碳水化合物与脂肪的量.

(2) $[M]$ 设你希望一种麦片含蛋白质多于脆片但含脂肪少于脆燕麦片. 是否可能混合两种麦片, 使它含有 110cal 热量、2.25g 蛋白质、24g 碳水化合物、1g 脂肪? 如果可能的话, 如何混合?

18. 讨论一个经济体系. 它包含制造业、农业和服务业三个部门, 如图 6.3 所示. 制造业每单位产出需要 0.10 单位制造业产品, 0.30 单位农业产品和 0.30 单位服务业产品投入. 每单位农业产出需要 0.20 单位它自己的产出, 0.60 单位制造业产出, 0.10 单位服务产出, 服务业的每单位产出消耗 0.10 单位服务 0.60 单位制造业产品, 但不消耗农业产出.

(1) 构造此经济的消耗矩阵, 若农业要生产 100 单位产出, 产生的中间需求是什么?

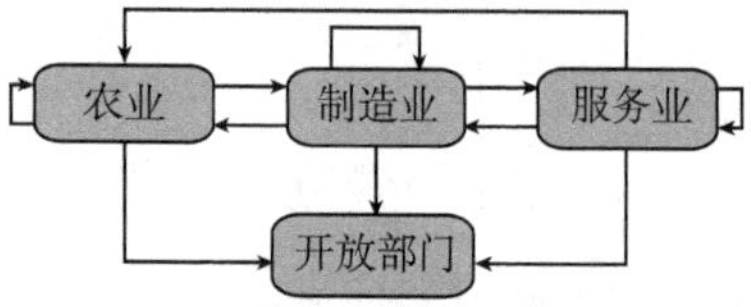

图 6.3 经济体系图

(2) 为了满足最终需求为 18 单位农业产品 (对其他部门无最终需求), 总的产出水平应为多少 (不要计算逆矩阵).

(3) 为了满足最终需求为 18 单位制造业产品 (对其他部门无最终需求), 总的产出水平应为多少 (不要计算逆矩阵).

(4) 为了满足最终需求为 18 单位制造业产品, 18 单位农业产品, 0 单位服务, 总的产出水平应为多少.

Chapter 7

第7章　矩阵的特征值与特征向量

矩阵的特征值, 特征向量和方阵的对角化问题在数学的各个分支, 科学技术以及数量经济分析等多种领域都有着极其广泛的应用.

7.1　向量的内积与正交向量组

7.1.1　向量的内积

在解析几何中, 曾引进了向量的数量积

$$\boldsymbol{x}\cdot\boldsymbol{y}=|\boldsymbol{x}|\cdot|\boldsymbol{y}|\cos\theta,$$

其中 $\theta=\arccos\dfrac{\boldsymbol{x}\cdot\boldsymbol{y}}{|\boldsymbol{x}|\cdot|\boldsymbol{y}|}$ 为向量 $\boldsymbol{x}$ 与 $\boldsymbol{y}$ 的夹角, 向量 $\boldsymbol{x}$ 的长度为 $|\boldsymbol{x}|=\sqrt{\boldsymbol{x}\cdot\boldsymbol{x}}$, 且在直角坐标系中有

$$\begin{aligned}\boldsymbol{x}\cdot\boldsymbol{y}&=(x_1,x_2,x_3)\cdot(y_1,y_2,y_3)\\&=x_1y_1+x_2y_2+x_3y_3.\end{aligned}$$

我们可以把三维向量的内积推广到 n 维向量, 定义 n 维向量的内积, 长度和夹角.

定义 7.1　设有 n 维实向量

$$\boldsymbol{x}=\begin{bmatrix}x_1\\x_2\\\vdots\\x_n\end{bmatrix},\quad \boldsymbol{y}=\begin{bmatrix}y_1\\y_2\\\vdots\\y_n\end{bmatrix}.$$

令

$$(\boldsymbol{x},\boldsymbol{y})=x_1y_1+x_2y_2+\cdots+x_ny_n,$$

称 $(\boldsymbol{x},\boldsymbol{y})$ 为向量 $\boldsymbol{x}$ 与 $\boldsymbol{y}$ 的**内积**.

内积是向量的一种运算, 可用矩阵记号表示. 当 $\boldsymbol{x}$ 与 $\boldsymbol{y}$ 都是列向量时, 有

$$(\boldsymbol{x},\boldsymbol{y})=\boldsymbol{x}^{\mathrm{T}}\boldsymbol{y}.$$

当 $\boldsymbol{x}$ 与 $\boldsymbol{y}$ 都是行向量时, 有

$$(\boldsymbol{x},\boldsymbol{y})=\boldsymbol{x}\boldsymbol{y}^{\mathrm{T}}.$$

容易证明: 内积具有下列性质 (这里 $\boldsymbol{x},\boldsymbol{y},\boldsymbol{z}$ 为 n 维向量 λ 为实数):

(1) $(\boldsymbol{x},\boldsymbol{y})=(\boldsymbol{y},\boldsymbol{x})$;

(2) $(\lambda\boldsymbol{x},\boldsymbol{y})=\lambda(\boldsymbol{x},\boldsymbol{y})$;

(3) $(\boldsymbol{x}+\boldsymbol{y},\boldsymbol{z})=(\boldsymbol{x},\boldsymbol{z})+(\boldsymbol{y},\boldsymbol{z})$.

有了向量内积的概念, 则可以给出 n 维向量长度的概念.

定义 7.2 设 n 维列向量 $\boldsymbol{x}=[x_1,x_2,\cdots,x_n]^{\mathrm{T}}$, 令

$$\|\boldsymbol{x}\|=\sqrt{(\boldsymbol{x},\boldsymbol{x})}=\sqrt{x_1^2+x_2^2+\cdots+x_n^2}=\sqrt{\boldsymbol{x}^{\mathrm{T}}\boldsymbol{x}},$$

称 $\|\boldsymbol{x}\|$ 为 n 维向量 $\boldsymbol{x}$ 的**长度**(**或范数**).

向量的长度具有下述性质:

(1) 非负性: $\|\boldsymbol{x}\|\geqslant 0$, 当且仅当 $\boldsymbol{x}=\boldsymbol{0}$ 时 $\|x\|=0$;

(2) 齐次性: $\|\lambda\boldsymbol{x}\|=|\lambda|\,\|\boldsymbol{x}\|$;

(3) 三角不等式: $\|\boldsymbol{x}+\boldsymbol{y}\|\leqslant\|\boldsymbol{x}\|+\|\boldsymbol{y}\|$.

特别地, 把 $\|\boldsymbol{x}\|=1$ 的向量 $\boldsymbol{x}$ 称为**单位向量**.

对于任何向量 $\boldsymbol{\alpha}\neq\boldsymbol{0}$ 则 $\boldsymbol{e}=\dfrac{\boldsymbol{\alpha}}{\|\boldsymbol{\alpha}\|}$ 都是单位向量, 这个过程称为向量的单位化 (或标准化).

例 7.1 已知 4 维向量 $\boldsymbol{\alpha}=[1,0,-2,2]^{\mathrm{T}},\beta=[-1,2,1,-1]^{\mathrm{T}}$, 则有

$$(\boldsymbol{\alpha},\boldsymbol{\beta})=1\times(-1)+0\times 2+(-2)\times 1+2\times(-1)=-5.$$

向量 $\boldsymbol{\alpha}$ 的长度为

$$\|\boldsymbol{\alpha}\|=\sqrt{1^2+0^2+(-2)^2+2^2}=3.$$

将 $\boldsymbol{\alpha}$ 单位化, 可得

$$\boldsymbol{e}=\frac{1}{3}\boldsymbol{\alpha}=\left[\frac{1}{3},0,-\frac{2}{3},\frac{2}{3}\right]^{\mathrm{T}}.$$

定义 7.3 当 $\|\boldsymbol{x}\|\neq 0,\|\boldsymbol{y}\|\neq 0$ 时, 称

$$\theta=\arccos\frac{\boldsymbol{x}\cdot\boldsymbol{y}}{|\boldsymbol{x}|\cdot|\boldsymbol{y}|}$$

为 n 维向量 $\boldsymbol{x}$ 与 $\boldsymbol{y}$ 的**夹角**.

显然 $\theta=\dfrac{\pi}{2}$ 时, $(\boldsymbol{x},\boldsymbol{y})=0$, 此时称 $\boldsymbol{x}$ 与 $\boldsymbol{y}$ 是正交的. 下面给出向量正交性的定义.

7.1.2 正交向量组与施密特正交化方法

定义 7.4 设有 n 维实向量 $\boldsymbol{\alpha},\boldsymbol{\beta}$ 若 $(\boldsymbol{\alpha},\boldsymbol{\beta})=0$ 则称向量 $\boldsymbol{\alpha}$ 与 $\boldsymbol{\beta}$**正交**, 记作 $\boldsymbol{\alpha}\perp\boldsymbol{\beta}$. 由于对于任意实向量 $\boldsymbol{\alpha}$, 总有 $(\boldsymbol{\alpha},\mathbf{0})=0$, 所以零向量与任何向量都正交.

定义 7.5 若一组非零向量两两正交, 则称这组向量为**正交向量组**.

例如, 向量组

$$\boldsymbol{\alpha}_1=\begin{bmatrix}1\\0\\1\end{bmatrix},\quad \boldsymbol{\alpha}_2=\begin{bmatrix}1\\0\\-1\end{bmatrix},\quad \boldsymbol{\alpha}_3=\begin{bmatrix}0\\1\\0\end{bmatrix}$$

中任何两个向量都正交. 即 $(\boldsymbol{\alpha}_1,\boldsymbol{\alpha}_2)=0,(\boldsymbol{\alpha}_1,\boldsymbol{\alpha}_3)=0,(\boldsymbol{\alpha}_2,\boldsymbol{\alpha}_3)=0$, 所以 $\boldsymbol{\alpha}_1,\boldsymbol{\alpha}_2,\boldsymbol{\alpha}_3$ 是一个正交向量组.

对于正交向量组有下面重要的定理.

定理 7.1 正交向量组必是线性无关的向量组.

证 设实向量组 $\boldsymbol{\alpha}_1,\boldsymbol{\alpha}_2,\cdots,\boldsymbol{\alpha}_m$ 是正交向量组, 即有

$$(\boldsymbol{\alpha}_i,\boldsymbol{\alpha}_j)=0,\quad i\neq j.$$

设实数 $k_1,k_2,\cdots,k_m$, 使

$$k_1\boldsymbol{\alpha}_1+k_2\boldsymbol{\alpha}_2+\cdots+k_m\boldsymbol{\alpha}_m=\mathbf{0}.$$

以 $\boldsymbol{\alpha}_i$ 与上式两端同时做内积运算, 可得

$$k_i(\boldsymbol{\alpha}_i,\boldsymbol{\alpha}_i)=0.$$

由于 $\boldsymbol{\alpha}_i\neq\mathbf{0}$, 知 $(\boldsymbol{\alpha}_i,\boldsymbol{\alpha}_i)>0$. 于是必有 $k_i=0(i=1,2,\cdots,m)$. 所以 $\boldsymbol{\alpha}_1,\boldsymbol{\alpha}_2,\cdots,\boldsymbol{\alpha}_m$ 是一个线性无关的向量组.

定义 7.6 如果一个正交向量组中的每一个向量都是单位向量, 则称此正交向量组为**正交规范向量组**(或**标准正交向量组**、**单位正交向量组**), 简称**正交规范组**.

下面介绍, 将一个线性无关的向量组 $\boldsymbol{\alpha}_1,\boldsymbol{\alpha}_2,\cdots,\boldsymbol{\alpha}_r$ 化为一个与之等价的单位正交向量组 $\boldsymbol{e}_1,\boldsymbol{e}_2,\cdots,\boldsymbol{e}_r$ 的方法, 称为**施密特正交化方法**.

取

$$\begin{aligned}
&\boldsymbol{\beta}_1=\boldsymbol{\alpha}_1,\\
&\boldsymbol{\beta}_2=\boldsymbol{\alpha}_2-\frac{(\boldsymbol{\alpha}_2,\boldsymbol{\beta}_1)}{(\boldsymbol{\beta}_1,\boldsymbol{\beta}_1)}\boldsymbol{\beta}_1,\\
&\boldsymbol{\beta}_3=\boldsymbol{\alpha}_3-\frac{(\boldsymbol{\alpha}_3,\boldsymbol{\beta}_1)}{(\boldsymbol{\beta}_1,\boldsymbol{\beta}_1)}\boldsymbol{\beta}_1-\frac{(\boldsymbol{\alpha}_3,\boldsymbol{\beta}_2)}{(\boldsymbol{\beta}_2,\boldsymbol{\beta}_2)}\boldsymbol{\beta}_2,\\
&\cdots\cdots\\
&\boldsymbol{\beta}_r=\boldsymbol{\alpha}_r-\frac{(\boldsymbol{\alpha}_r,\boldsymbol{\beta}_1)}{(\boldsymbol{\beta}_1,\boldsymbol{\beta}_1)}\boldsymbol{\beta}_1-\cdots-\frac{(\boldsymbol{\alpha}_r,\boldsymbol{\beta}_{r-1})}{(\boldsymbol{\beta}_{r-1},\boldsymbol{\beta}_{r-1})}\boldsymbol{\beta}_{r-1}.
\end{aligned}$$

容易证明 $\boldsymbol{\beta}_1,\boldsymbol{\beta}_2,\cdots,\boldsymbol{\beta}_r$ 是两两正交的向量组, 且与 $\boldsymbol{\alpha}_1,\boldsymbol{\alpha}_2,\cdots,\boldsymbol{\alpha}_r$ 等价, 进一步将 $\boldsymbol{\beta}_1,\boldsymbol{\beta}_2,\cdots,\boldsymbol{\beta}_r$ 进行单位化, 得 $\boldsymbol{e}_i=\dfrac{\boldsymbol{\beta}_i}{\|\boldsymbol{\beta}_i\|}(i=1,2,\cdots,r)$, 得到了与 $\boldsymbol{\alpha}_1,\boldsymbol{\alpha}_2,\cdots,\boldsymbol{\alpha}_r$ 等价的正交规范组 (单位正交向量组)$\boldsymbol{e}_1,\boldsymbol{e}_2,\cdots,\boldsymbol{e}_r$.

例 7.2 将 $\boldsymbol{\alpha}_1=[0,1,1]^{\mathrm{T}},\boldsymbol{\alpha}_2=[1,0,-2]^{\mathrm{T}},\boldsymbol{\alpha}_3=[1,-1,2]^{\mathrm{T}}$, 化为标准正交向量组.

解 取

$$\boldsymbol{\beta}_1=\boldsymbol{\alpha}_1=\begin{bmatrix}0\\1\\1\end{bmatrix},$$

$$\boldsymbol{\beta}_2=\boldsymbol{\alpha}_2-\frac{(\boldsymbol{\alpha}_2,\boldsymbol{\beta}_1)}{(\boldsymbol{\beta}_1,\boldsymbol{\beta}_1)}\boldsymbol{\beta}_1=\begin{bmatrix}1\\0\\-1\end{bmatrix}+\frac{2}{2}\begin{bmatrix}0\\1\\1\end{bmatrix}=\begin{bmatrix}1\\1\\-1\end{bmatrix},$$

$$\boldsymbol{\beta}_3=\boldsymbol{\alpha}_3-\frac{(\boldsymbol{\alpha}_3,\boldsymbol{\beta}_1)}{(\boldsymbol{\beta}_1,\boldsymbol{\beta}_1)}\boldsymbol{\beta}_1-\frac{(\boldsymbol{\alpha}_3,\boldsymbol{\beta}_2)}{(\boldsymbol{\beta}_2,\boldsymbol{\beta}_2)}\boldsymbol{\beta}_2=\begin{bmatrix}1\\-1\\2\end{bmatrix}-\frac{1}{2}\begin{bmatrix}0\\1\\1\end{bmatrix}+\frac{2}{3}\begin{bmatrix}1\\1\\-1\end{bmatrix}=\begin{bmatrix}\frac{5}{3}\\-\frac{5}{6}\\\frac{5}{6}\end{bmatrix}.$$

单位化, 得

$$\boldsymbol{e}_1=\frac{1}{\|\boldsymbol{\beta}_1\|}\boldsymbol{\beta}_1=\begin{bmatrix}0\\\frac{\sqrt{2}}{2}\\\frac{\sqrt{2}}{2}\end{bmatrix},\quad \boldsymbol{e}_2=\frac{1}{\|\boldsymbol{\beta}_2\|}\boldsymbol{\beta}_2=\begin{bmatrix}\frac{\sqrt{3}}{3}\\\frac{\sqrt{3}}{3}\\-\frac{\sqrt{3}}{3}\end{bmatrix},\quad \boldsymbol{e}_3=\frac{1}{\|\boldsymbol{\beta}_3\|}\boldsymbol{\beta}_3=\begin{bmatrix}\frac{\sqrt{6}}{3}\\-\frac{\sqrt{6}}{6}\\\frac{\sqrt{6}}{6}\end{bmatrix},$$

即为标准正交向量组.

7.1.3 正交矩阵

定义 7.7 如果 n 阶方阵 $\boldsymbol{A}$ 满足

$$\boldsymbol{A}^{\mathrm{T}}\boldsymbol{A}=\boldsymbol{E},$$

则称 $\boldsymbol{A}$ 为**正交矩阵**(简称**正交阵**). 而线性变换 $\boldsymbol{y}=\boldsymbol{A}\boldsymbol{x}$ 称为**正交变换**.

由正交矩阵 $\boldsymbol{A}$ 的定义, 显然有下面的性质:

(1) $\boldsymbol{A}^{-1}=\boldsymbol{A}^{\mathrm{T}}$.

(2) $|\boldsymbol{A}|=1$ 或 -1.

(3) $\boldsymbol{A}^{\mathrm{T}}$ 也是正交矩阵.

定理 7.2 正交矩阵 $\boldsymbol{A}$ 的列 (行) 向量组是正交规范向量组.

7.2 矩阵的特征值与特征向量

7.2.1 特征值与特征向量的概念和求法

定义 7.8 设 $\boldsymbol{A}$ 为 n 阶方阵, 若存在数 λ 和非零 n 维向量 $\boldsymbol{x}$, 使得

$$\boldsymbol{A}\boldsymbol{x} = \lambda\boldsymbol{x},$$

则称 λ 为 $\boldsymbol{A}$ 的一个**特征值**, $\boldsymbol{x}$ 为 $\boldsymbol{A}$ 的对应于特征值 λ 的**特征向量**.

上式改写为

$$(\lambda\boldsymbol{E} - \boldsymbol{A})\,\boldsymbol{x} = \boldsymbol{0} \quad (\boldsymbol{x} \neq \boldsymbol{0}),$$

这是 n 个未知数 n 个方程的齐次线性方程组, 它有非零解的充分必要条件是系数行列式 $|\lambda\boldsymbol{E} - \boldsymbol{A}|$(称为 $\boldsymbol{A}$ 的特征多项式) 等于零, 即

$$|\lambda\boldsymbol{E} - \boldsymbol{A}| = 0.$$

此方程称为 $\boldsymbol{A}$ 的**特征方程**.

由此可以看到, 若 λ 为 $\boldsymbol{A}$ 的一个特征值, 则 λ 一定是特征方程 $|\lambda\boldsymbol{E} - \boldsymbol{A}| = 0$ 的一个根, 所以也称 $\boldsymbol{A}$ 的特征值为 $\boldsymbol{A}$ 的特征根. 反之, 若 λ 是特征方程 $|\lambda\boldsymbol{E} - \boldsymbol{A}| = 0$ 的一个根, 则对应的齐次线性方程组的任意一个非零解向量 $\boldsymbol{x}$, 都是对应于特征值 λ 的特征向量. 由此得到求矩阵 $\boldsymbol{A}$ 的特征值、特征向量的步骤如下

(1) 写出特征方程 $|\lambda\boldsymbol{E}-\boldsymbol{A}|=0$, 解这个一元$n$次方程得到其全部特征值$\lambda_1, \lambda_2, \cdots, \lambda_n$.

(2) 对每个特征值 λ_i, 分别将其代入 $(\lambda\boldsymbol{E} - \boldsymbol{A})\,\boldsymbol{x} = \boldsymbol{0}$ 中, 求出其基础解系, 便可得到对应于该特征值 λ_i 的全部特征向量.

例 7.3 求矩阵

$$\boldsymbol{A} = \begin{bmatrix} 1 & -1 & 1 \\ 1 & 3 & -1 \\ 1 & 1 & 1 \end{bmatrix}$$

的特征值和特征向量.

解 方阵 $\boldsymbol{A}$ 的特征方程为

$$\begin{vmatrix} \lambda-1 & 1 & -1 \\ -1 & \lambda-3 & 1 \\ -1 & -1 & \lambda-1 \end{vmatrix} = (\lambda-2)^2(\lambda-1) = 0,$$

解得特征根为

$$\lambda_1 = 1, \quad \lambda_2 = \lambda_3 = 2(\text{二重}).$$

将 $\lambda_1 = 1$, 代入 $(\lambda\boldsymbol{E} - \boldsymbol{A})\,\boldsymbol{x} = \boldsymbol{0}$ 中, 得齐次线性方程组

$$\begin{cases} x_2 - x_3 = 0, \\ -x_1 - 2x_2 + x_3 = 0, \\ -x_1 - x_2 = 0, \end{cases}$$

得基础解系 $\boldsymbol{\xi}_1 = \begin{bmatrix} -1 \\ 1 \\ 1 \end{bmatrix}$. 于是 $\boldsymbol{\xi}_1 = \begin{bmatrix} -1 \\ 1 \\ 1 \end{bmatrix}$ 为对应于特征值 $\lambda_1 = 1$ 的一个特征向量,

而 $\boldsymbol{A}$ 的对应于特征值 $\lambda_1 = 1$ 的全部特征向量为 $k\xi_1$(k 为任意非零常数).

将 $\lambda_2 = \lambda_3 = 2$, 代入 $(\lambda\boldsymbol{E} - \boldsymbol{A})\boldsymbol{x} = \boldsymbol{0}$ 中, 得齐次线性方程组

$$\begin{cases} \boldsymbol{x}_1 + \boldsymbol{x}_2 - \boldsymbol{x}_3 = 0, \\ -\boldsymbol{x}_1 - \boldsymbol{x}_2 + \boldsymbol{x}_3 = 0, \\ -\boldsymbol{x}_1 - \boldsymbol{x}_2 + \boldsymbol{x}_3 = 0, \end{cases}$$

得基础解系为

$$\boldsymbol{\xi}_2 = \begin{bmatrix} -1 \\ 1 \\ 0 \end{bmatrix}, \quad \boldsymbol{\xi}_3 = \begin{bmatrix} 1 \\ 0 \\ 1 \end{bmatrix}.$$

于是 $\boldsymbol{A}$ 的对应于 $\lambda_2 = \lambda_3 = 2$ 的全部特征向量为

$$k_1 \begin{bmatrix} -1 \\ 1 \\ 0 \end{bmatrix} + k_2 \begin{bmatrix} 1 \\ 0 \\ 1 \end{bmatrix} \quad (k_1, k_2\text{为不全为零的常数}).$$

7.2.2 特征值和特征向量的性质

定理 7.3 设 $\boldsymbol{A}$ 为 n 阶方阵, 则 $\boldsymbol{A}$ 与 $\boldsymbol{A}^{\mathrm{T}}$ 有相同的特征值.

证 由

$$\left|\lambda\boldsymbol{E} - \boldsymbol{A}^{\mathrm{T}}\right| = \left|(\lambda\boldsymbol{E} - \boldsymbol{A})^{\mathrm{T}}\right| = |(\lambda\boldsymbol{E} - \boldsymbol{A})|^{\mathrm{T}} = |\lambda\boldsymbol{E} - \boldsymbol{A}|$$

得 $\boldsymbol{A}$ 与 $\boldsymbol{A}^{\mathrm{T}}$ 有相同的特征多项式, 所以它们有相同的特征值.

定理 7.4 设 $\lambda_1, \lambda_2, \cdots, \lambda_n$ 为方阵 $\boldsymbol{A} = (a_{ij})$ 的 n 个特征值, 则有下面的结论:

(1) $\sum\limits_{i=1}^{n} \lambda_i = \sum\limits_{i=1}^{n} a_{ii} = \mathrm{tr}\boldsymbol{A}$.

(2) $\prod\limits_{i=1}^{n} \lambda_i = |\boldsymbol{A}|$.

由此定理可得如下推论:

推论 7.1 n 阶方阵 $\boldsymbol{A}$ 可逆的充分必要条件是 0 不为 $\boldsymbol{A}$ 的特征值.

定理 7.5 方阵 $\boldsymbol{A}$ 的属于不同特征值的特征向量必线性无关.

7.3 相似矩阵与方阵的对角化

7.3.1 相似矩阵及其性质

定义 7.9 设 $\boldsymbol{A},\boldsymbol{B}$ 是 n 阶方阵, 若存在 n 阶可逆矩阵 $\boldsymbol{P}$, 使

$$\boldsymbol{P}^{-1}\boldsymbol{A}\boldsymbol{P}=\boldsymbol{B},$$

则称矩阵 $\boldsymbol{A}$ 相似于矩阵 $\boldsymbol{B}$, 记作 $\boldsymbol{A}\sim\boldsymbol{B}$.

相似关系是一种等价关系, 它具有以下性质:

(1) 反身性: 对任何方阵 $\boldsymbol{A}$, 总有 $\boldsymbol{A}\sim\boldsymbol{A}$.

(2) 对称性: 若 $\boldsymbol{A}\sim\boldsymbol{B}$, 则 $\boldsymbol{B}\sim\boldsymbol{A}$.

(3) 传递性: 若 $\boldsymbol{A}\sim\boldsymbol{B}$, 且 $\boldsymbol{B}\sim\boldsymbol{C}$, 则 $\boldsymbol{A}\sim\boldsymbol{C}$.

以可逆矩阵 $\boldsymbol{P}$ 对方阵 $\boldsymbol{A}$ 进行运算 $\boldsymbol{P}^{-1}\boldsymbol{A}\boldsymbol{P}=\boldsymbol{B}$ 称为对 $\boldsymbol{A}$ 的**相似变换**.

相似矩阵具有如下性质:

定理 7.6 若 $\boldsymbol{A}\sim\boldsymbol{B}$, 则 $r(\boldsymbol{A})=r(\boldsymbol{B})$.

证 因为 $\boldsymbol{A}\sim\boldsymbol{B}$, 所以存在可逆矩阵 $\boldsymbol{P}$, 使

$$\boldsymbol{P}^{-1}\boldsymbol{A}\boldsymbol{P}=\boldsymbol{B}.$$

由于可逆矩阵 $\boldsymbol{P}$ 及 $\boldsymbol{P}^{-1}$ 可表示成有限个初等矩阵的乘积, 从而 $\boldsymbol{P}^{-1}\boldsymbol{A}\boldsymbol{P}$ 相当于对 $\boldsymbol{A}$ 施行了有限次初等变换, 再由初等变换不改变矩阵的秩, 所以 $r(\boldsymbol{A})=r(\boldsymbol{B})$.

定理 7.7 相似矩阵具有相同的特征值.

证 设矩阵 $\boldsymbol{A}\sim\boldsymbol{B}$, 即有可逆矩阵 $\boldsymbol{P}$, 使 $\boldsymbol{P}^{-1}\boldsymbol{A}\boldsymbol{P}=\boldsymbol{B}$, 所以有

$$\begin{aligned}|\lambda\boldsymbol{E}-\boldsymbol{B}|&=\left|\boldsymbol{P}^{-1}(\lambda\boldsymbol{E})\boldsymbol{P}-\boldsymbol{P}^{-1}\boldsymbol{A}\boldsymbol{P}\right|\\&=\left|\boldsymbol{P}^{-1}(\lambda\boldsymbol{E}-\boldsymbol{A})\boldsymbol{P}\right|\\&=\left|\boldsymbol{P}^{-1}\right||\lambda\boldsymbol{E}-\boldsymbol{A}||\boldsymbol{P}|\\&=|\lambda\boldsymbol{E}-\boldsymbol{A}|.\end{aligned}$$

故矩阵 $\boldsymbol{A}$ 与 $\boldsymbol{B}$ 有相同的特质多项式, 从而有相同的特征值.

推论 7.2 若 n 阶方阵 $\boldsymbol{A}$ 与对角矩阵

$$\boldsymbol{\Lambda}=\begin{bmatrix}\lambda_1&&&\\&\lambda_2&&\\&&\ddots&\\&&&\lambda_n\end{bmatrix}$$

相似, 则 $\lambda_1,\lambda_2,\cdots,\lambda_n$ 即为 $\boldsymbol{A}$ 的 n 个特征值.

证 显然 $\lambda_1, \lambda_2, \cdots, \lambda_n$ 为 $\boldsymbol{\Lambda}$ 的 n 个特征值, 由定理 7.7 知 $\lambda_1, \lambda_2, \cdots, \lambda_n$ 也是 $\boldsymbol{A}$ 的 n 个特征值.

下面给出矩阵与对角矩阵相似的条件.

7.3.2 矩阵与对角矩阵相似的条件

定理 7.8 n 阶方阵 $\boldsymbol{A}$ 与对角矩阵 $\boldsymbol{\Lambda}$ 相似的充分必要条件是 $\boldsymbol{A}$ 有 n 个线性无关的特征向量.

推论 7.3 如果 n 阶方阵 $\boldsymbol{A}$ 有 n 个不同特征值, 则 $\boldsymbol{A}$ 与对角矩阵 $\boldsymbol{\Lambda}$ 相似.

例 7.4 已知矩阵 $\boldsymbol{A} = \begin{bmatrix} 1 & -1 & 1 \\ 1 & 3 & -1 \\ 1 & 1 & 1 \end{bmatrix}$, 求

(1) 可逆矩阵 $\boldsymbol{P}$, 使 $\boldsymbol{P}^{-1}\boldsymbol{AP}$ 成对角矩阵;

(2) 计算 $\boldsymbol{A}^5$.

解 (1) 由例 7.3 知 $\boldsymbol{A}$ 有特征值 $\lambda_1 = 1, \lambda_1 = \lambda_3 = 2$, 有三个相应的线性无关特征向量

$$\boldsymbol{\xi}_1 = \begin{bmatrix} -1 \\ 1 \\ 1 \end{bmatrix}, \quad \boldsymbol{\xi}_2 = \begin{bmatrix} -1 \\ 1 \\ 0 \end{bmatrix}, \quad \boldsymbol{\xi}_3 = \begin{bmatrix} 1 \\ 0 \\ 1 \end{bmatrix}.$$

令

$$\boldsymbol{P} = \begin{bmatrix} \boldsymbol{\xi}_1 & \boldsymbol{\xi}_2 & \boldsymbol{\xi}_3 \end{bmatrix} = \begin{bmatrix} -1 & -1 & 1 \\ 1 & 1 & 0 \\ 1 & 0 & 1 \end{bmatrix},$$

则存在可逆矩阵 $\boldsymbol{P}$, 可使 $\boldsymbol{P}^{-1}\boldsymbol{AP}$ 成对角矩阵 $\begin{bmatrix} 1 & & \\ & 2 & \\ & & 2 \end{bmatrix}$.

(2) 由 $\boldsymbol{A} = \boldsymbol{P}\begin{bmatrix} 1 & & \\ & 2 & \\ & & 2 \end{bmatrix}\boldsymbol{P}^{-1}$, 得

$$\boldsymbol{A}^5 = \boldsymbol{P}\begin{bmatrix} 1 & & \\ & 2 & \\ & & 2 \end{bmatrix}^5 \boldsymbol{P}^{-1} = \boldsymbol{P}\begin{bmatrix} 1 & & \\ & 32 & \\ & & 32 \end{bmatrix}\boldsymbol{P}^{-1}.$$

易求得

$$P^{-1}=\begin{bmatrix}-1&-1&1\\1&2&-1\\1&1&0\end{bmatrix}.$$

带入得

$$A^5=\begin{bmatrix}-1&-1&1\\1&1&0\\1&0&1\end{bmatrix}\begin{bmatrix}1&&\\&32&\\&&32\end{bmatrix}\begin{bmatrix}-1&-1&1\\1&2&-1\\1&1&0\end{bmatrix}$$

$$=\begin{bmatrix}1&-31&31\\31&63&-31\\31&31&1\end{bmatrix}.$$

7.4 实对称矩阵的对角化

本节将从实对称矩阵的特征值与特征向量的一些特殊性质入手, 解决实对称矩阵的对角化问题.

7.4.1 实对称矩阵的特征值与特征向量的性质

定理 7.9 实对称矩阵的特征值必为实数.

定理 7.10 实对称矩阵不同的特征值所对应的特征向量是正交的.

证 设 $\boldsymbol{A}$ 为实对称矩阵, λ_1,λ_2 是 $\boldsymbol{A}$ 的两个不同的特征值, $\boldsymbol{\alpha}_1,\boldsymbol{\alpha}_2$ 是 $\boldsymbol{A}$ 的分别对应于 λ_1,λ_2 的特征向量, 则有

$$\boldsymbol{A}\boldsymbol{\alpha}_1=\lambda_1\boldsymbol{\alpha}_1, \tag{7.1}$$

$$\boldsymbol{A}\boldsymbol{\alpha}_2=\lambda_1\boldsymbol{\alpha}_2. \tag{7.2}$$

将式 (7.1) 两端转置并右乘 $\boldsymbol{\alpha}_2$, 将式 (7.2) 两端左乘 $\boldsymbol{\alpha}_1^{\mathrm{T}}$, 得

$$\boldsymbol{\alpha}_1^{\mathrm{T}}\boldsymbol{A}\boldsymbol{\alpha}_2=\boldsymbol{\lambda}_1\boldsymbol{\alpha}_1^{\mathrm{T}}\boldsymbol{\alpha}_2,$$

$$\boldsymbol{\alpha}_1^{\mathrm{T}}\boldsymbol{A}\boldsymbol{\alpha}_2=\lambda_2\boldsymbol{\alpha}_1^{\mathrm{T}}\boldsymbol{\alpha}_2.$$

于是可得

$$(\lambda_1-\lambda_2)\boldsymbol{\alpha}_1^{\mathrm{T}}\boldsymbol{\alpha}_2=0.$$

因为 $(\lambda_1-\lambda_2)\neq 0$, 所以必有 $\boldsymbol{\alpha}_1^{\mathrm{T}}\boldsymbol{\alpha}_2=0$, 即 $\boldsymbol{\alpha}_1$ 与 $\boldsymbol{\alpha}_2$ 正交.

7.4.2 实对称矩阵的对角化

定理 7.11 设 $\boldsymbol{A}$ 为 n 阶实对称矩阵, λ_r 是 $\boldsymbol{A}$ 的 r 重特征根, 则特征值 λ_r 恰好对应 r 个线性无关的特征向量.

由定理 7.11 和定理 7.8 可知, 实对称矩阵一定可对角化.

定理 7.12 设 $\boldsymbol{A}$ 为 n 阶实对称矩阵, 则必有 n 阶正交矩阵 $\boldsymbol{P}$, 使 $\boldsymbol{P}^{-1}\boldsymbol{A}\boldsymbol{P}=\boldsymbol{\Lambda}$, 其中 $\boldsymbol{\Lambda}$ 是以 $\boldsymbol{A}$ 的 n 个特征值为对角元素的对角阵.

证 设 $\boldsymbol{A}$ 的互不相同的特征值为 $\lambda_1,\lambda_2,\cdots,\lambda_s$, 它们的重数依次为 $r_1,r_2,\cdots,r_s$ $(r_1+r_2+\cdots+r_s=n)$, 根据定理 7.9 及定理 7.11 知, 对应特征值 $\lambda_i(i=1,2,\cdots,s)$ 恰有 r_i 个线性无关的实特征向量, 把它们进行施密特标准正交化, 即得 $r_i(i=1,2,\cdots,s)$ 个两两正交的单位特征向量, 从而 $\boldsymbol{A}$ 有 n 个两两正交的单位特征向量. 把它们依次按列排成正交阵 $\boldsymbol{P}$, 有

$$\boldsymbol{P}^{-1}\boldsymbol{A}\boldsymbol{P}=\mathrm{diag}(\lambda_1,\cdots,\lambda_1,\cdots,\lambda_s,\cdots,\lambda_s)=\boldsymbol{\Lambda},$$

其中对角矩阵 $\boldsymbol{\Lambda}$ 的对角元素含 r_1 个 $\lambda_1,\cdots,r_s$ 个 λ_s, 恰是 $\boldsymbol{A}$ 的 n 个特征值.

需要指出, 由于齐次线性方程组 $(\lambda\boldsymbol{E}-\boldsymbol{A})\boldsymbol{x}=\boldsymbol{0}$ 的基础解系不唯一, 因此, 上述所求的正交矩阵 $\boldsymbol{P}$ 也是不唯一的.

例 7.5 设矩阵

$$\boldsymbol{A}=\begin{bmatrix}4&0&0\\0&3&1\\0&1&3\end{bmatrix},$$

求一个正交阵 $\boldsymbol{P}$, 使 $\boldsymbol{P}^{-1}\boldsymbol{A}\boldsymbol{P}=\boldsymbol{\Lambda}$ 为对角矩阵.

解 $\boldsymbol{A}$ 的特征多项式

$$|\lambda\boldsymbol{E}-\boldsymbol{A}|=\begin{vmatrix}\lambda-4&0&0\\0&\lambda-3&-1\\0&-1&\lambda-3\end{vmatrix}=(\lambda-4)(\lambda^2-6\lambda+8)=(\lambda-2)(\lambda-4)^2.$$

故 $\boldsymbol{A}$ 的特征值 $\lambda_1=2,\lambda_2=\lambda_3=4$.

当 $\lambda_1=2$ 时, 解线性方程组 $(2\boldsymbol{E}-\boldsymbol{A})\boldsymbol{x}=\boldsymbol{0}$, 即

$$\begin{bmatrix}-2&0&0\\0&-1&-1\\0&-1&-1\end{bmatrix}\begin{bmatrix}x_1\\x_2\\x_3\end{bmatrix}=\begin{bmatrix}0\\0\\0\end{bmatrix},$$

得基础解系 $\boldsymbol{\xi}_1=[0,1,-1]^{\mathrm{T}}$, 单位化得

$$\boldsymbol{p}_1=\begin{bmatrix}0\\ \dfrac{1}{\sqrt{2}}\\ -\dfrac{1}{\sqrt{2}}\end{bmatrix}.$$

当 $\lambda_2=\lambda_3=4$ 时, 解线性方程组 $(4\boldsymbol{E}-\boldsymbol{A})\boldsymbol{x}=\mathbf{0}$, 即

$$\begin{bmatrix}0&0&0\\0&1&-1\\0&-1&1\end{bmatrix}\begin{bmatrix}x_1\\x_2\\x_3\end{bmatrix}=\begin{bmatrix}0\\0\\0\end{bmatrix},$$

得基础解系 $\boldsymbol{\xi}_2=[1,0,0]^{\mathrm{T}},\boldsymbol{\xi}_3=[0,1,1]^{\mathrm{T}}$. 此时 $\boldsymbol{\xi}_2$ 与 $\boldsymbol{\xi}_3$ 恰好正交, 只需单位化得

$$\boldsymbol{p}_2=\begin{bmatrix}1\\0\\0\end{bmatrix},\quad \boldsymbol{p}_3=\begin{bmatrix}0\\ \dfrac{1}{\sqrt{2}}\\ \dfrac{1}{\sqrt{2}}\end{bmatrix}.$$

以 $\boldsymbol{p}_1,\boldsymbol{p}_2,\boldsymbol{p}_3$ 为列构成正交矩阵

$$\boldsymbol{P}=\begin{bmatrix}0&1&0\\ \dfrac{1}{\sqrt{2}}&0&\dfrac{1}{\sqrt{2}}\\ -\dfrac{1}{\sqrt{2}}&0&\dfrac{1}{\sqrt{2}}\end{bmatrix},$$

有

$$\boldsymbol{P}^{-1}\boldsymbol{A}\boldsymbol{P}=\boldsymbol{P}^{\mathrm{T}}\boldsymbol{A}\boldsymbol{P}=\boldsymbol{\Lambda}=\begin{bmatrix}2&&\\&4&\\&&4\end{bmatrix}.$$

7.5 特征值与特征向量的应用

为了定量分析工业发展与环境污染的关系, 有人提出了以下的工业增长模型. 设某地区在某年的污染水平和工业发展水平分别为 x_0 和 y_0, 把这一年作为起点 (称为基年), 记作 $t=0$. 如果以若干年作为一个期间, 第 t 个期间的污染和工业发展水平记为 x_t 和 y_t. 则此增长模型可以写为

$$\begin{cases}x_t=3x_{t-1}+y_{t-1},\\ y_t=2x_{t-1}+2y_{t-1}\end{cases}\quad(t=1,2,\cdots),$$

记 $\boldsymbol{A}=\begin{bmatrix}3 & 1\\ 2 & 2\end{bmatrix}$, $\boldsymbol{\alpha}_t=\begin{bmatrix}x_t\\ y_t\end{bmatrix}$. 则上式可写成

$$\boldsymbol{\alpha}_t=\boldsymbol{A}\boldsymbol{\alpha}_{t-1}\quad (t=1,2,\cdots).$$

由此模型及基年的水平 $\boldsymbol{\alpha}_0$, 可以预测第 k 期时的水平

$$\boldsymbol{\alpha}_1=\boldsymbol{A}\boldsymbol{\alpha}_0,\quad \boldsymbol{\alpha}_2=\boldsymbol{A}^2\boldsymbol{\alpha}_0,\quad \cdots,\quad \boldsymbol{\alpha}_k=\boldsymbol{A}^k\boldsymbol{\alpha}_0.$$

如果直接计算 $\boldsymbol{A}$ 的各次幂, 计算将十分烦琐, 而利用矩阵特征值和特征向量的有关性质, 不但可大大简化计算, 而且模型的结构和性质也更为清晰. 为此, 先计算 $\boldsymbol{A}$ 的特征值.

$$|\lambda\boldsymbol{E}-\boldsymbol{A}|=\begin{vmatrix}\lambda-3 & -1\\ -2 & \lambda-2\end{vmatrix}=(\lambda-1)(\lambda-4),$$

所以, $\boldsymbol{A}$ 的特征值为 $\lambda_1=1,\lambda_2=4$.

对于特征值 $\lambda_1=1$, 解齐次线性方程组 $(\boldsymbol{E}-\boldsymbol{A})\boldsymbol{X}=\boldsymbol{0}$, 可得 $\boldsymbol{A}$ 的属于特征值 $\lambda_1=1$ 的特征向量 $\boldsymbol{\xi}_1=[1,-2]^{\mathrm{T}}$.

对于特征值 $\lambda_2=4$, 解齐次线性方程组 $(4\boldsymbol{E}-\boldsymbol{A})\boldsymbol{X}=\boldsymbol{0}$, 可得 A 的属于特征值 $\lambda_2=4$ 的特征向量 $\boldsymbol{\xi}_2=[1,1]^{\mathrm{T}}$.

如果基年 $(t=0)$ 时的水平 $\boldsymbol{\alpha}_0$ 恰等于 $\boldsymbol{\xi}_2=[1,1]^{\mathrm{T}}$, 则 $t=k$ 时

$$\boldsymbol{\alpha}_k=\boldsymbol{A}^k\boldsymbol{\alpha}_0=\boldsymbol{A}^k\boldsymbol{\xi}_2=\lambda_2^k\boldsymbol{\xi}_2=4^k\begin{bmatrix}1\\ 1\end{bmatrix},$$

即 $x_k=4^k,y_k=4^k$.

特别地, 当 $k=10$ 时, 可得 $\boldsymbol{\alpha}_{10}=\left[4^{10},4^{10}\right]^{\mathrm{T}}$.

这表明: 尽管工业发展水平可以达到相当的程度, 但环境的污染也直接威胁人类的生存.

如果基年时的水平 $\boldsymbol{\alpha}_0=[1,7]^{\mathrm{T}}$, 则不能直接应用上述方法分析. 然而, 因为 $\boldsymbol{\xi}_1,\boldsymbol{\xi}_2$ 线性无关. $\boldsymbol{\alpha}_0=[1,7]^{\mathrm{T}}$ 必可由 $\boldsymbol{\xi}_1,\boldsymbol{\xi}_2$ 唯一的线性表示. 此时, 由于 $\boldsymbol{\alpha}_0=-2\boldsymbol{\xi}_1+3\boldsymbol{\xi}_2$, 于是

$$\boldsymbol{\alpha}_k=\boldsymbol{A}^k\boldsymbol{\alpha}_0=\boldsymbol{A}^k(-2\boldsymbol{\xi}_1+3\boldsymbol{\xi}_2)=-2\lambda_1^k\boldsymbol{\xi}_1+3\lambda_2^k\boldsymbol{\xi}_2=\begin{bmatrix}-2+3\times4^k\\ 4+3\times4^k\end{bmatrix}.$$

特别地, 当 $k=10$ 时, 可得 $\boldsymbol{\alpha}_{10}=\left[-2+3\times4^{10},4+3\times4^{10}\right]^{\mathrm{T}}$.

由上面的分析看出, 尽管 $\boldsymbol{A}$ 的特征向量 $\boldsymbol{\xi}_1=[1,-2]^{\mathrm{T}}$ 没有实际意义 (因为 $\boldsymbol{\xi}_1$ 中含有负分量), 但任一具有实际意义的向量 $\boldsymbol{\alpha}_0$ 都可以表示为 $\boldsymbol{\xi}_1,\boldsymbol{\xi}_2$ 的线性组合, 从而在分析过程中, $\boldsymbol{\xi}_1$ 仍具有重要作用.

数学重要历史人物 —— 埃尔米特

一、人物简介

埃尔米特 (Charles Hermite, 1822~1901) 法国数学家. 毕业于巴黎综合工科学校. 曾任法兰西学院、巴黎高等师范学校、巴黎大学教授. 法兰西科学院院士. 在函数论、高等代数、微分方程等方面都有重要发现. 1858 年利用椭圆函数首先得出五次方程的解. 1873 年证明了自然对数的底 e 的超越性. 在现代数学各分支中以他姓氏命名的概念很多, 如 "埃尔米特二次型"、"埃尔米特算子" 等.

二、生平事迹

1. 学习成绩不佳的数学大师 —— 埃尔米特

埃尔米特是 19 世纪最伟大的代数几何学家, 但是他大学入学考试重考了五次, 每次失败的原因都是数学考不好. 他的大学读到几乎毕不了业, 每次考不好都是为了数学那一科. 数学是他一生的至爱, 但是数学考试是他一生的恶梦. 不过这无法改变他的伟大: 数学中的 "共轭矩阵" 是他先提出来的; 人类一千多年来解不出 "五次方程式的通解", 是他先解出来的; 自然对数的底的 "超越数性质", 在全世界, 他是第一个证明出来的人. 他的一生证明 "一个不会考试的人, 仍然能有胜出的人生".

2. 从大师认识数学之美

埃尔米特从小就是个问题学生, 上课时老爱找老师辩论, 尤其是一些基本问题. 他尤其痛恨考试. 他在后来的文章中写道: "学问像大海, 考试像鱼钩. 老师老要把鱼挂在鱼钩上, 教鱼怎么能在大海中学会自由、平衡的游泳? ". 埃尔米特花许多时间去看数学大师, 如牛顿、高斯的原著. 他认为在那里能找到 "数学的美, 是回到基本点的辩论, 那里才能饮到数学兴奋的源头".

3. 骑在蜗牛背上的人

巴黎综合工科技术学院入学考试每年举行两次. 他从 18 岁开始参加, 他一次又一次地落榜, 在数学老师 Richard 的鼓励下, 仍继续坚持应试, 考到第五次才通过. 进技术学院一年后, 法国教育当局忽然下一道命令: 肢障者不得进入工科学系. 埃尔米特只好转到文学系. 文学系的数学已经容易但他的数学还是不及格. 但同时他已在法国的数学研究期刊《纯数学与应用数学杂志》发表《五次方方程式解的思索》, 震惊了数学界. 在人类历史上, 希腊数学家早就发现一次方程与二次方程的解法. 之后, 多少一流数学家埋头苦思四次方程以上到 n 次方程的解法, 始终不得其解. 但一个数学常考不及格的学生, 竟然提出正确的解法. 他在 24 岁时, 能以及格边缘的成绩自大学毕业. 由于不会应付考试, 无法继续升学, 他只好找所学校做个批改学生作业的助教. 这份助教工作, 做了几乎 25 年, 尽管他这 25 年中发表了代数连分数理论、函数论、方程论、…… 已经名满天下, 数学程度远超过当时所有大学的教授, 但是不会考试, 没有高等学位的埃尔米特, 只能继续批改学生作业. 社会现实对他就是这么残忍. 在柯西、雅可比、刘维尔等的支持下, 埃尔米特在 49 岁时, 巴黎大学才请他去担任教授. 此后的 25 年, 几乎整个法国的大数学家都出自他的门下.

三、历史贡献

埃尔米特是一位热心的数学传播者, 他经常无保留地向数学界提供他的知识、想法以致创造性的思维火花, 一般通过书信、便条以及讲演进行这种传播. 例如, 他与 T. J. 斯蒂尔切斯 (StieltjeS) 两人在 1882~1894 年至少写过 432 封信. 只要认真阅读埃尔米特的著作, 就会发现, 他提供了许多可以作为别人发现的序幕的例子, 他的数学传播工作极大地促进了数学的发展.

埃尔米特是一个全面的数学家, 除了前述各项工作外, 他在数学的各领域中还取得如下成果: 他深入研究了矩阵理论, 证明了, 如果矩阵 $\boldsymbol{M}=\boldsymbol{M}^*$($\boldsymbol{M}$ 的伴随矩阵), 则其特征值都是实数; 提出一个属于代数函数论的埃尔米特原理, 是后来著名的黎曼–罗赫定理的特例之一; 在不变量方面有较多成果, 以至于 J. J. 西尔维斯特 (Sylvester) 曾指出, “A. 凯莱 (Cayley)、埃尔米特和我组成了一个不变量的三位一体”. 例如, 他提出一个 “互反律”, 即一个 m 次二元型的 p 阶固定次数的共变式和一个 p 次二元型的 m 阶固定次数的共变式之间的一种一一对应关系; 埃尔米特推广了高斯研究整系数二次型的方法, 证明了它们对于任意个变量其类数仍是有限的; 还把这一结果应用于代数数, 证明了, 如果一个数域的判别式已给出, 则其范型的数目是有限的; 他还把这种 “类数有限性” 用于不定二次型, 取得一些重要的结果; 他关于拉梅方程 (一种微分方程) 的研究在当时也有十分重要的意义.

习 题 7

1. 计算向量 $\boldsymbol{\alpha}$ 与 $\boldsymbol{\beta}$ 的内积, 并判定它们是否正交:

(1) $\boldsymbol{\alpha}=\begin{bmatrix} -1 & 0 & 2 & 3 \end{bmatrix}^{\mathrm{T}}$, $\boldsymbol{\beta}=\begin{bmatrix} 4 & -2 & 0 & 1 \end{bmatrix}^{\mathrm{T}}$;

(2) $\boldsymbol{\alpha}=\begin{bmatrix} \frac{1}{3} & 1 & -2 & -1 \end{bmatrix}^{\mathrm{T}}$, $\boldsymbol{\beta}=\begin{bmatrix} -1 & \frac{1}{3} & 1 & -2 \end{bmatrix}^{\mathrm{T}}$.

2. 利用施密特正交化方法, 将下列各向量组化为正交单位向量组:

(1) $\boldsymbol{\alpha}_1=\begin{bmatrix} 0 & 1 & 1 \end{bmatrix}^{\mathrm{T}}, \boldsymbol{\alpha}_2=\begin{bmatrix} 1 & 1 & 0 \end{bmatrix}^{\mathrm{T}}, \boldsymbol{\alpha}_3=\begin{bmatrix} 1 & 0 & 1 \end{bmatrix}^{\mathrm{T}}$;

(2) $\boldsymbol{\alpha}_1=\begin{bmatrix}1 & -2 & 2\end{bmatrix}^{\mathrm{T}},\boldsymbol{\alpha}_2=\begin{bmatrix}-1 & 0 & -1\end{bmatrix}^{\mathrm{T}},\boldsymbol{\alpha}_3=\begin{bmatrix}5 & -3 & -7\end{bmatrix}^{\mathrm{T}}$.

3. 设 $\boldsymbol{A}$, $\boldsymbol{B}$ 都是 n 阶正交矩阵, 证明

(1) $|\boldsymbol{A}|=1$ 或 -1;

(2) $\boldsymbol{A}^{\mathrm{T}},\boldsymbol{A}^{-1},\boldsymbol{AB}$ 也是正交矩阵.

4. 求下列矩阵的特征值和特征向量:

$$(1)\ \boldsymbol{A}=\begin{bmatrix}2 & -4\\ -3 & 3\end{bmatrix};\quad (2)\ \boldsymbol{A}=\begin{bmatrix}2 & 1 & 1\\ 0 & 2 & 0\\ 0 & -1 & 1\end{bmatrix};\quad (3)\ \boldsymbol{A}=\begin{bmatrix}1 & 2 & 3\\ 2 & 1 & 3\\ 3 & 3 & 6\end{bmatrix}.$$

5. 设 λ_0 是 n 阶矩阵 $\boldsymbol{A}$ 的一个特征值, 试证

(1)$k\lambda_0$ 是 $k\boldsymbol{A}$ 的一个特征值 (k 为常数).

(2) λ_0^m 是 $\boldsymbol{A}^m$ 的一个特征值 (m 为正整数).

(3) 若 $\boldsymbol{A}$ 可逆, 则 $\dfrac{1}{\lambda_0}$ 是 $\boldsymbol{A}^{-1}$ 的一个特征值.

(4) 若 $\boldsymbol{A}$ 可逆, 则 $\dfrac{|\boldsymbol{A}|}{\lambda_0}$ 是 $\boldsymbol{A}^*$ 的一个特征值.

6. 下列矩阵是否可对角化? 若可对角化, 求可逆矩阵 $\boldsymbol{P}$, 使 $\boldsymbol{P}^{-1}\boldsymbol{AP}$ 为对角矩阵:

$$(1)\boldsymbol{A}=\begin{bmatrix}1 & 1\\ -1 & 3\end{bmatrix};\qquad (2)\boldsymbol{A}=\begin{bmatrix}1 & -1 & 1\\ 2 & 4 & -2\\ -3 & -3 & 5\end{bmatrix}.$$

7. 已知矩阵 $\boldsymbol{A}=\begin{bmatrix}2 & 0 & 0\\ 0 & 0 & 1\\ 0 & 1 & x\end{bmatrix}$ 与矩阵 $\boldsymbol{B}=\begin{bmatrix}2 & 0 & 0\\ 0 & y & 0\\ 0 & 0 & -1\end{bmatrix}$ 相似.

(1) 求 x,y;

(2) 求一个可逆矩阵 $\boldsymbol{P}$, 使 $\boldsymbol{P}^{-1}\boldsymbol{AP}=\boldsymbol{B}$.

8. 对下列实对称矩阵, 求正交矩阵 $\boldsymbol{P}$, 使 $\boldsymbol{P}^{-1}\boldsymbol{AP}$ 为对角矩阵:

$$(1)\ \boldsymbol{A}=\begin{bmatrix}1 & -2 & 0\\ -2 & 2 & -2\\ 0 & -2 & 3\end{bmatrix};\quad (2)\ \boldsymbol{A}=\begin{bmatrix}2 & 2 & -2\\ 2 & 5 & -4\\ -2 & -4 & 5\end{bmatrix}.$$

9. 设三阶矩阵 $\boldsymbol{A}$ 的特征值为 $\lambda_1=1,\lambda_2=2,\lambda_3=3$ 对应的特征向量分别为 $\boldsymbol{\alpha}_1=[\ 1\quad 1\quad 1\ ]^{\mathrm{T}}$, $\boldsymbol{\alpha}_2=[\ 1\quad 0\quad 1\ ]^{\mathrm{T}},\boldsymbol{\alpha}_3=[\ 0\quad 1\quad 1\ ]^{\mathrm{T}}$, 求矩阵 $\boldsymbol{A}$.

10. $\boldsymbol{A}$ 为三阶实对称矩阵, 已知 $\boldsymbol{A}$ 的特征值为 $\lambda_1=-1,\lambda_2=1$ (二重), 对应于 λ_1 的特征向量为 $\boldsymbol{\alpha}_1=[\ 0\quad 1\quad 1\ ]^{\mathrm{T}}$.

(1) 求 $\boldsymbol{A}$ 的对应于特征值 λ_2 的特征向量;

(2) 求 $\boldsymbol{A}$.

11. 考虑栖息在同一野生地区的兔子和狐狸的生态模型, 对两种动物的数量的相互依存的关系, 有人提出了以下模型

$$\begin{cases} X_t = 1.1X_{t-1} - 0.15Y_{t-1}, \\ Y_t = 0.1X_{t-1} + 0.85Y_{t-1} \end{cases} \quad (t = 1, 2, \cdots),$$

其中 X_t, Y_t 分别表示第 t 年时, 兔子和狐狸的数量, 而 X_0, Y_0 分别表示基年 $(t = 0)$ 时, 兔子和狐狸的数量. 记 $\boldsymbol{\alpha}_t = \begin{bmatrix} X_t \\ Y_t \end{bmatrix} (t = 0, 1, 2, \cdots)$.

(1) 写出该模型的矩阵形式;

(2) 如果 $\boldsymbol{\alpha}_0 = \begin{bmatrix} X_0 \\ Y_0 \end{bmatrix} = \begin{bmatrix} 10 \\ 8 \end{bmatrix}$, 求 $\boldsymbol{\alpha}_t$;

(3) 当 $t \to \infty$ 时, 可以得到什么结论.

Chapter 8

第8章 二次型

在解析几何中, 为了便于研究二次曲线

$$ax^2 + bxy + cy^2 = 1 \tag{8.1}$$

的几何性质, 可以选择适当的坐标变换把方程化为标准形

$$m(x')^2 + n(y')^2 = 1. \tag{8.2}$$

式 (8.1) 的左边是一个二次齐次多项式, 由此可以方便地判别曲线的类型. 在许多理论或实际问题中经常遇到类似的问题, 需要把 n 个变量的二次齐次多项式通过线性变换化为标准形, 这就是本章要研究的主要问题.

8.1 二次型及其标准形

8.1.1 二次型及其矩阵表示

定义 8.1 含有 n 个变量 $x_1, x_2, \cdots, x_n$ 的二次齐次多项式

$$\begin{aligned} f(x_1, x_2, \cdots, x_n) = a_{11}x_1^2 + 2a_{12}x_1x_2 + \cdots + 2a_{1n}x_1x_n \\ + a_{22}x_2^2 + \cdots + 2a_{2n}x_2x_n \\ + \cdots + a_{nn}x_n^2 \end{aligned} \tag{8.3}$$

称为 n**元二次型**, 简称**二次型**(简记作 f).

若令 $a_{ij} = a_{ji}$, 则 $2a_{ij}x_ix_j = a_{ij}x_ix_j + a_{ji}x_jx_i$, 于是 (8.3) 可以写成

$$\begin{aligned} f(x_1, x_2, \cdots, x_n) =& a_{11}x_1^2 + 2a_{12}x_1x_2 + \cdots + 2a_{1n}x_1x_n \\ &+ a_{21}x_2x_1 + a_{22}x_2^2 + \cdots + a_{2n}x_2x_n \\ &+ \cdots \\ &+ a_{n1}x_nx_1 + a_{n2}x_nx_2 + \cdots + a_{nn}x_n^2 \end{aligned}$$

$$=\sum_{i=1}^{n}\sum_{j=1}^{n}a_{ij}x_ix_j, \tag{8.4}$$

其中 $a_{ij}=a_{ji}$, 当 a_{ij} 为复数时, $f(x_1,x_2,\cdots,x_n)$ 称为**复二次型**, 当 a_{ij} 为实数时, $f(x_1,x_2,\cdots,x_n)$ 称为**实二次型**. 本章仅讨论实二次型, 以后将不再一一指出. 为了便于讨论, 我们将二次型写成矩阵形式. 由式 (8.4) 有

$$\begin{aligned}f(x_1,x_2,\cdots,x_n)=&x_1(a_{11}x_1+a_{12}x_2+\cdots+a_{1n}x_n)\\&+x_2(a_{21}x_1+a_{22}x_2+\cdots+a_{2n}x_n)\\&+\cdots\\&+x_n(a_{n1}x_1+a_{n2}x_2+\cdots+a_{nn}x_n)\\=&(x_1,x_2,\cdots,x_n)\begin{bmatrix}a_{11}&a_{12}&\cdots&a_{1n}\\a_{21}&a_{22}&\cdots&a_{2n}\\\vdots&\vdots&&\vdots\\a_{n1}&a_{n2}&\cdots&a_{nn}\end{bmatrix}\begin{bmatrix}x_1\\x_2\\\vdots\\x_n\end{bmatrix}.\end{aligned}$$

记

$$\boldsymbol{A}=\begin{bmatrix}a_{11}&a_{12}&\cdots&a_{1n}\\a_{21}&a_{22}&\cdots&a_{2n}\\\vdots&\vdots&&\vdots\\a_{n1}&a_{n2}&\cdots&a_{nn}\end{bmatrix},\quad \boldsymbol{x}=\begin{bmatrix}x_1\\x_2\\\vdots\\x_n\end{bmatrix},$$

则二次型可记为

$$f=\boldsymbol{x}^{\mathrm{T}}\boldsymbol{A}\boldsymbol{x}, \tag{8.5}$$

其中 $\boldsymbol{A}$ 为实对称矩阵.

由上面的讨论, 我们知道给定一个二次型, 就唯一确定一个实对称矩阵 A. 反之, 任给一个实对称矩阵, 也可以唯一地确定一个二次型. 这样, 二次型与实对称矩阵之间存在一一对应的关系. 因此, 我们把实对称矩阵 $\boldsymbol{A}$ 称为二次型 f 的矩阵, 也把 f 称为实对称矩阵 $\boldsymbol{A}$ 的二次型. $\boldsymbol{A}$ 的秩称为二次型 f 的秩.

例 8.1 把下面二次型写成矩阵形式:

(1) $f(x_1,x_2)=x_1^2+6x_1x_2+x_2^2$;

(2) $f(x_1,x_2,x_3)=x_1^2+2x_2^2-3x_3^2+4x_1x_2-6x_2x_3$;

解 (1) $f(x_1,x_2)=(x_1,x_2)\begin{bmatrix}1&3\\3&2\end{bmatrix}\begin{bmatrix}x_1\\x_2\end{bmatrix}=\boldsymbol{x}^{\mathrm{T}}\boldsymbol{A}\boldsymbol{x}$,

其中二次型的矩阵为

$$\boldsymbol{A}=\begin{bmatrix}1&3\\3&2\end{bmatrix}.$$

(2) $$f(x_1,x_2,x_3)=(x_1,x_2,x_3)\begin{bmatrix}1&2&0\\2&2&-3\\0&-3&-3\end{bmatrix}\begin{bmatrix}x_1\\x_2\\x_3\end{bmatrix}=\boldsymbol{x}^{\mathrm{T}}\boldsymbol{A}\boldsymbol{x},$$

其中二次型的矩阵为

$$\boldsymbol{A}=\begin{bmatrix}1&2&0\\2&2&-3\\0&-3&-3\end{bmatrix}.$$

8.1.2 二次型的标准形

定义 8.2 称只含有平方项的二次型

$$\begin{aligned}f&=\lambda_1y_1^2+\lambda_2y_2^2+\cdots+\lambda_ny_n^2\\&=(y_1,y_2,\cdots,y_n)\begin{bmatrix}\lambda_1&&&\\&\lambda_2&&\\&&\ddots&\\&&&\lambda_n\end{bmatrix}\begin{bmatrix}y_1\\y_2\\\vdots\\y_n\end{bmatrix}\\&=\boldsymbol{y}^{\mathrm{T}}\boldsymbol{A}\boldsymbol{y}\end{aligned}$$

为二次型的标准形 (或法式). 其中

$$\boldsymbol{y}=\begin{bmatrix}y_1\\y_2\\\vdots\\y_n\end{bmatrix},\quad\boldsymbol{A}=\begin{bmatrix}\lambda_1&&&\\&\lambda_2&&\\&&\ddots&\\&&&\lambda_n\end{bmatrix}.$$

对于一般的二次型 $f=\boldsymbol{x}^{\mathrm{T}}\boldsymbol{A}\boldsymbol{x}$, 我们讨论的主要问题就是寻找可逆的线性变换

$$\begin{cases}x_1=c_{11}y_1+c_{12}y_2+\cdots+c_{1n}y_n,\\x_2=c_{21}y_1+c_{22}y_2+\cdots+c_{2n}y_n,\\\quad\cdots\cdots\\x_n=c_{n1}y_1+c_{n2}y_2+\cdots+c_{nn}y_n,\end{cases}$$

将二次型化为标准形.

8.2 化二次型为标准形

本节介绍将二次型化为标准形的方法.

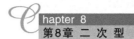

8.2.1 正交变换法

由于二次型的矩阵是实对称矩阵, 而实对称矩阵必可对角化, 将此结论用于二次型, 便有

定理 8.1 对于二次型 $f(x_1,x_2,\cdots,x_n)=\boldsymbol{x}^{\mathrm{T}}\boldsymbol{A}\boldsymbol{x}$, 总有正交变换 $\boldsymbol{x}=\boldsymbol{P}\boldsymbol{y}$, 其中 $\boldsymbol{y}=[y_1,y_2,\cdots,y_n]^{\mathrm{T}}$, 将 f 化为标准形

$$f=\lambda_1y_1^2+\lambda_2y_2^2+\cdots+\lambda_ny_n^2.$$

其中 $\lambda_1,\lambda_2,\cdots,\lambda_n$ 是 f 的矩阵 $\boldsymbol{A}=[a_{ij}]$ 的特征值.

例 8.2 用正交变换将二次型 $f=x_1^2+x_2^2-x_3^2+2x_1x_3-2x_2x_3$ 化为标准形.

解 二次型的矩阵为

$$\boldsymbol{A}=\begin{bmatrix}1&1&1\\1&1&-1\\1&-1&-1\end{bmatrix}.$$

由

$$|\lambda\boldsymbol{E}-\boldsymbol{A}|=\begin{vmatrix}\lambda-1&-1&-1\\-1&\lambda-1&1\\-1&1&\lambda+1\end{vmatrix}=(\lambda-1)(\lambda-2)(\lambda+2)$$

得 $\boldsymbol{A}$ 特征值为 $\lambda_1=-2,\lambda_2=1,\lambda_3=2$.

对 $\lambda_1=-2$, 解齐次线性方程组 $(-2\boldsymbol{E}-\boldsymbol{A})\boldsymbol{x}=\boldsymbol{0}$ 得特征向量 $\boldsymbol{\alpha}_1=[-1,1,2]^{\mathrm{T}}$. 单位化, 得

$$\boldsymbol{p}_1=\begin{bmatrix}-\dfrac{1}{\sqrt{6}}\\\dfrac{1}{\sqrt{6}}\\\dfrac{2}{\sqrt{6}}\end{bmatrix}.$$

对应于 $\lambda_2=1,\lambda_3=2$ 的单位特征向量分别为

$$\boldsymbol{p}_2=\begin{bmatrix}\dfrac{1}{\sqrt{3}}\\-\dfrac{1}{\sqrt{3}}\\\dfrac{1}{\sqrt{3}}\end{bmatrix},\quad \boldsymbol{p}_3=\begin{bmatrix}\dfrac{1}{\sqrt{2}}\\-\dfrac{1}{\sqrt{2}}\\0\end{bmatrix}.$$

因为特征值互异, 故 $\boldsymbol{p}_1,\boldsymbol{p}_2,\boldsymbol{p}_3$ 两两正交.

以 $\boldsymbol{p}_1,\boldsymbol{p}_2,\boldsymbol{p}_3$ 为列构成正交矩阵

$$\boldsymbol{P}=[\boldsymbol{p}_1,\boldsymbol{p}_2,\boldsymbol{p}_3]=\begin{bmatrix} -\dfrac{1}{\sqrt{6}} & \dfrac{1}{\sqrt{3}} & \dfrac{1}{\sqrt{2}} \\ \dfrac{1}{\sqrt{6}} & -\dfrac{1}{\sqrt{3}} & -\dfrac{1}{\sqrt{2}} \\ \dfrac{2}{\sqrt{6}} & \dfrac{1}{\sqrt{3}} & 0 \end{bmatrix},$$

使得

$$\boldsymbol{P}^{\mathrm{T}}\boldsymbol{A}\boldsymbol{P}=\boldsymbol{\Lambda}=\begin{bmatrix} -2 & & \\ & 1 & \\ & & 2 \end{bmatrix}.$$

作正交变换 $\boldsymbol{x}=\boldsymbol{P}\boldsymbol{y}$, 即

$$\begin{cases} x_1=-\dfrac{1}{\sqrt{6}}y_1+\dfrac{1}{\sqrt{3}}y_2+\dfrac{1}{\sqrt{2}}y_3, \\ x_2=\dfrac{1}{\sqrt{6}}y_1-\dfrac{1}{\sqrt{3}}y_2-\dfrac{1}{\sqrt{2}}y_3, \\ x_3=\dfrac{2}{\sqrt{6}}y_1+\dfrac{1}{\sqrt{3}}y_2. \end{cases}$$

将二次型 f 化为标准形

$$f=-2y_1^2+y_2^2+2y_3^2.$$

8.2.2 配方法

配方法是 18 世纪法国数学家拉格朗日首先提出的. 用此方法时, 二次型大致分为两类, 各种二次型都可以化为这两类形式来解决. 下面举例来说明用配方法将二次型化为标准形的步骤.

例 8.3 用配方法求一个可逆线性变换 $\boldsymbol{x}=\boldsymbol{C}\boldsymbol{y}$, 把二次型

$$f=\boldsymbol{x}^{\mathrm{T}}\boldsymbol{A}\boldsymbol{x}=x_1^2+x_2^2-x_3^2+2x_1x_2+2x_1x_3-2x_2x_3$$

化成标准形.

解 由于 f 中含有变量 x_1 的平方项, 故把含 x_1 的项归并起来, 配方可得

$$\begin{aligned} f&=x_1^2+x_2^2-x_3^2+2x_1x_2+2x_1x_3-2x_2x_3 \\ &=(x_1+x_2+x_3)^2-(x_2+x_3)^2-x_3^2-2x_2x_3 \\ &=(x_1+x_2+x_3)^2-x_2^2-4x_2x_3-2x_3^2 \\ &=(x_1+x_2+x_3)^2-(x_2+2x_3)^2+2x_3^2. \end{aligned}$$

令

$$\begin{cases} y_1 = x_1 + x_2 + x_3, \\ y_2 = x_2 + 2x_3, \\ y_3 = x_3, \end{cases}$$

得可逆线性变换

$$\begin{cases} x_1 = y_1 - y_2 + y_3, \\ x_2 = y_2 - 2y_3, \\ x_3 = y_3, \end{cases}$$

即 $\boldsymbol{x} = \boldsymbol{C}\boldsymbol{y}$, 其变换矩阵为

$$\boldsymbol{C} = \begin{bmatrix} 1 & -1 & 1 \\ 0 & 1 & -2 \\ 0 & 0 & 1 \end{bmatrix} \quad (|\boldsymbol{C}| = 1 \neq 0).$$

用该变换就把二次型 f 化为标准形, 即

$$f = \boldsymbol{x}^{\mathrm{T}}\boldsymbol{A}\boldsymbol{x} = y_1^2 - y_2^2 + 2y_3^2.$$

上例中有未知数的平方项, 可利用和的平方公式进行配方. 下面再举一个不含平方项的例子.

例 8.4 用配方法化二次型

$$f = 2x_1x_2 + 2x_1x_3 - 6x_2x_3 \tag{8.6}$$

为标准形, 并求所用的变换矩阵.

解 因为二次型中不含平方项, 无法直接配方, 所以先做一个可逆线性变换, 使其出现平方项. 由于含 x_1x_2 项, 利用平方差公式, 令

$$\begin{cases} x_1 = y_1 + y_2, \\ x_2 = y_1 - y_2, \\ x_3 = y_3, \end{cases}$$

用矩阵表示为

$$\boldsymbol{x} = \boldsymbol{C}_1\boldsymbol{y},$$

其中

$$\boldsymbol{x} = [x_1, x_2, x_3]^{\mathrm{T}}, \quad \boldsymbol{y} = [y_1, y_2, y_3]^{\mathrm{T}},$$

$$\boldsymbol{C}_1 = \begin{bmatrix} 1 & 1 & 0 \\ 1 & -1 & 0 \\ 0 & 0 & 1 \end{bmatrix}.$$

代入二次型 (8.6) 中, 可得

$$
\begin{aligned}
f &= 2\left(y_1^2 - y_2^2\right) + 2\left(y_1 - y_2\right) y_3 - 6\left(y_1 - y_2\right) y_3 \\
&= 2y_1^2 - 2y_2^2 - 4y_1y_3 + 8y_2y_3.
\end{aligned}
$$

再配方得

$$
f = 2\left(y_1 - y_3\right)^2 - 2\left(y_2 - 2y_3\right)^2 + 6y_3^2. \tag{8.7}
$$

令

$$
\begin{cases}
z_1 = y_1 - y_3, \\
z_2 = y_2 - 2y_3, \\
z_3 = y_3,
\end{cases}
$$

解得可逆变换

$$
\begin{cases}
y_1 = z_1 + z_3, \\
y_2 = z_2 + 2z_3, \\
y_3 = z_3.
\end{cases}
$$

写成矩阵形式为

$$
\boldsymbol{y} = \boldsymbol{C}_2 \boldsymbol{z} \tag{8.8}
$$

其中

$$
\boldsymbol{y} = \left[y_1, y_2, y_3\right]^{\mathrm{T}}, \quad \boldsymbol{z} = \left[z_1, z_2, z_3\right]^{\mathrm{T}}, \quad \boldsymbol{C}_2 = \begin{bmatrix} 1 & 0 & 1 \\ 0 & 1 & 2 \\ 0 & 0 & 1 \end{bmatrix}.
$$

用 (8.8) 的变换将二次型 (8.7) 化为标准形

$$
f = 2z_1^2 - 2z_2^2 + 6z_3^2. \tag{8.9}
$$

从上面的讨论可知, 原二次型 (8.6) 经过两次可逆线性变换 $\boldsymbol{x} = \boldsymbol{C}_1\boldsymbol{y}$ 和 $\boldsymbol{y} = \boldsymbol{C}_2\boldsymbol{z}$ 化为标准形 (8.9), 由式 (8.6) 变换为式 (8.9) 的可逆线性变换为 $\boldsymbol{x} = \boldsymbol{C}_1\boldsymbol{y} = \boldsymbol{C}_1\left(\boldsymbol{C}_2\boldsymbol{z}\right) = \boldsymbol{C}_1\boldsymbol{C}_2\boldsymbol{z} = \boldsymbol{C}\boldsymbol{z}$, 其变换矩阵为

$$
\boldsymbol{C} = \boldsymbol{C}_1\boldsymbol{C}_2 = \begin{bmatrix} 1 & 1 & 0 \\ 1 & -1 & 0 \\ 0 & 0 & 1 \end{bmatrix} \begin{bmatrix} 1 & 0 & 1 \\ 0 & 1 & 2 \\ 0 & 0 & 1 \end{bmatrix} = \begin{bmatrix} 1 & 1 & 3 \\ 1 & -1 & -1 \\ 0 & 0 & 1 \end{bmatrix}.
$$

总之, 任何二次型都可用上面的方法找到可逆的线性变换, 把二次型化为标准形.

定理 8.2 任何 n 元实二次型都可以经过可逆线性变换化为标准形.

由定理 8.1 可知, 标准形中所含有的平方项的项数, 就是二次型的秩.

以上我们采用了不同的方法将二次型化为标准形, 对于例 8.2, 用正交变换法可得标准形 $f=-2y_1^2+y_2^2+2y_3^3$, 用配方法所得标准形为 $f=y_1^2-y_2^2+2y_3^2$. 由此可见, 一个二次型的标准形不是唯一的, 也就是标准形的系数可以不同, 但标准形的项数 (二次型的秩) 以及正 (负) 系数的项数是相同的. 这一结果反映了二次型的一个重要的性质 —— 惯性定律.

定理 8.3(惯性定理)　设实二次型 $f=\boldsymbol{x}^{\mathrm{T}}\boldsymbol{A}\boldsymbol{x}$ 的秩为 r, 并有两个实的可逆变换 $\boldsymbol{x}=\boldsymbol{C}\boldsymbol{y}$ 及 $\boldsymbol{x}=\boldsymbol{P}\boldsymbol{z}$, 分别把二次型化为标准形

$$f=k_1y_1^2+k_2y_2^2+\cdots+k_ry_r^2$$

及

$$f=\lambda_1y_1^2+\lambda_2y_2^2+\cdots+\lambda_ry_r^2,$$

则 $k_1,k_2,\cdots,k_r$ 中正数 (负数) 的个数与 $\lambda_1,\lambda_2,\cdots,\lambda_r$ 中的正数 (负数) 的个数相同. 其中正系数的项数称为二次型的**正惯性指数**, 负系数的项数称为**负惯性指数**.

8.3　正定二次型

定义 8.3　设实二次型 $f=\boldsymbol{x}^{\mathrm{T}}\boldsymbol{A}\boldsymbol{x}$,

(1) 若对于任意非零向量 $\boldsymbol{x}$, 恒有 $f=\boldsymbol{x}^{\mathrm{T}}\boldsymbol{A}\boldsymbol{x}>0(<0)$, 则称 f 为**正 (负) 二次型**, 而其对应的矩阵 $\boldsymbol{A}$ 称为**正 (负) 定矩阵**.

(2) 若对于任意非零向量 $\boldsymbol{x}$, 恒有 $f=\boldsymbol{x}^{\mathrm{T}}\boldsymbol{A}\boldsymbol{x}\geqslant 0(\leqslant 0)$, 则称 f 为**半正 (负) 二次型**, 而其对应的矩阵 $\boldsymbol{A}$ 称为**半正 (负) 定矩阵**.

(3) 若对于任意非零向量 $\boldsymbol{x}$, $f=\boldsymbol{x}^{\mathrm{T}}\boldsymbol{A}\boldsymbol{x}$ 有大于零, 也有小于零, 则称 f 是不定二次型, 而其对应的矩阵为**不定矩阵**.

其中 (1)(2) 统称为**有定二次型**.

利用定义可以判别一些较简单的二次型的正 (负) 定、半正 (负) 定及不定性:

例 8.5　判别下列二次型的正 (负) 定、半正 (负) 定及不定性.

(1) $f_1(x_1,x_2,x_3)=3x_1^2+2x_2^2+5x_3^2$;

(2) $f_2(x_1,x_2,x_3)=-x_1^2-2x_2^2-3x_3^2$;

(3) $f_3(x_1,x_2,x_3,x_4)=x_1^2+x_2^2+x_3^2$;

(4) $f_4(x_1,x_2,x_3,x_4)=x_1^2-2x_2^2+6x_3^2+3x_4^2$.

解　(1)f_1 是系数全为正数的标准二次型, 故对任意非零向量 x, 恒有 $f_1>0$, 因此 f_1 是正定二次型.

(2) f_2 是系数全为负的标准二次型, 故对任意非零向量 x, 恒有 $f_2<0$, 因此 f_2 是负定二次型.

(3) f_3 是四元标准二次型, 对任意 $[x_1,x_2,x_3,0]^{\mathrm{T}}\neq\mathbf{0}$, 恒有 $f_3(x_1,x_2,x_3,0)>0$, 但对 $[0,0,0,x_4]^{\mathrm{T}}\neq\mathbf{0}$, 有 $f_3(0,0,0,x_4)=0$, 故对任意 $\boldsymbol{x}=[x_1,x_2,x_3,x_4]^{\mathrm{T}}\neq\mathbf{0}$, 恒有 $f_3\geqslant 0$, 因此 f_3 是半正定二次型.

(4) f_4 的系数有正也有负, 若取 $[1,0,0,0]^{\mathrm{T}}\neq 0$, 有 $f_4(1,0,0,0)=1>0$, 取 $[0,0,0]^{\mathrm{T}}\neq 0$, 有 $f_4(0,1,0,0)=-2<0$, 故 f_4 是不定二次型.

在各类实二次型中, 正定二次型最为重要, 下面着重讨论正定二次型, 给出一般 n 元二次型 $f(x_1,x_2,\cdots,x_n)$ 正定的判别方法.

定理 8.4 对二次型作可逆线性变换不改变其正定性.

证 设正定二次型 $f=\boldsymbol{x}^{\mathrm{T}}\boldsymbol{A}\boldsymbol{x}$ 经过可逆线性变换 $\boldsymbol{x}=\boldsymbol{C}\boldsymbol{y}$ 化为 $\boldsymbol{G}=\boldsymbol{y}^{\mathrm{T}}\boldsymbol{B}\boldsymbol{y}$, 其中

$$\boldsymbol{B}=\boldsymbol{C}^{\mathrm{T}}\boldsymbol{A}\boldsymbol{C}.$$

对任意非零向量 $\boldsymbol{y}$, 则有 $\boldsymbol{x}=\boldsymbol{C}\boldsymbol{y}\neq\mathbf{0}$, 于是

$$\boldsymbol{G}=\boldsymbol{y}^{\mathrm{T}}\boldsymbol{B}\boldsymbol{y}=\boldsymbol{y}^{\mathrm{T}}\boldsymbol{C}^{\mathrm{T}}\boldsymbol{A}\boldsymbol{C}\boldsymbol{y}=\boldsymbol{x}^{\mathrm{T}}\boldsymbol{A}\boldsymbol{x}=f>0,$$

所以 $\boldsymbol{G}$ 正定

由定理 8.2 可知, 任一实二次型都可以通过可逆线性变换化为标准形, 由此可得下面的定理.

定理 8.5 n 元实二次型正定的充分必要条件是其标准形中 n 个平方项的系数全大于零.

定理 8.6 实二次型 $f=\boldsymbol{x}^{\mathrm{T}}\boldsymbol{A}\boldsymbol{x}$ 正定的充分必要条件是 $\boldsymbol{A}$ 的特征值全都大于零.

定理 8.7 n 元实二次型 $f(x)$ 正定的充分必要条件是它的正惯性指数为 n.

推论 8.1 实对称矩阵 $\boldsymbol{A}$ 为正定的充分必要条件是 $\boldsymbol{A}$ 的特征值全为正数.

推论 8.2 正定矩阵的行列式大于零.

此推论说明正定矩阵一定是非奇异的.

下面, 再介绍一种直接用二次型的矩阵 $\boldsymbol{A}$ 判定二次型的正定性的方法.

定理 8.8 实对称矩阵 $\boldsymbol{A}$ 为正定的充分必要条件是 $\boldsymbol{A}$ 的各阶顺序主子式

$$|\boldsymbol{A}_k|=\begin{vmatrix} a_{11} & a_{12} & \cdots & a_{1k} \\ a_{21} & a_{22} & \cdots & a_{2k} \\ \vdots & \vdots & & \vdots \\ a_{k1} & a_{k2} & \cdots & a_{kk} \end{vmatrix}\quad (k=1,2,\cdots,n)$$

全为正 (其中 $|\boldsymbol{A}_k|$ 称为 $\boldsymbol{A}$ 的 k 阶顺序主子式).

实对称矩阵 $\boldsymbol{A}$ 为负定的充分必要条件是奇数阶顺序主子式为负, 而偶数阶顺序主子式为正.

例 8.6 判别下面二次型的正定性

$$f = 5x_1^2 + x_2^2 + 6x_3^2 + 4x_1x_2 - 8x_1x_3 - 4x_2x_3 - 4x_2x_3.$$

解 二次型 f 的矩阵为

$$\boldsymbol{A} = \begin{bmatrix} 5 & 2 & -4 \\ 2 & 1 & -2 \\ -4 & -2 & 6 \end{bmatrix},$$

其各阶顺序主子式

$$|\boldsymbol{A}_1| = 5 > 0, \quad |\boldsymbol{A}_2| = \begin{vmatrix} 5 & 2 \\ 2 & 1 \end{vmatrix} = 1 > 0, \quad |\boldsymbol{A}_3| = \begin{vmatrix} 5 & 2 & -4 \\ 2 & 1 & -2 \\ -4 & -2 & 6 \end{vmatrix} = 2 > 0,$$

所以 $\boldsymbol{A}$ 为正定矩阵, 因此二次型为正定二次型.

8.4 正交变换化标准型的几何应用

在解析几何中, 当平面二次曲线或空间二次曲面方程具有标准形式时, 可以立刻说出该方程所表示的图形的形状. 而当平面二次曲线方程或空间二次曲面方程不具有标准形式时, 就很难说出它的图形的形状. 这时可以通过正交变换, 把方程化为标准方程, 然后再根据标准方程说出图形的形状. 正交变换之所以能做到这一点, 主要是因为通过正交变换可以找到一个具有共同原点的新直角坐标系, 进而建立了平面或空间中的任一点在两个直角坐标系下的坐标之间的一一对应关系. 并使图形上的点在新的直角坐标系下的坐标方程具有标准形式.

以空间二次曲面为例, 设一个曲面方程为

$$a_{11}x^2 + a_{22}y^2 + a_{33}z^2 + 2a_{12}xy + 2a_{13}xz + 2a_{23}yz = C, \tag{8.10}$$

它表示在空间直角坐标系 $\boldsymbol{e}_1 = [1,0,0]^{\mathrm{T}}, \boldsymbol{e}_2 = [0,1,0]^{\mathrm{T}}, \boldsymbol{e}_3 = [0,0,1]^{\mathrm{T}}$ 下, 曲面上任一点的坐标 (x,y,z) 所满足的关系.

设式 (8.10) 左边的二次型经正交变换

$$[x,y,z]^{\mathrm{T}} = \boldsymbol{P}[x',y',z']^{\mathrm{T}} \tag{8.11}$$

化为标准形

$$\lambda_1 x'^2 + \lambda_2 y'^2 + \lambda_3 z'^2,$$

即方程 (8.10) 经过正交变换 (8.11) 化成

$$\lambda_1 x'^2 + \lambda_2 y'^2 + \lambda_3 z'^2 = C, \tag{8.12}$$

其中, $\lambda_1, \lambda_2, \lambda_3$ 是式 (8.10) 左端二次型矩阵 $\boldsymbol{A}$ 的三个实特征值, $\boldsymbol{P}$ 的三个列向量 $\boldsymbol{\alpha}_1, \boldsymbol{\alpha}_2, \boldsymbol{\alpha}_3$ 是 $\boldsymbol{A}$ 的对应 $\lambda_1, \lambda_2, \lambda_3$ 的标准正交的特征向量. 因为式 (8.11) 等同于

$$[\boldsymbol{e}_1, \boldsymbol{e}_2, \boldsymbol{e}_3]\begin{bmatrix} x \\ y \\ z \end{bmatrix} = [\boldsymbol{\alpha}_1, \boldsymbol{\alpha}_2, \boldsymbol{\alpha}_3]\begin{bmatrix} x' \\ y' \\ z' \end{bmatrix},$$

即等同于向量线性组合关系式

$$x_1\boldsymbol{e}_1 + y\boldsymbol{e}_2 + z\boldsymbol{e}_3 = x'\boldsymbol{\alpha}_1 + y'\boldsymbol{\alpha}_2 + z'\boldsymbol{\alpha}_3. \tag{8.13}$$

式 (8.13) 表明, (x, y, z) 是曲面上的任意一点 M 在以 $\boldsymbol{e}_1, \boldsymbol{e}_2, \boldsymbol{e}_3$ 为单位正方向的空间直角坐标系下的坐标, 而 (x', y', z') 是同一点 M 在以 $\boldsymbol{\alpha}_1, \boldsymbol{\alpha}_2, \boldsymbol{\alpha}_3$ 为单位正方向的新空间直角坐标系下的坐标. 从而式 (8.12) 实际上是原空间曲面上任一点 M 在新直角坐标下的坐标 (x', y', z') 所满足的方程. 这样 (8.12) 作为曲面在新的直角坐标系下的方程, 依据它的标准形式判明曲面的形状, 那么就说明原方程 (8.10) 所表示的曲面也具有相同的形状. 由此可见, 空间二次曲面方程通过正交变换化成标准方程来判断曲面形状, 实际上是通过求二次型矩阵的特征值和标准正交的特征向量来确定应选的新直角坐标系的三个互相垂直的单位正方向到底是什么, 即找出图形的主轴方向作为新的直角坐标系的单位正方向, 同时告知曲面在新的直角坐标系下的标准方程 (8.12) 中的各平方项的系数取什么值. 这里要注意的是, 因为 $\boldsymbol{P}$ 的三个单位列向量是可以任意交换位置的, 相应的 $\lambda_1, \lambda_2, \lambda_3$ 在标准方程中的位置也随之变换. 为了确保 $\boldsymbol{\alpha}_1, \boldsymbol{\alpha}_2, \boldsymbol{\alpha}_3$ 仍构成笛卡儿右手系, 只需适当交换 $\boldsymbol{P}$ 的列向量使 $|\boldsymbol{P}| = 1$ 即可. 因为 $|\boldsymbol{P}| = (\boldsymbol{\alpha}_1 \times \boldsymbol{\alpha}_2) \cdot \boldsymbol{\alpha}_3 = 1$, 故当 $|\boldsymbol{P}| = 1$ 时, $\boldsymbol{\alpha}_1, \boldsymbol{\alpha}_2, \boldsymbol{\alpha}_3$ 构成右手系.

平面一般二次曲线方程通过正交变换化成标准方程来判断曲线类型, 其理论依据与空间情形类似, 不再解析.

例 8.7 已知二次曲线在平面直角坐标系 xOy 下的方程为

$$x^2 - \sqrt{3}xy + 2y^2 = 1,$$

试说明它表示何种曲线?

解 令 $f(x, y) = x^2 - \sqrt{3}xy + 2y^2$, 此二次型矩阵为

$$\boldsymbol{A} = \begin{bmatrix} 1 & -\dfrac{\sqrt{3}}{2} \\ -\dfrac{\sqrt{3}}{2} & 2 \end{bmatrix}.$$

由

$$|\lambda \boldsymbol{E}-\boldsymbol{A}|=\begin{bmatrix} \lambda-1 & \frac{\sqrt{3}}{2} \\ \frac{\sqrt{3}}{2} & \lambda-2 \end{bmatrix}=\left(\lambda-\frac{1}{2}\right)\left(\lambda-\frac{5}{2}\right)=0.$$

得特征值为 $\lambda_1=\frac{5}{2}, \lambda_2=\frac{1}{2}$.

相应的正交特征向量为

$$\boldsymbol{\xi}_1=\begin{bmatrix} 1 \\ -\sqrt{3} \end{bmatrix}, \quad \boldsymbol{\xi}_2=\pm\begin{bmatrix} \sqrt{3} \\ 1 \end{bmatrix}.$$

单位化, 得

$$\boldsymbol{\alpha}_1=\begin{bmatrix} \frac{1}{2} \\ -\frac{\sqrt{3}}{2} \end{bmatrix}, \quad \boldsymbol{\alpha}_2=\pm\begin{bmatrix} \frac{\sqrt{3}}{2} \\ \frac{1}{2} \end{bmatrix}.$$

为使 $\boldsymbol{\alpha}_1$ 到 $\boldsymbol{\alpha}_2$ 构成右手系, 取 $\boldsymbol{\alpha}_2=\begin{bmatrix} \frac{\sqrt{3}}{2} \\ \frac{1}{2} \end{bmatrix}$. 作正交变换

$$\begin{bmatrix} x \\ y \end{bmatrix}=\begin{bmatrix} \frac{1}{2} & \frac{\sqrt{3}}{2} \\ -\frac{\sqrt{3}}{2} & \frac{1}{2} \end{bmatrix}\begin{bmatrix} x' \\ y' \end{bmatrix}.$$

二次型化为 $f=\frac{5}{2}x'^2+\frac{1}{2}y'^2$, 曲线在以 $\boldsymbol{\alpha}_1,\boldsymbol{\alpha}_2$ 为单位正方向的平面直角坐标系 $Ox'y'$ 下, 方程化为标准形. 即

$$\frac{x'^2}{\left(\sqrt{\frac{2}{5}}\right)^2}+\frac{y'^2}{(\sqrt{2})^2}=1.$$

它表示以 $\boldsymbol{\alpha}_1,\boldsymbol{\alpha}_2$ 为主轴方向, 半轴分别为 $a=\sqrt{\frac{2}{5}}, b=\sqrt{2}$, 且以原点为对称中心的椭圆.

例 8.8 用正交变换化曲线方程 $2x^2+5xy+2y^2-6x-3y-9=0$ 为标准形. 并指出它的形状.

解 二次型 $f(x,y)=2x^2+5xy+2y^2$ 的矩阵为

$$\boldsymbol{A}=\begin{bmatrix} 2 & \frac{5}{2} \\ \frac{5}{2} & 2 \end{bmatrix}.$$

由

$$|\lambda \boldsymbol{E}-\boldsymbol{A}|=\begin{bmatrix} \lambda-2 & -\frac{5}{2} \\ -\frac{5}{2} & \lambda-2 \end{bmatrix}=\left(\lambda-\frac{9}{2}\right)\left(\lambda+\frac{1}{2}\right)=0$$

得特征值 $\lambda_1=\frac{9}{2},\lambda_2=-\frac{1}{2}$. 相应的标准正交特征向量为

$$\boldsymbol{\alpha}_1=\begin{bmatrix} \frac{\sqrt{2}}{2} \\ \frac{\sqrt{2}}{2} \end{bmatrix},\quad \boldsymbol{\alpha}_2=\begin{bmatrix} -\frac{\sqrt{2}}{2} \\ \frac{\sqrt{2}}{2} \end{bmatrix}.$$

作正交变换

$$\begin{bmatrix} x \\ y \end{bmatrix}=\begin{bmatrix} \frac{\sqrt{2}}{2} & -\frac{\sqrt{2}}{2} \\ \frac{\sqrt{2}}{2} & \frac{\sqrt{2}}{2} \end{bmatrix}\begin{bmatrix} x' \\ y' \end{bmatrix}, \tag{8.14}$$

二次型部分化为 $\frac{9}{2}x'^2-\frac{1}{2}y'^2$, 将 (8.14) 代入, 原曲线方程化成

$$\frac{9}{2}x'^2-\frac{1}{2}y'^2-\frac{9\sqrt{2}}{2}x'+\frac{3\sqrt{2}}{2}y'-9=0.$$

配方整理得

$$\frac{\left(x'-\frac{\sqrt{2}}{2}\right)^2}{2}-\frac{\left(y'-\frac{3\sqrt{2}}{2}\right)^2}{18}=1.$$

它表示以 $\left(\frac{\sqrt{2}}{2},\frac{3\sqrt{2}}{2}\right)$ 为中心, 实、虚半轴长分别为 $\sqrt{2},\sqrt{18}$ 的双曲线.

例 8.9 化二次曲面方程

$$x^2-2y^2-2z^2-4xy+4xz+8yz=14$$

为标准方程, 并指出它的形状.

解 二次型 $f(x,y)=x^2-2y^2-2z^2-4xy+4xz+8yz$ 的矩阵

$$\boldsymbol{A}=\begin{bmatrix} 1 & -2 & 2 \\ -2 & -2 & 4 \\ 2 & 4 & -2 \end{bmatrix},$$

特征值为 $\lambda_1=\lambda_2=2, \lambda_3=-7$. 相应的标准正交特征向量为

$$\boldsymbol{\alpha}_1=\begin{bmatrix} \frac{-2\sqrt{5}}{5} & \frac{\sqrt{5}}{5} & 0 \end{bmatrix}^{\mathrm{T}},\quad \boldsymbol{\alpha}_2=\begin{bmatrix} \frac{2\sqrt{5}}{15} & \frac{4\sqrt{5}}{15} & \frac{\sqrt{5}}{3} \end{bmatrix}^{\mathrm{T}},\quad \boldsymbol{\alpha}_3=\begin{bmatrix} \frac{1}{3} & \frac{2}{3} & -\frac{2}{3} \end{bmatrix}^{\mathrm{T}}.$$

作正交变换

$$\begin{bmatrix} x \\ y \\ z \end{bmatrix}=\begin{bmatrix} -\frac{2\sqrt{5}}{5} & \frac{2\sqrt{5}}{15} & \frac{1}{3} \\ \frac{\sqrt{5}}{5} & \frac{4\sqrt{5}}{15} & \frac{2}{3} \\ 0 & \frac{\sqrt{5}}{3} & -\frac{2}{3} \end{bmatrix}\begin{bmatrix} x' \\ y' \\ z' \end{bmatrix},$$

方程左端二次型化为标准形

$$2x'^2+2y'^2-7z'^2.$$

原曲面方程化为

$$2x'^2+2y'^2-7z'^2=14,$$

即

$$\frac{x'^2}{7}+\frac{y'^2}{7}-\frac{z'^2}{2}=1,$$

它表示图形为单叶双曲面.

数学重要历史人物 —— 阿基米德

一、人物简介

阿基米德 (前 287~ 前 212 年), 古希腊哲学家、数学家、物理学家. 出生于西西里岛的叙拉古. 阿基米德到过亚历山大里亚, 据说他住在亚历山大里亚时期发明了阿基米德式螺旋抽水机. 后来阿基米德成为兼数学家与力学家的伟大学者, 并且享有“力学之父”的美称. 阿基米德流传于世的数学著作有10余种, 多为希腊文手稿, 是历史上三个最著名的数学家之一.

二、生平事迹

阿基米德的父亲是天文学家和数学家, 所以他从小受家庭影响, 十分喜爱数学. 大概在他 9 岁时, 父亲送他到埃及的亚历山大城念书, 亚历山大城是当时世界的知识、文化中心, 学者云集, 举凡文学、数学、天文学、医学的研究都很发达, 阿基米德在这里跟随

许多著名的数学家学习, 包括有名的几何学大师 —— 欧几里得, 因此奠定了他日后从事科学研究的基础.

1. 当代数学大师

对于阿基米德来说, 机械和物理的研究发明还只是次要的, 他比较有兴趣而且投注更多时间的是纯理论上的研究, 尤其是在数学和天文方面. 在数学方面, 他利用"逼近法"算出球面积、球体积、抛物线、椭圆面积, 后世的数学家依据这样的"逼近法"加以发展成近代的"微积分".

阿基米德在他的著作《论杠杆》中详细地论述了杠杆的原理. 有一次叙拉古国王对杠杆的威力表示怀疑, 他要求阿基米德移动载满重物和乘客的一艘新三桅船. 阿基米德让工匠在船的前后左右安装了一套设计精巧的滑车和杠杆. 阿基米德让 100 多人在大船前面, 抓住一根绳子, 他让国王牵动一根绳子, 大船居然慢慢地滑到海中. 群众欢呼雀跃, 国王也高兴异常, 当众宣布:"从现在起, 我要求大家, 无论阿基米德说什么, 都要相信他!"阿基米德还曾利用抛物镜面的聚光作用, 把集中的阳光照射到入侵叙拉古的罗马船上, 让它们自己燃烧起来. 罗马的许多船只都被烧毁了, 但罗马人却找不到失火的原因. 900 多年后, 有位科学家按史书介绍的阿基米德的方法制造了一面凹面镜, 成功地点着了距离镜子 45m 远的木头, 而且烧化了距离镜子 42m 远的铝. 所以, 许多科技史学家通常都把阿基米德看成是人类利用太阳能的始祖.

2. 个人著作

阿基米德的著作集中探讨了求积问题, 主要是曲边图形的面积和曲面立方体的体积, 其体例深受欧几里得《几何原本》的影响, 先是设立 若干定义和假设, 再依次证明, 作为数学家, 他写出了《论球和圆柱》、《圆的度量》、《抛物线求积》、《论螺线》、《论锥体和球体》、《沙的计算》数学著作. 作为力学家, 他有《论图形的平衡》、《论浮体》、《论杠杆》、《原理》等力学著作.

其中,《论球与圆柱》是他的得意杰作, 包括许多重大的成就. 他从几个定义和公理出发, 推出关于球与圆柱面积体积等 50 多个命题.《平面图形的平衡或其重心》, 从几个基本假设出发, 用严格的几何方法论证力学的原理, 求出若干平面图形的重心.《数沙者》, 设计一种可以表示任何大数目的方法, 纠正有的人认为沙子是不可数的, 即使可数也无法用算术符号表示的错误看法.《论浮体》, 讨论物体的浮力, 研究了旋转抛物体在流体中的稳定性. 阿基米德还提出过一个"群牛问题", 含有八个未知数. 最后归结为一个二次不定方程. 其解的数字大得惊人, 共有二十多万位!

《砂粒计算》是专讲计算方法和计算理论的一本著作. 阿基米德要计算充满宇宙大球体内的砂粒数量, 他运用了很奇特的想象, 建立了新的量级计数法, 确定了新单位, 提出了表示任何大数量的模式, 这与对数运算是密切相关的.

《圆的度量》利用圆的外切与内接 96 边形, 求得圆周率 π 为 $22/7>\pi>223/71$, 这是数学史上最早的, 明确指出误差限度的 π 值. 他还证明了圆面积等于以圆周长为底、半径为高的等腰三角形的面积; 使用的是穷举法.

《球与圆柱》熟练地运用穷竭法证明了球的表面积等于球大圆面积的四倍; 球的体积是一个圆锥体积的四倍, 这个圆锥的底等于球的大圆, 高等于球的半径. 阿基米德还指出, 如果等边圆柱中有一个内切球, 则圆柱的全面积和它的体积, 分别为球表面积和体积的. 在这部著作中, 他还提出了著名的 "阿基米德公理".

《抛物线求积法》研究了曲线图形求积的问题, 并用穷竭法建立了这样的结论: "任何由直线和直角圆锥体的截面所包围的弓形 (即抛物线), 其面积都是其同底同高的三角形面积的三分之四. " 他还用力学权重方法再次验证这个结论, 使数学与力学成功地结合起来.

《论螺线》是阿基米德对数学的出色贡献. 他明确了螺线的定义, 以及对螺线的面积的计算方法. 在同一著作中, 阿基米德还导出几何级数和算术级数求和的几何方法.

《平面的平衡》是关于力学的最早的科学论著, 讲的是确定平面图形和立体图形的重心问题.

《浮体》是流体静力学的第一部专著, 阿基米德把数学推理成功地运用于分析浮体的平衡上, 并用数学公式表示浮体平衡的规律.

《论锥型体与球型体》讲的是确定由抛物线和双曲线其轴旋转而成的锥型体体积, 以及椭圆绕其长轴和短轴旋转而成的球型体体积.

三、历史贡献

阿基米德的几何著作是希腊数学的顶峰. 他把欧几里得严格的推理方法与柏拉图先验的丰富想象和谐地结合在一起, 达到了至善至美的境界, 从而 "使得往后由开普勒、卡瓦列里、费马、牛顿、莱布尼茨等继续培育起来的微积分日趋完美". 阿基米德是数学家与力学家的伟大学者, 并且享有 "力学之父" 的美称. 其原因在于他通过大量实验发现了杠杆原理, 又用几何演泽方法推出许多杠杆命题, 给出严格的证明. 其中就有著名的 "阿基米德原理", 他在数学上也有着极为光辉灿烂的成就, 特别是在几何学方面. 他的数学思想中蕴涵着微积分的思想, 他所缺的是没有极限概念, 但其思想实质却伸展到 17 世纪趋于成熟的无穷小分析领域里去, 预告了微积分的诞生. 正因为他的杰出贡献, 美国的 E.T. 贝尔在《数学人物》上是这样评价阿基米德的: "任何一张开列有史以来三个最伟大的数学家的名单之中, 必定会包括阿基米德, 而另外两位通常是牛顿和高斯".

习 题 8

1. 写出下列二次型的矩阵:

(1) $f = x_1^2 + x_2^2 - 6x_3^2 - 2x_1x_2 + 4x_1x_3$;

(2) $f = 2x_1^2 - x_2^2 + 4x_1x_3 - 2x_2x_3$.

2. 已知二次型的矩阵如下, 写出对应的二次型:

(1) $\boldsymbol{A}=\begin{bmatrix} 1 & -1 & \frac{3}{2} \\ -1 & 0 & -2 \\ \frac{3}{2} & -2 & 2 \end{bmatrix}$;　　(2) $\boldsymbol{A}=\begin{bmatrix} 0 & 1 & 0 & 0 \\ 1 & 0 & 2 & 0 \\ 0 & 2 & 0 & 3 \\ 0 & 0 & 3 & 0 \end{bmatrix}$.

3. 用正交变换法将二次型化为标准形, 并写出所用的正交变换:

(1) $f=2x_1^2+3x_2^2+3x_3^2+4x_2x_3$;

(2) $f=x_1^2+3x_2^2+3x_3^2+4x_1x_2-4x_2x_3$;

(3) $f=2x_1x_2-2x_2x_3$.

4. 用配方法将二次型化为标准形, 并写出所用的可逆线性变换:

(1) $f=x_1^2+2x_2^2-x_3^2+2x_1x_2-2x_2x_3$;

(2) $f=x_1^2+2x_2^2+2x_1x_2+2x_1x_3+6x_2x_3$;

(3) $f=-4x_1x_2+2x_1x_3+2x_2x_3$.

5. 判定下列二次型的正定性:

(1) $f=5x_1^2+3x_2^2+x_3^2-4x_1x_2-2x_2x_3$;

(2) $f=x_1^2+5x_2^2+x_3^2+4x_1x_2-4x_2x_3$;

(3) $f=-2x_1^2-6x_2^2-4x_3^2+2x_1x_2+2x_1x_3$.

6. t 为何值时, 下列二次型为正定二次型:

(1) $f=5x_1^2+tx_2^2+4x_3^2+4x_1x_2-8x_1x_3-4x_2x_3$;

(2) $f=2x_1^2+\frac{1}{2}x_2^2+t(2x_3^2-x_2x_3)$.

7. 用正交变换化下列方程为标准方程, 并指出它们的形状:

(1) $3x^2+3y^2+2xy-2x+6y=0$;

(2) $x^2+2y^2+3z^2-4xy-4yz+1=0$.

References 参考文献

车向凯，谢崇远. 2005. 高等数学. 北京：高等教育出版社

陈怀琛，高淑萍，杨威. 2009. 工程线性代数. 北京：电子工业出版社

郝志峰，谢国瑞，汪国强. 1999. 线性代数. 北京：高等教育出版社

李心灿. 1997. 高等数学应用 205 例. 北京：高等教育出版社

李佐锋, 王淑琴. 2007. 文科高等数学. 北京：高等教育出版社

同济大学数学系. 2007. 高等数学. 6 版. 北京：高等教育出版社

杨桂元, 李天胜, 徐军. 2007. 数学模型应用实例. 合肥：合肥工业大学出版社

姚孟臣. 2006. 大学文科高等数学. 北京：高等教育出版社

张国楚，徐本顺，王立冬, 等. 2002. 大学文科数学. 北京：高等教育出版社

赵树嫄. 1999. 微积分. 北京：中国人民大学出版社

Lay D C. 2005. 线性代数及其应用. 刘深泉，洪毅，马东魁等译. 北京：机械工业出版社

Appendix 附录 积分表

1. $\int x(ax+b)^n \mathrm{d}x = \frac{(ax+b)^{n+1}}{a^2}\left(\frac{ax+b}{n+2} - \frac{b}{n+1}\right) + C, n \neq -1, -2.$

2. $\int x(ax+b)^{-1} \mathrm{d}x = \frac{x}{a} - \frac{b}{a^2}\ln|ax+b| + C, a \neq 0.$

3. $\int x(ax+b)^{-2} \mathrm{d}x = \frac{1}{a^2}\left(\ln|ax+b| + \frac{b}{ax+b}\right) + C, a \neq 0.$

4. $\int \frac{\mathrm{d}x}{x\sqrt{ax+b}} = \begin{cases} \frac{1}{\sqrt{b}}\ln\left|\frac{\sqrt{ax+b}-\sqrt{b}}{\sqrt{ax+b}+\sqrt{b}}\right| + C, & b > 0, \\ \frac{2}{\sqrt{-b}}\arctan\sqrt{\frac{ax+b}{-b}} + C, & b < 0. \end{cases}$

5. $\int \frac{\sqrt{ax+b}}{x}\mathrm{d}x = 2\sqrt{ax+b} + b\int \frac{\mathrm{d}x}{x\sqrt{ax+b}}.$

6. $\int \frac{\sqrt{ax+b}}{x^2}\mathrm{d}x = -\frac{\sqrt{ax+b}}{x} + \frac{a}{2}\int \frac{\mathrm{d}x}{x\sqrt{ax+b}}.$

7. $\int \frac{\mathrm{d}x}{x^2\sqrt{ax+b}} = -\frac{\sqrt{ax+b}}{bx} - \frac{b}{2a}\int \frac{\mathrm{d}x}{x\sqrt{ax+b}}, a, b \neq 0.$

8. $\int \frac{\mathrm{d}x}{a^2+x^2} = \frac{1}{a}\arctan\frac{x}{a} + C, a \neq 0.$

9. $\int \frac{\mathrm{d}x}{(a^2+x^2)^2} = \frac{x}{2a^2(a^2+x^2)} + \frac{1}{2a^3}\arctan\frac{x}{a} + C,\ a \neq 0.$

10. $\int \frac{\mathrm{d}x}{a^2-x^2} = \frac{1}{2a}\ln\left|\frac{x+a}{x-a}\right| + C, a \neq 0.$

11. $\int \frac{\mathrm{d}x}{(a^2-x^2)^2} = \frac{x}{2a^2(a^2-x^2)} + \frac{1}{4a^3}\ln\left|\frac{x+a}{x-a}\right| + C, a \neq 0.$

12. $\int \frac{\mathrm{d}x}{\sqrt{a^2-x^2}} = \arcsin\frac{x}{a} + C, a > 0.$

13. $\int \frac{\mathrm{d}x}{\sqrt{x^2 \pm a^2}} = \ln|x + \sqrt{x^2 \pm a^2}| + C.$

14. $\int \sqrt{a^2-x^2}\mathrm{d}x=\frac{x}{2}\sqrt{a^2-x^2}+\frac{a^2}{2}\arcsin\frac{x}{a}+C, a\neq 0.$

15. $\int \sqrt{x^2\pm a^2}\mathrm{d}x=\frac{x}{2}\sqrt{x^2\pm a^2}\pm\frac{a^2}{2}\ln|x+\sqrt{x^2\pm a^2}|+C.$

16. $\int (x^2\pm a)^{\frac{3}{2}}\mathrm{d}x=\frac{x}{8}(2x^2\pm 5a^2)\sqrt{x^2\pm a^2}+\frac{3a^4}{8}\ln|x+\sqrt{x^2\pm a^2}|+C.$

17. $\int \frac{\mathrm{d}x}{(x^2\pm a^2)^{\frac{3}{2}}}=\pm\frac{x}{a^2\sqrt{x^2\pm a^2}}+C, a\neq 0.$

18. $\int \frac{\mathrm{d}x}{\sqrt{2ax-x^2}}=\arcsin\frac{x-a}{a}+C, a\neq 0.$

19. $\int \sqrt{2ax-x^2}\mathrm{d}x=\frac{x-a}{2}\sqrt{2ax-x^2}+\frac{a^2}{2}\arcsin\frac{x-a}{a}+C, a\neq 0.$

20. $\int x\sqrt{2ax-x^2}\mathrm{d}x=\frac{(x+a)(2x-3a)\sqrt{2ax-x^2}}{6}+\frac{a^3}{2}\arcsin\frac{x-a}{a}+C, a\neq 0.$

21. $\int \frac{\sqrt{2ax-x^2}}{x}\mathrm{d}x=\sqrt{2ax-x^2}+a\arcsin\frac{x-a}{a}+C, a\neq 0.$

22. $\int \frac{\sqrt{2ax-x^2}}{x^2}\mathrm{d}x=-2\sqrt{\frac{2a-x}{x}}-\arcsin\frac{x-a}{a}+C, a\neq 0.$

23. $\int \frac{x\mathrm{d}x}{\sqrt{2ax-x^2}}=a\arcsin\frac{x-a}{a}-\sqrt{2ax-x^2}+C, a\neq 0.$

24. $\int \frac{dx}{x\sqrt{2ax-x^2}}=-\frac{1}{a}\sqrt{\frac{2a-x}{x}}+C, a\neq 0.$

25. $\int \sqrt{\frac{a+x}{b+x}}\mathrm{d}x=\sqrt{(a+x)(b+x)}+(a-b)\ln(\sqrt{a+x}+\sqrt{b+x})+C.$

26. $\int \sqrt{\frac{a-x}{b+x}}\mathrm{d}x=\sqrt{(a-x)(b+x)}+(a-b)\arcsin\sqrt{\frac{a-x}{b+x}}+C.$

27. $\int \frac{\mathrm{d}x}{\sqrt{(x-a)(b-x)}}=2\arcsin\sqrt{\frac{x-a}{b-x}}+C.$

28. $\int \frac{\mathrm{d}x}{a^4+x^4}=\frac{1}{4\sqrt{2}a^3}\ln\left|\frac{x^2+\sqrt{2}ax+a^2}{x^2-\sqrt{2}ax+a^2}\right|+C, a\neq 0.$

29. $\int \frac{\mathrm{d}x}{a^4-x^4}=\frac{1}{4a^3}\left(\ln\left|\frac{x+a}{x-a}\right|+2\arctan\frac{x}{a}\right)+C, a\neq 0.$

30. $\int \sin ax\mathrm{d}x=-\frac{1}{a}\cos ax+C, \int \cos ax\mathrm{d}x=\frac{1}{a}\sin ax+C, a\neq 0.$

31. $\int \sin^2 ax\mathrm{d}x = \frac{x}{2} - \frac{\sin 2ax}{4a} + C, \int \cos^2 ax\mathrm{d}x = \frac{x}{2} + \frac{\sin 2ax}{4a} + C, a \neq 0.$

32. $\int \sin^n ax\mathrm{d}x = \frac{-\sin^{n-1} ax \cos ax}{na} + \frac{n-1}{n}\int \sin^{n-2} ax\mathrm{d}x, a \neq 0.$

33. $\int \cos^n ax\mathrm{d}x = \frac{\cos^{n-1} ax \sin ax}{na} + \frac{n-1}{n}\int \cos^{n-2} ax\mathrm{d}x, a \neq 0.$

34. $\int \sin^n ax \cos^m ax\mathrm{d}x = -\frac{\sin^{n-1} ax \cos^{m+1} ax}{a(m+n)} + \frac{n-1}{m+n}\int \sin^{n-2} ax \cos^m ax\mathrm{d}x$

$= \frac{\sin^{n+1} ax \cos^{m-1} ax}{a(m+n)} + \frac{m-1}{m+n}\int \sin^n ax \cos^{m-2} ax\mathrm{d}x, n \neq -m, a \neq 0.$

35. $\int \frac{\mathrm{d}x}{1+\sin ax} = -\frac{1}{a}\tan\left(\frac{\pi}{4} - \frac{ax}{2}\right) + C, a \neq 0.$

36. $\int \frac{\mathrm{d}x}{1+\sin ax} = -\frac{1}{a}\tan\left(\frac{\pi}{4} - \frac{ax}{2}\right) + C, a \neq 0.$

37. $$\int \frac{\mathrm{d}x}{b+c\sin ax} = \begin{cases} -\dfrac{2}{a\sqrt{b^2-c^2}}\arctan\left[\sqrt{\dfrac{b-c}{b+c}}\tan\left(\dfrac{\pi}{4} - \dfrac{ax}{2}\right)\right] + C, & b^2 > c^2, \\ -\dfrac{1}{a\sqrt{c^2-b^2}}\ln\left|\dfrac{c+b\sin ax + \sqrt{c^2-b^2}\cos ax}{b+c\sin ax}\right| + C, & b^2 < c^2. \end{cases}$$

38. $\int \frac{\mathrm{d}x}{1+\cos ax} = \frac{1}{a}\tan\frac{ax}{2} + C, a \neq 0.$

39. $$\int \frac{\mathrm{d}x}{b+c\cos ax} = \begin{cases} \dfrac{2}{a\sqrt{b^2-c^2}}\arctan\left[\sqrt{\dfrac{b-c}{b+c}}\tan\dfrac{ax}{2}\right] + C, & b^2 > c^2, \\ \dfrac{1}{a\sqrt{c^2-b^2}}\ln\left|\dfrac{c+b\cos ax + \sqrt{c^2-b^2}\sin ax}{b+c\cos ax}\right| + C, & b^2 < c^2 \end{cases}$$

$a \neq 0.$

40. $\int \tan ax\mathrm{d}x = -\frac{1}{a}\ln|\cos ax| + C, \int \tan^2 ax\mathrm{d}x = \frac{1}{a}\tan ax - x + C, a \neq 0.$

41. $\int \tan^n ax\mathrm{d}x = \frac{\tan^{n-1} ax}{a(n-1)} - \int \tan^{n-2} ax\mathrm{d}x, n \neq 1, a \neq 0.$

42. $\int \sec ax\mathrm{d}x = \frac{1}{a}\ln|\sec ax + \tan ax| + C, \int \sec^2 ax\mathrm{d}x = \frac{1}{a}\tan ax + C, a \neq 0.$

43. $\int \sec^n ax\mathrm{d}x = \frac{\sec^{n-2} ax \tan ax}{a(n-1)} + \frac{n-2}{n-1}\int \sec^{n-2} ax\mathrm{d}x, n \neq 1, a \neq 0.$

44. $\int \mathrm{arcsin} ax\mathrm{d}x = x\mathrm{arcsin} ax + \frac{1}{a}\sqrt{1-a^2x^2} + C, a \neq 0.$

45. $\int \operatorname{arccos}ax\mathrm{d}x = x\operatorname{arccos}ax - \frac{1}{a}\sqrt{1-a^2x^2}+C, a\neq 0.$

46. $\int \arctan ax\mathrm{d}x = x\arctan ax - \frac{1}{2a}\ln|1+a^2x^2|+C, a\neq 0.$

47. $\int \operatorname{arccot}ax\mathrm{d}x = x\operatorname{arccot}ax + \frac{1}{2a}\ln|1+a^2x^2|+C, a\neq 0.$

48. $\int \mathrm{e}^{ax}\mathrm{d}x = \frac{1}{a}\mathrm{e}^{ax}+C, \int b^{ax}\mathrm{d}x = \frac{b^{ax}}{a\ln b}+C, b>0, b\neq 1, a\neq 0.$

49. $\int \mathrm{e}^{ax}\sin bx\mathrm{d}x = \frac{\mathrm{e}^{ax}}{a^2+b^2}(a\sin bx - b\cos bx)+C.$

50. $\int \mathrm{e}^{ax}\cos bx\mathrm{d}x = \frac{\mathrm{e}^{ax}}{a^2+b^2}(b\cos bx + a\sin bx)+C.$

51. $\int x^n\ln ax\mathrm{d}x = \frac{1}{n+1}x^{n+1}\ln ax - \frac{x^{n+1}}{(n+1)^2}+C, n\neq -1.$

52. $\int_{-\pi}^{\pi}\sin mx\cos nx\mathrm{d}x = 0.$

53. $\int_{-\pi}^{\pi}\sin mx\sin nx\mathrm{d}x = \begin{cases} 0 & m\neq n, \\ \pi, & m=n\neq 0, \end{cases} \int_{-\pi}^{\pi}\cos mx\cos nx\mathrm{d}x = \begin{cases} 0, & m\neq n, \\ \pi, & m=n. \end{cases}$

54. $\int_{0}^{\pi}\sin mx\sin nx\mathrm{d}x = \begin{cases} 0 & m\neq n, \\ \frac{\pi}{2}, & m=n\neq 0, \end{cases} \int_{0}^{\pi}\cos mx\cos nx\mathrm{d}x = \begin{cases} 0, & m\neq n, \\ \frac{\pi}{2}, & m=n. \end{cases}$

55. $\int_0^{\frac{\pi}{2}}\sin^n x\mathrm{d}x = \int_0^{\frac{\pi}{2}}\cos^n x\mathrm{d}x = \begin{cases} \frac{1\cdot 3\cdot 5\cdots(n-1)}{2\cdot 4\cdot 6\cdots n}\cdot\frac{\pi}{2}, & n\geqslant 2\text{是偶数}. \\ \frac{2\cdot 4\cdot 6\cdots(n-1)}{1\cdot 3\cdot 5\cdots n}, & n\geqslant 3\text{是奇数}. \end{cases}$

56. $\int_0^{\infty}x^{n-1}\mathrm{e}^{-x}\mathrm{d}x = \Gamma(n) = (n-1)!, n$ 是正整数.

57. $\int_0^{\infty}\mathrm{e}^{-ax^2}\mathrm{d}x = \frac{1}{2}\sqrt{\frac{\pi}{a}}, a>0.$

Exercise answers

习题答案

习　题　1

1. (1) $-3 \leqslant x \leqslant 3$;　(2) $x \geqslant -2$, 且 $x \neq \pm 1$;　(3) $-\infty < x < \infty$;
   (4) $-1 \leqslant x \leqslant 3$;　(5) $x < -1$ 或 $1 < x < 3$;　(6) $1 \leqslant x \leqslant 4$.

2. $f[f(x)]=\dfrac{x}{1-2x}$, $\left(x \neq 1, \dfrac{1}{2}\right)$, $f\{f[f(x)]\} = \dfrac{x}{1-3x}$ $\left(x \neq 1, \dfrac{1}{2}, \dfrac{1}{3}\right)$.

3. $y = \begin{cases} 6-2x, & x \geqslant \dfrac{1}{2}, \\ 4+2x, & x < \dfrac{1}{2}. \end{cases}$

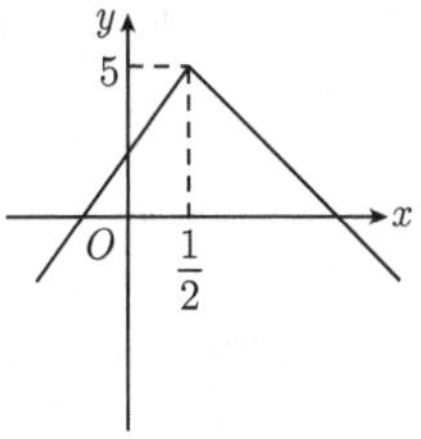

第 3 题图

4. (1) 奇函数;　(2) 偶函数.

5. $f(x) = \dfrac{\sqrt{1+x^2}}{x} + x$.

6. (1) π;　(2) 8;　(3)π;　(4) π.

7. (1) $y = \sin u$, $u = 2x - \dfrac{\pi}{3}$;　(2) $y = \sqrt{u}$, $u = 2x^2 + 1$;
   (3) $y = u^2$; $u = \ln x$;　(4) $y = u^2$; $u = \cos v$; $v = \dfrac{1}{x}$.

8. $g(x) = \dfrac{2+x}{3-x}$, $(x \neq 3)$.

9. $V = \pi h\left(r^2 - \dfrac{1}{4}h^2\right)$　$(0 < h < 2r)$.

10. $y = \begin{cases} 130x, & 0 \leqslant x \leqslant 700, \\ 130 \times 700 + 130 \times 0.9 \times (x - 700), & 700 < x \leqslant 1000. \end{cases}$

11. $y = 1.51 + 1.5\cos\dfrac{\pi}{6}t$.

12. (1) (C);　(2) (C);　(3) (B);　(4) (C);　(5) (D).

习　题　2

1. (1) $\lim\limits_{n\to\infty} u_n = 1$;　(2) $\lim\limits_{n\to\infty} u_n = 0$;　(3) $\lim\limits_{n\to\infty} u_n = 1$;

(4) $\lim\limits_{n\to\infty} u_n = \dfrac{\pi}{2}$; (5) 无极限; (6) 无极限.

2. (D).

3. $\lim\limits_{x\to 1^-} f(x) = 2$, $\lim\limits_{x\to 1^+} f(x) = 1$, 所以 $\lim\limits_{x\to 1} f(x)$ 不存在.

4. $\lim\limits_{x\to 0^-} f(x) = -1$, $\lim\limits_{x\to 0^+} f(x) = 1$, $\lim\limits_{x\to 0} f(x)$ 不存在.

5. (1) 0; (2) 0.

6. (1) 0; (2) $\dfrac{5}{3}$; (3) $\dfrac{2}{3}$; (4) $\dfrac{3}{2}$; (5) $\dfrac{1}{4}$; (6) 1; (7) 1; (8) $-\dfrac{1}{2}$;

(9) ln2; (10) $\dfrac{1}{4\sqrt{2}}$; (11) 2; (12) $\ln a$; (13) $-\dfrac{1}{2}$; (14) $2x$.

7. $b = -3$.

8. (1) $\dfrac{5}{4}$; (2) 1; (3) -1; (4) 0; (5) 1; (6) -2; (7) e^2;

(8) $\dfrac{1}{e}$; (9) $\dfrac{1}{e}$; (10) $\dfrac{1}{e}$; (11) 2; (12) $\cos a$.

9. (1) 2; (2) $\dfrac{1}{4}$; (3) $\dfrac{1}{2}$; (4) 1; (5) 0.

10. (1) x=1 是可去间断点, x=2 是第二类间断点; (2) x=1 是跳跃间断点, x=2 是连续点.

11. a=1.

12. 略.

13. 令 $F(x) = f(x) - f(a + x)$, 再使用零点定理.

14. 设 $f(t)$ 表示登山者上山时在 t 时刻所处的位置与山脚的距离, $g(t)$ 表示登山者下山时在 t 时刻所处的位置与山脚的距离, 令 $F(t) = f(t) - g(t)$, 用零点定理.

15. (1) (D); (2) (A); (3) (B); (4) (C); (5) (B).

习 题 3

1. $f'(-1)$=4.

2. (1) $y' = \dfrac{2}{3\sqrt[3]{x}}$; (2) $y' = -\dfrac{1}{2x\sqrt{x}}$; (3) $y' = \dfrac{3}{4}x^{-\frac{1}{4}}$; (4) $y' = \dfrac{7}{2}x^{\frac{5}{2}}$.

3. 切线方程: $y = x+1$, 法线方程: $y = -x + 1$.

4. a=2, $b = -1$.

5. (1) 0; (2) $-f'(x_0)$.

6. (1) $y'|_{x=0}$=1, $y'|_{x=\frac{\pi}{2}} = \dfrac{5}{2}\pi$; (2) $1+\dfrac{\pi}{2} - \dfrac{\sqrt{2}}{4}$.

7. (1) $6x - 1$; (2) $\dfrac{1}{\sqrt{x}} + \dfrac{1}{x^2} - \dfrac{4}{x^3}$; (3) $-\dfrac{1}{2x\sqrt{x}} - \dfrac{5}{2}x^{\frac{3}{2}}$; (4) $\ln x$+1; (5) $\dfrac{e^x(x-2)}{x^3}$;

(6) $\dfrac{x\cos x - \sin x}{x^2} + \dfrac{\sin x - x\cos x}{\sin^2 x}$; (7) $-\dfrac{2}{x(1+\ln x)^2}$; (8) $3e^x(\cos x - \sin x)$.

8. (0, 1).

9. (1) $\dfrac{3(\arcsin x)^2}{\sqrt{1-x^2}}$; (2) $\dfrac{2}{1+x^2}$; (3) $\dfrac{2x}{1+x^2}$;

(4) $2\sec^2 x\cdot\tan x$; (5) $\dfrac{1}{x\ln x\cdot\ln\ln x}$; (6) $\sec x$;

(7) $\csc x$; (8) $\dfrac{\ln x}{x\sqrt{1+\ln^2 x}}$; (9) $\dfrac{-3x^2}{2\sqrt{1-x^3}}$;

(10) $-\dfrac{1}{x^2}\mathrm{e}^{\tan\frac{1}{x}}\cdot\sec^2\dfrac{1}{x}$; (11) $\dfrac{x}{\sqrt{(1-x^2)^3}}$; (12) $\mathrm{e}^{\frac{x}{2}}\left(\dfrac{1}{2}\cos 3x-3\sin 3x\right)$;

(13) $-\dfrac{15}{(3x-1)^6}$; (14) $\dfrac{1+2x^2}{\sqrt{1+x^2}}$; (15) $\arcsin\dfrac{x}{2}$; (16) $\dfrac{1}{\sqrt{1-x^2}+1-x^2}$.

10. (1) $-2\sin x-x\cos x$; (2) $4-\dfrac{1}{x^2}$; (3) $2\arctan x+\dfrac{2x}{1+x^2}$; (4) $2\sec^2 x\tan x$.

11. (1) $(-1)^n\dfrac{(n-2)!}{x^{n-1}}$ $(n\geqslant 2)$; (2) $2^{n-1}\sin\left(2x+\dfrac{n-1}{2}\pi\right)$;

(3) $\dfrac{(-1)^n n!}{x^{n+1}}+\dfrac{n!}{(1-x)^{n+1}}$; (4) $(x+n)\mathrm{e}^x$.

12. $\dfrac{\sqrt{3}}{3}$.

13. 略.

14. 有分别位于区间 (1, 2), (2, 3), (3, 4) 内的三个根.

15. $(-\infty, +\infty)$ 上单调递减.

16. 单调增区间 $(-\infty, 1)$ 和 $(2, +\infty)$, 单调减区间 $[1, 2]$, 极大值 $f(1)=1$, 极小值 $f(2)=0$.

17. 极大值为 $f(2)=1$.

18. $a=2$, $f\left(\dfrac{\pi}{3}\right)=\sqrt{3}$ 为极大值.

19. 略.

20. (1) 最大值 $y|_{x=\pm 2}=13$, 最小值 $y|_{x=\pm 1}=4$;

(2) 最大值 $y\left(\dfrac{3}{4}\right)=1.25$, 没有最小值.

21. $\dfrac{3\sqrt{3}}{4}R^2$.

22. $\left(-\dfrac{1}{2}, \dfrac{3}{4}\right)$.

23. $r=\sqrt[3]{\dfrac{V}{2\pi}}, h=2\sqrt[3]{\dfrac{V}{2\pi}}$, $d:h=1:1$.

24. 27.

25. (1) 2; (2) $-\dfrac{1}{8}$; (3) 1; (4) 2; (5) 1; (6) 0; (7) $-\dfrac{1}{2}$; (8) ∞; (9) $-\dfrac{1}{32}$; (10) 1.

26. (1) $\dfrac{1+x^2}{(1-x^2)^2}\mathrm{d}x$; (2) $\dfrac{x}{\sqrt{1+x^2}}\mathrm{d}x$; (3) $\left(\dfrac{1}{2\sqrt{x}}+\dfrac{1}{x}+\dfrac{1}{2x\sqrt{x}}\right)\mathrm{d}x$;

(4) $2x\mathrm{e}^{2x}(1+x)\mathrm{d}x$; (5) $(\sin 2x\cdot\mathrm{e}^{\sin^2 x})\mathrm{d}x$; (6) $8x\tan(1+2x^2)\sec^2(1+2x^2)\mathrm{d}x$.

27. (1) $-\dfrac{1+y\sin(xy)}{1+x\sin(xy)}\mathrm{d}x$; (2) $\dfrac{y}{y-x}\mathrm{d}x$.

28. (1) 2.745; (2) 1.007.

29. 1130.9724(mm^2).

30. (1) $3x+C$; (2) x^2+C; (3) $\dfrac{1}{2}\mathrm{e}^{2x}+C$; (4) $\dfrac{1}{2}\sin 2x+C$; (5) $2\sqrt{x}+C$; (6) $\ln|x|+C$.

31. (1) (C); (2) (C); (3) (B); (4) (C); (5) (C).

习　题　4

1. (1) $\dfrac{2}{3}x^{\frac{3}{2}}+\dfrac{2}{x}+\ln|x|+C$; (2) $\dfrac{2}{7}x^{\frac{7}{2}}+C$; (3) $2\sqrt{x}-\dfrac{4}{3}x^{\frac{3}{2}}+\dfrac{2}{5}x^{\frac{5}{2}}+C$;

(4) $\dfrac{1}{3}x^3+\dfrac{2}{5}x^{\frac{5}{2}}-\dfrac{2}{3}x^{\frac{3}{2}}-x+C$; (5) $\dfrac{4}{7}x^{\frac{7}{4}}+C$; (6) $x-\arctan x+C$;

(7) $-\dfrac{1}{x}-\arctan x+C$; (8) $\dfrac{2^{2x}\cdot\mathrm{e}^x}{1+2\ln 2}+C$; (9) e^x+x+C;

(10) $\mathrm{e}^x-2\sqrt{x}+C$; (11) $2x-\dfrac{5}{\ln 2-\ln 3}\left(\dfrac{2}{3}\right)^x+C$;

(12) $\dfrac{1}{2}(x-\sin x)+C$; (13) $-\cot x-x+C$; (14) $\dfrac{1}{2}\tan x+C$;

(15) $\sin x+\cos x+C$; (16) $\tan x-\sec x+C$.

2. $y=x^4-x+3$.

3. (1) $\dfrac{1}{3}\ln|3x-1|+C$; (2) $-\dfrac{2}{15}(2-5x)^{\frac{3}{2}}+C$;

(3) $\dfrac{1}{3}(x+1)^{\frac{3}{2}}-\dfrac{1}{3}(x-1)^{\frac{3}{2}}+C$; (4) $\dfrac{1}{2}\ln(1+x^2)+C$;

(5) $-\dfrac{1}{3}\mathrm{e}^{-x^3}+C$; (6) $\arctan\mathrm{e}^x+C$;

(7) $-\dfrac{1}{\mathrm{e}^x+1}+C$; (8) $-2\cos\sqrt{x}+C$;

(9) $\ln|\ln x|+C$; (10) $\arcsin\dfrac{x}{\sqrt{3}}+\dfrac{1}{\sqrt{3}}\arcsin\sqrt{3}x+C$;

(11) $-\cot x+2\csc x+C$; (12) $-\cot\dfrac{x}{2}+C$;

(13) $\dfrac{1}{2}\tan^2 x+\ln|\cos x|+C$; (14) $\dfrac{1}{8}\tan^8 x+\dfrac{1}{6}\tan^6 x+C$;

(15) $\dfrac{1}{3}\sin^3 x-\dfrac{1}{5}\sin^5 x+C$; (16) $\dfrac{1}{\sqrt{2}}\arctan\left(\dfrac{\tan x}{\sqrt{2}}\right)+C$;

(17) $\dfrac{1}{2}x^2-\dfrac{9}{2}\ln(x^2+9)+C$; (18) $\dfrac{1}{4}\arctan\left(\dfrac{1}{2}x^2\right)+C$;

(19) $\arcsin x+2\sqrt{1-x^2}+C$; (20) $-\mathrm{e}^{\frac{1}{x}}+C$;

(21) $\frac{1}{2}\ln\left|\frac{x+1}{x+3}\right|+C$; (22) $3\ln|x-2|-2\ln|x-1|+C$;

(23) $\frac{1}{\sqrt{2}}\arctan\frac{x-1}{\sqrt{2}}+C$; (24) $-\frac{1}{x-1}-\frac{1}{(x-1)^2}+C$;

(25) $\ln|x|-\frac{1}{2}\ln(x^2+1)+C$; (26) $\frac{1}{2}(\arcsin x)^2+C$;

(27) $4\sqrt{1+\sqrt{x}}+C$; (28) $2\arcsin\frac{x}{2}-\frac{1}{2}x\sqrt{4-x^2}+C$;

(29) $\arccos\frac{1}{x}+C$; (30) $\frac{2}{3}x\sqrt{x}-x+2\sqrt{x}-2\ln(1+\sqrt{x})+C$;

(31) $\sqrt{2x}-\ln(1+\sqrt{2x})+C$; (32) $2\sqrt{x}-4\sqrt[4]{x}+4\ln(1+\sqrt[4]{x})+C$.

4. (1) $-xe^{-x}-e^{-x}+C$; (2) $-\frac{1}{2}x\cos 2x+\frac{1}{4}\sin 2x+C$;

(3) $\frac{1}{3}x^3\ln x-\frac{1}{9}x^3+C$; (4) $-\frac{\ln x+1}{x}+C$;

(5) $x\arcsin x+\sqrt{1-x^2}+C$; (6) $x(\ln x)^2-2x\ln x+2x+C$;

(7) $x\tan x+\ln|\cos x|+C$; (8) $\frac{1}{4}x^2-\frac{x}{4}\sin 2x-\frac{1}{8}\cos 2x+C$;

(9) $2e^{\sqrt{x}}(\sqrt{x}-1)+C$; (10) $x\ln(x+\sqrt{1+x^2})-\sqrt{1+x^2}+C$.

5. (1) $\frac{3}{2}$; (2) $\frac{\pi}{4}$; (3) 0; (4) 0.

6. (1) $\int_0^1 x^2\mathrm{d}x\geqslant\int_0^1 x^3\mathrm{d}x$; (2) $\int_1^2 x^2\mathrm{d}x\leqslant\int_1^2 x^3\mathrm{d}x$; (3) $\int_0^1\frac{x}{1+x}\mathrm{d}x\leqslant\int_0^1\ln(1+x)\mathrm{d}x$.

7. (1) $-\frac{3}{4}\leqslant\int_1^4(x^2-3x+2)\mathrm{d}x\leqslant 18$; (2) $2e^{-\frac{1}{4}}\leqslant\int_0^2 e^{x^2-x}\mathrm{d}x\leqslant 2e^2$;

(3) $\sin 1\leqslant\int_0^1\frac{\sin x}{x}\mathrm{d}x\leqslant 1$.

8. (1) e^{-x^2}; (2) $\frac{x}{1+\cos x}$.

9. (1) $\frac{1}{2}$; (2) 1.

10. (1) 1; (2) $\frac{14}{3}$; (3) $\ln 3$; (4) $\frac{29}{6}$; (5) $1-\frac{\pi}{4}$; (6) $\frac{\pi}{6}$; (7) 4; (8) 1.

11. (1) $4-2\ln 3$; (2) $\frac{51}{512}$; (3) $\pi-\frac{4}{3}$; (4) $\frac{\pi}{2}$; (5) $1-\frac{\pi}{4}$; (6) $\frac{a^4\pi}{16}$; (7) $\frac{4}{3}$;

(8) $\frac{\pi}{2}$; (9) 1; (10) $\frac{2\pi}{3}-\frac{\sqrt{3}}{2}$; (11) $\frac{\pi}{4}-\frac{1}{2}\ln 2$; (12) $2\left(1-\frac{1}{e}\right)$.

12. 用 $u=a+b-x$ 换元.

13. $\frac{1}{6}$.

14. $\dfrac{3}{2}-\ln 2$.

15. $\mathrm{e}+\dfrac{1}{\mathrm{e}}-2$.

16. $\dfrac{32}{3}$.

17. $V_x=\dfrac{128}{7}\pi, V_y=\dfrac{64}{5}\pi$.

18. πpa^2.

19. $2\pi^2$.

20. (1) (D); (2) (B); (3) (D); (4) (B); (5) (B).

习 题 5

1. (1) 无解; (2) 无解; (3) $x_1=5,x_2=3,x_3=-1$; (4) $x_1=2,x_2=-1,x_3=1$.

2. (1) -18; (2) 0; (3) 3; (4) -270; (5) 0; (6) 0; (7) 24.

3. (1) $x=\dfrac{5}{6},y=-\dfrac{1}{6}$; (2) $x=\dfrac{5}{3},y=-\dfrac{2}{3}$; (3) $x=\dfrac{7}{2},y=\dfrac{7}{4}$; (4) $x=-\dfrac{3}{2},y=\dfrac{1}{2}$;

(5) $x=\dfrac{3}{2},y=4,z=-\dfrac{7}{2}$; (6) $x=-4,y=13,z=-1$.

4. 由于 $\begin{bmatrix} 0.94 & 0.02 \\ 0.06 & 0.98 \end{bmatrix}^{10}\begin{bmatrix} 0.3 \\ 0.7 \end{bmatrix}\approx\begin{bmatrix} 0.27 \\ 0.73 \end{bmatrix}$,

10 年后市区与郊区的居民人口比例是 27% 的居民住市区，而 73% 的居民住郊区;

$$\begin{bmatrix} 0.94 & 0.02 \\ 0.06 & 0.98 \end{bmatrix}^{30}\begin{bmatrix} 0.3 \\ 0.7 \end{bmatrix}\approx\begin{bmatrix} 0.25 \\ 0.75 \end{bmatrix},$$

30 年后市区与郊区的居民人口比例是 25% 的居民住市区，而 75% 的居民住郊区;

$$\begin{bmatrix} 0.94 & 0.02 \\ 0.06 & 0.98 \end{bmatrix}^{50}\begin{bmatrix} 0.3 \\ 0.7 \end{bmatrix}\approx\begin{bmatrix} 0.25 \\ 0.75 \end{bmatrix},$$

50 年后市区与郊区的居民人口比例更加接近 25% 的居民住市区，而 75% 的居民住郊区.

5. (1) 设管理部门 M_1,M_2,M_3 各自的总费用分别为 x,y,z，则有

$$\begin{cases} 0.1y+0.2z=40000, \\ 0.1x+0.05z=30000, \\ 0.05x+0.1y=20000; \end{cases}$$

(2) 解得，管理部门 M_1,M_2,M_3 各自的总费用分别为

$$x=\frac{2000000}{9},y=\frac{800000}{9},z=\frac{1400000}{9};$$

(3) 各生产部门所负担各管理部门总费用的数额，如下表所示:

	P_1	P_2
M_1	$0.4x=\dfrac{800000}{9}$	$0.45x=100000$
M_2	$0.4y=\dfrac{320000}{9}$	$0.4y=\dfrac{320000}{9}$
M_3	$0.35z=\dfrac{490000}{9}$	$0.4z=\dfrac{560000}{9}$

6. 该公司花费的各部分成本向量为

$$x_1b+x_2c=\begin{bmatrix}0.45x_1+0.40x_2\\0.25x_1+0.30x_2\\0.15x_1+0.15x_2\end{bmatrix}.$$

习　题　6

1. (1) $\begin{bmatrix}-13&-3&18\\4&17&0\end{bmatrix}$; (2) $AC=\begin{bmatrix}-5&-2&4&5\\11&-3&-12&18\end{bmatrix}$, $BD=\begin{bmatrix}-1\\9\end{bmatrix}$;

(3) $\boldsymbol{A}^{\mathrm{T}}=\begin{bmatrix}1&0\\-1&3\\2&4\end{bmatrix}$, $\boldsymbol{A}^{\mathrm{T}}\boldsymbol{B}=\begin{bmatrix}4&0&-3\\-7&-6&12\\4&-8&6\end{bmatrix}$, $\boldsymbol{D}^{\mathrm{T}}\boldsymbol{D}=14$, $\boldsymbol{D}\boldsymbol{D}^{\mathrm{T}}=\begin{bmatrix}4&-2&6\\-2&1&-3\\6&-3&9\end{bmatrix}$.

2. 由 $\begin{bmatrix}1&1\\0&1\end{bmatrix}\begin{bmatrix}x&y\\z&w\end{bmatrix}=\begin{bmatrix}x&y\\z&w\end{bmatrix}\begin{bmatrix}1&1\\0&1\end{bmatrix}$ 可得 $x=w,z=0$, 所以与 $\begin{bmatrix}1&1\\0&1\end{bmatrix}$ 乘法可交换的所有矩阵满足 $\begin{bmatrix}x&y\\0&x\end{bmatrix}$, 其中 x,y 为任意常数.

3. $$\boldsymbol{A}^n=\left[\begin{bmatrix}0&2\\0&0\end{bmatrix}+\boldsymbol{E}\right]^n=\boldsymbol{C}_n^0\begin{bmatrix}0&2\\0&0\end{bmatrix}^0\boldsymbol{E}^n+\boldsymbol{C}_n^1\begin{bmatrix}0&2\\0&0\end{bmatrix}^1\boldsymbol{E}^{n-1}+\cdots+\boldsymbol{C}_n^n\begin{bmatrix}0&2\\0&0\end{bmatrix}^n\boldsymbol{E}^0$$
$$=\boldsymbol{C}_n^0\begin{bmatrix}0&2\\0&0\end{bmatrix}^0\boldsymbol{E}^n+\boldsymbol{C}_n^1\begin{bmatrix}0&2\\0&0\end{bmatrix}^1\boldsymbol{E}^{n-1}=\begin{bmatrix}1&2n\\0&1\end{bmatrix}.$$

4. (1) $\begin{bmatrix}-4&-8&0\\-3&-11&7\\-8&-12&-16\end{bmatrix}$; (2) $\begin{bmatrix}0&-4&0\\2&-14&6\\-11&-11&-17\end{bmatrix}$; (3) $\begin{bmatrix}4&4&0\\5&-3&-1\\-3&1&-1\end{bmatrix}$.

5. $-1024\boldsymbol{A}$.

6. (1) $\begin{bmatrix}\cos\alpha&\sin\alpha\\-\sin\alpha&\cos\alpha\end{bmatrix}$; (2) $\begin{bmatrix}1&-2&7\\0&1&-2\\0&0&1\end{bmatrix}$; (3) $\begin{bmatrix}1&1&3\\2&3&7\\3&4&9\end{bmatrix}$; (4) $\dfrac{1}{11}\begin{bmatrix}-7&8&3\\1&2&-2\\19&-17&-5\end{bmatrix}$;

(5) $\frac{1}{6}\begin{bmatrix} -4 & 2 & 1 & -1 \\ -4 & -10 & 7 & -1 \\ 8 & 2 & -2 & 2 \\ -2 & 4 & -1 & 1 \end{bmatrix}$; (6) $\frac{1}{4}\begin{bmatrix} 1 & 1 & 1 & 1 \\ 1 & 1 & -1 & -1 \\ 1 & -1 & 1 & -1 \\ 1 & -1 & -1 & 1 \end{bmatrix}$.

7. $\boldsymbol{A}^6 = \begin{bmatrix} 1 & 0 \\ 0 & 1 \end{bmatrix}$, $\boldsymbol{A}^{11} = \begin{bmatrix} \frac{1}{2} & \frac{\sqrt{3}}{2} \\ -\frac{\sqrt{3}}{2} & \frac{1}{2} \end{bmatrix}$.

8. $\begin{bmatrix} 2 & -1 & 0 \\ 1 & 3 & -4 \\ 1 & 0 & -2 \end{bmatrix}$.

9. $\begin{bmatrix} 0 & 0 & 1 \\ -1 & 0 & 3 \\ 3 & 2 & -5 \end{bmatrix}$.

10. $\boldsymbol{A} = \begin{bmatrix} 1 & 0 & 0 \\ 2 & 0 & 0 \\ 6 & -1 & -1 \end{bmatrix}$, $\boldsymbol{A}^5 = \begin{bmatrix} 1 & 0 & 0 \\ 2 & 0 & 0 \\ 6 & -1 & -1 \end{bmatrix}$.

11. $\boldsymbol{P}^{-1}\boldsymbol{AP} = \begin{bmatrix} 7 & 0 \\ 0 & -2 \end{bmatrix}, (\boldsymbol{P}^{-1}\boldsymbol{AP})^n = \begin{bmatrix} 7^n & 0 \\ 0 & (-2)^n \end{bmatrix}$,

$$\boldsymbol{A}^n = \boldsymbol{P}\begin{bmatrix} 7^n & 0 \\ 0 & (-2)^n \end{bmatrix}\boldsymbol{P}^{-1} = \frac{1}{9}\begin{bmatrix} 6\cdot 7^n + 3\cdot(-2)^n & 9\cdot 7^n - 9\cdot(-2)^n \\ 2\cdot 7^n - 2\cdot(-2)^n & 3\cdot 7^n + 6\cdot(-2)^n \end{bmatrix}.$$

12. (1) 1; (2) 2; (3) 2; (4) 3.

13. $\boldsymbol{\alpha}_1, \boldsymbol{\alpha}_2, \boldsymbol{\alpha}_3$ 是一个极大无关组, $\boldsymbol{\alpha}_4 = -\frac{3}{2}\boldsymbol{\alpha}_1 + \frac{1}{2}\boldsymbol{\alpha}_2 - \frac{3}{2}\boldsymbol{\alpha}_3$.

14. $\lambda = 4$, 方程组有无穷多个解, 方程组的通解为

$$\begin{cases} x_1 = 5 - 3c_1 + c_2, \\ x_2 = -2 + 3c_1 - c_2, \\ x_3 = c_1, \\ x_4 = c_2, \end{cases} \quad c_1, c_2 \in \mathbf{R}.$$

15. 设 AB 段车辆数为 x, BC 段车辆数为 y, CD 段车辆数为 z, ED 段车辆数为 u, DA 段车辆数为 v, CE 段车辆数为 w, 则得方程组

$$\begin{cases} x - v = 200, \\ -x + y = -200, \\ -y + z + w = 100, \\ z + u - v = 200, \\ -u + w = -100, \end{cases} \text{解方程组得} \begin{cases} x = 200 + k_1, \\ y = k_1, \\ z = 100 + k_1 - k_2, \\ u = 100 + k_2, \\ v = k_1, \\ w = k_2. \end{cases}$$

16. (1) $x\begin{bmatrix}110\\4\\20\\2\end{bmatrix}+y\begin{bmatrix}130\\3\\18\\5\end{bmatrix}=\begin{bmatrix}295\\9\\48\\8\end{bmatrix}$;

(2) $\begin{bmatrix}110&130\\4&3\\20&18\\2&5\end{bmatrix}\begin{bmatrix}x\\y\end{bmatrix}=\begin{bmatrix}295\\9\\48\\8\end{bmatrix}$，能制作出来，$\begin{bmatrix}x\\y\end{bmatrix}=\begin{bmatrix}\frac{3}{2}\\1\end{bmatrix}$.

17. (1) $\boldsymbol{B}=\begin{bmatrix}110&110\\0&2\\0&25\\3&0.4\end{bmatrix}$, $\boldsymbol{u}=\begin{bmatrix}3\\2\end{bmatrix}$, $\boldsymbol{Bu}=\begin{bmatrix}550\\4\\50\\9.8\end{bmatrix}$;

(2) 不能混合出满足条件的产品.

18. $\boldsymbol{C}=\begin{bmatrix}0.1&0.6&0.6\\0.3&0.2&0\\0.3&0.1&0.1\end{bmatrix}$.

(1) $100\begin{bmatrix}0.6\\0.2\\0.1\end{bmatrix}=\begin{bmatrix}60\\20\\10\end{bmatrix}$;

(2) 增广矩阵 $\begin{bmatrix}0.9&-0.6&-0.6&0\\-0.3&0.8&0&18\\-0.3&-0.1&0.9&0\end{bmatrix}\sim\begin{bmatrix}1&0&0&\frac{100}{3}\\0&1&0&35\\0&0&1&15\end{bmatrix}$.

因此，若需求为 18 单位农业产品 (对其他部门无最终需求) 则制造业需要生产约 100/3 单位，农业 35 单位，服务业 15 单位.

(3) 增广矩阵 $\begin{bmatrix}0.9&-0.6&-0.6&18\\-0.3&0.8&0&0\\-0.3&-0.1&0.9&0\end{bmatrix}\sim\begin{bmatrix}1&0&0&40\\0&1&0&15\\0&0&1&15\end{bmatrix}$.

因此，若需求为 18 单位制造业产品 (对其他部门无最终需求) 则制造业需要生产约 40 单位，农业 15 单位，服务业 15 单位.

(4) 增广矩阵 $\begin{bmatrix}0.9&-0.6&-0.6&18\\-0.3&0.8&0&18\\-0.3&-0.1&0.9&0\end{bmatrix}\sim\begin{bmatrix}1&0&0&\frac{220}{3}\\0&1&0&50\\0&0&1&30\end{bmatrix}$.

因此，若需求为 18 单位制造业产品，18 单位农业产品，0 单位服务业产品，则制造业需要生产约 220/3 单位，农业 50 单位，服务业 30 单位.

习 题 7

1. (1) -1, 不正交; (2) 0, 正交.

2. (1) $\boldsymbol{\gamma}_1=\left[0,\frac{1}{\sqrt{2}},\frac{1}{\sqrt{2}}\right]^{\mathrm{T}},\boldsymbol{\gamma}_2=\left[\frac{2}{\sqrt{6}},\frac{1}{\sqrt{6}},-\frac{1}{\sqrt{6}}\right]^{\mathrm{T}},\boldsymbol{\gamma}_3=\left[\frac{1}{\sqrt{3}},-\frac{1}{\sqrt{3}},\frac{1}{\sqrt{3}}\right]^{\mathrm{T}}$;

(2) $\boldsymbol{\gamma}_1=\left[\frac{1}{3},-\frac{2}{3},\frac{2}{3}\right]^{\mathrm{T}},\boldsymbol{\gamma}_2=\left[-\frac{2}{3},-\frac{2}{3},-\frac{1}{3}\right]^{\mathrm{T}},\boldsymbol{\gamma}_3=\left[\frac{2}{3},-\frac{1}{3},-\frac{2}{3}\right]^{\mathrm{T}}$.

3. 略.

4. (1) $\lambda_1=-1,\boldsymbol{\alpha}_1=[4,3]^{\mathrm{T}};\lambda_2=6,\boldsymbol{\alpha}_2=[-1,1]^{\mathrm{T}}$.

(2) $\lambda_1=1,\boldsymbol{\alpha}_1=[-1,0,1]^{\mathrm{T}};\lambda_2=\lambda_3=2,\boldsymbol{\alpha}_2=[1,0,0]^{\mathrm{T}},\boldsymbol{\alpha}_3=[0,-1,1]^{\mathrm{T}}$.

(3) $\lambda_1=0,\boldsymbol{\alpha}_1=[1,1,-1]^{\mathrm{T}};\lambda_2=-1,\boldsymbol{\alpha}_2=[1,-1,0]^{\mathrm{T}};\lambda_3=9,\boldsymbol{\alpha}_3=[1,1,2]^{\mathrm{T}}$.

5. 略.

6. (1) 不能对角化; (2) $\boldsymbol{P}=\begin{bmatrix}1&1&1\\-1&0&-2\\0&1&3\end{bmatrix},\boldsymbol{P}^{-1}\boldsymbol{AP}=\begin{bmatrix}2&&\\&2&\\&&6\end{bmatrix}$.

7. (1) $x=0,y=1$;

(2) $\boldsymbol{P}=\begin{bmatrix}1&0&0\\0&1&1\\0&1&-1\end{bmatrix}$.

8. (1) $\boldsymbol{P}=\begin{bmatrix}\frac{2}{3}&\frac{2}{3}&\frac{1}{3}\\\frac{2}{3}&-\frac{1}{3}&-\frac{2}{3}\\\frac{1}{3}&-\frac{2}{3}&\frac{2}{3}\end{bmatrix},\boldsymbol{P}^{-1}\boldsymbol{AP}=\begin{bmatrix}-1&&\\&2&\\&&5\end{bmatrix}$;

(2) $\boldsymbol{P}=\begin{bmatrix}\frac{1}{3}&\frac{2}{3}&-\frac{2}{3}\\\frac{2}{3}&\frac{1}{3}&\frac{2}{3}\\\frac{2}{3}&\frac{2}{3}&\frac{1}{3}\end{bmatrix},\boldsymbol{P}^{-1}\boldsymbol{AP}=\begin{bmatrix}10&&\\&1&\\&&1\end{bmatrix}$.

9. $\boldsymbol{A}=\begin{bmatrix}1&-1&1\\-2&1&2\\-2&-1&4\end{bmatrix}$.

10. (1) $\boldsymbol{\alpha}_2=[1,0,0]^{\mathrm{T}},\boldsymbol{\alpha}_3=[0,1,-1]^{\mathrm{T}}$;

(2) $\boldsymbol{A}=\begin{bmatrix}1&0&0\\0&0&-1\\0&-1&0\end{bmatrix}$.

11. (1) $\boldsymbol{A}=\begin{bmatrix}1.1 & -0.15\\ 0.1 & 0.85\end{bmatrix}$，则$\boldsymbol{\alpha}_t=\boldsymbol{A}\boldsymbol{\alpha}_{t-1}, t=1,2,\cdots$；

(2) $\boldsymbol{\alpha}_t=\begin{bmatrix}6\\ 4\end{bmatrix}+0.95^t\begin{bmatrix}4\\ 4\end{bmatrix}$；

(3) $\lim\limits_{t\to\infty}\boldsymbol{\alpha}_t=\begin{bmatrix}6\\ 4\end{bmatrix}$.

习 题 8

1. (1) $\boldsymbol{A}=\begin{bmatrix}1 & -1 & 2\\ -1 & 1 & 0\\ 2 & 0 & -6\end{bmatrix}$； (2) $\boldsymbol{A}=\begin{bmatrix}2 & 0 & 2\\ 0 & -1 & -1\\ 2 & -1 & 0\end{bmatrix}$.

2. (1) $f=x_1^2+2x_3^2-2x_1x_2+3x_1x_3-4x_2x_3$；

(2) $f=2x_1x_2+4x_2x_3+6x_3x_4$.

3. (1) $f=2y_1^2+5y_2^2+y_3^2,\quad \boldsymbol{P}=\begin{bmatrix}1 & 0 & 0\\ 0 & \frac{1}{\sqrt{2}} & \frac{1}{\sqrt{2}}\\ 0 & \frac{1}{\sqrt{2}} & -\frac{1}{\sqrt{2}}\end{bmatrix}$；

(2) $f=-y_1^2+2y_2^2+5y_3^2,\quad \boldsymbol{P}=\begin{bmatrix}-\frac{2}{3} & \frac{2}{3} & \frac{1}{3}\\ \frac{2}{3} & \frac{1}{3} & \frac{2}{3}\\ \frac{1}{3} & \frac{2}{3} & -\frac{2}{3}\end{bmatrix}$；

(3) $f=\sqrt{2}y_2^2-\sqrt{2}y_3^2,\quad \boldsymbol{P}=\begin{bmatrix}\frac{1}{\sqrt{2}} & -\frac{1}{2} & -\frac{1}{2}\\ 0 & -\frac{1}{\sqrt{2}} & \frac{1}{\sqrt{2}}\\ \frac{1}{\sqrt{2}} & \frac{1}{2} & \frac{1}{2}\end{bmatrix}$.

4. (1) $f=y_1^2+y_2^2-2y_3^2,\quad \boldsymbol{C}=\begin{bmatrix}1 & -1 & -1\\ 0 & 1 & 1\\ 0 & 0 & 1\end{bmatrix}$；

(2) $f=y_1^2+y_2^2-5y_3^2,\quad \boldsymbol{C}=\begin{bmatrix}1 & -1 & 1\\ 0 & 1 & -2\\ 0 & 0 & 1\end{bmatrix}$；

(3) $f=-4z_1^2+4z_2^2+z_3^2$, $\quad \boldsymbol{C}=\begin{bmatrix} 1 & 1 & \frac{1}{2} \\ 1 & -1 & \frac{1}{2} \\ 0 & 0 & 1 \end{bmatrix}$.

5. (1) 正定; (2) 不定; (3) 负定.

6. (1) $t>1$; (2) $0<t<4$.

7.(1) $\dfrac{(x'+\sqrt{2})^2}{\frac{9}{4}}+\dfrac{\left(y'+\frac{1}{2\sqrt{2}}\right)^2}{\frac{9}{8}}=1$, 椭圆;

(2) $-x'^2+2y'^2+5z'^2=-1$, 双叶双曲面.